住房城乡建设部土建类学科专业"十三五"规划教材
高等学校建筑环境与能源应用工程专业推荐教材

可再生能源在建筑中的应用

全贞花　主编

全贞花　王林成　邓月超　侯隆澍　王　岗　朱婷婷　编

赵耀华　主审

中国建筑工业出版社

图书在版编目（CIP）数据

可再生能源在建筑中的应用 / 全贞花主编. — 北京：
中国建筑工业出版社，2020.12（2024.12重印）
住房城乡建设部土建类学科专业"十三五"规划教材
高等学校建筑环境与能源应用工程专业推荐教材
ISBN 978-7-112-25441-5

Ⅰ. ①可… Ⅱ. ①全… Ⅲ. ①再生能源－应用－建筑
工程－高等学校－教材 Ⅳ. ①TU18

中国版本图书馆 CIP 数据核字（2020）第 175187 号

本书共9章，分别是：绪论、太阳能供热、太阳能空调、太阳能光伏发电与热电联供、空气能、地热能、生物质能、风能、多能互补建筑供能系统。本教材旨在培养学生树立可再生能源利用与建筑节能的基本思想，用正确的理论和方法处理气候、资源环境、建筑结构、用能设备以及室内环境需求等要素间的关系，最终运用所学知识对特定的可再生能源建筑系统进行综合设计和评价。

本书可供高校建筑环境与能源应用工程专业及能源类等相关专业师生学习使用，也希望为广大暖通空调工程技术人员在可再生能源建筑应用中提供参考。

责任编辑：齐庆梅
文字编辑：胡欣蕊
责任校对：张　颖

住房城乡建设部土建类学科专业"十三五"规划教材
高等学校建筑环境与能源应用工程专业推荐教材
可再生能源在建筑中的应用
全贞花　主编
全贞花　王林成　邓月超　侯隆澍　王　岗　朱婷婷　编
赵耀华　主审

*

中国建筑工业出版社出版、发行（北京海淀三里河路9号）
各地新华书店、建筑书店经销
北京红光制版公司制版
建工社（河北）印刷有限公司印刷

*

开本：787毫米×1092毫米　1/16　印张：17¼　字数：431千字
2021年4月第一版　2024年12月第二次印刷
定价：**40.00元**（赠课件）
ISBN 978-7-112-25441-5
（36409）

序

　　能源是经济社会发展的基础，大量使用化石燃料导致的气候变化、能源危机以及环境污染，是国际社会共同面对的重大问题，降低能源消耗，削减化石燃料使用，是解决这一问题的主要对策。可再生能源具有绿色、节能、零排放的优点，开发和利用可再生能源已受到越来越多的重视。建筑能耗是全社会终端能耗的主要组成部分，根据国际能源署 IEA 的相关研究成果，全球范围内建筑运行能耗占全社会终端能耗总量的比例接近 30%。对于我国来说，大力发展可再生能源在建筑中的应用，是发展清洁供暖、减少污染物排放的重要途径，是促进我国绿色发展的重要组成部分。

　　高等教育的专业发展必然要与时俱进，调整教学目标与教学体系，以适应社会发展与时代需求。建筑环境与能源应用工程专业在国家建设事业发展，特别是国家节能减排的政策引导下发挥着重要的作用。时代赋予了这个专业新的内容和新的元素，不仅要创造健康、舒适、安全、方便的人居环境，同时，节约能源、保护环境也为这个专业提供了新的契机与发展方向。

　　这部"十三五"部级规划教材内容涵盖了可再生能源在建筑中的应用情况与主要技术类型，包括太阳能供热、太阳能空调、建筑光伏、地热能、空气能、风能、生物质能，以及多能互补建筑供能技术，同时介绍了近年来可再生能源利用设备开发和系统优化集成方面的研究成果。该教材与相应课程的建设与执行，将促进建筑环境与能源应用工程专业在可再生能源应用方向的发展，培养与提高学生解决建筑能源系统实际问题的能力。

　　这部教材由北京工业大学全贞花老师组织编写，教材内容丰富、时效性强、契合时代需求，在此向全老师及参编团队辛勤努力和付出表示敬意。希望这本教材的出版，能够对我国建筑环境与能源应用工程专业人才的培养产生积极的作用，为满足我国建设事业对能源战略人才需求做出一定的贡献，促进可再生能源在建筑中的应用与推广。

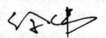

中国建筑科学研究院总工
中国制冷学会副理事长
中国可再生能源学会热利用委员会主任委员
中国建筑学会零能耗建筑委员会主任委员

前　言

发展可再生能源是我国可持续发展战略中重要组成部分。"十三五"时期是我国能源低碳转型的关键时期，国家重点推动可再生能源以及多种能源互相补充和梯级利用，缓解能源供需矛盾，合理保护和高效利用能源资源，以期获得良好的环境效益。

"可再生能源在建筑中的应用"是为了适应社会发展趋势，面向建筑环境与能源应用工程专业（以下简称建环专业）本科生及暖通空调专业研究生开设的选修课程。该课程是建筑科学、能源科学、系统工程科学和环境科学等许多学科紧密结合、融合发展而形成的课程，是建筑科学技术的重要组成部分。本教材旨在培养学生树立可再生能源利用与建筑节能的基本思想，用正确的理论和方法处理气候、资源环境、建筑结构、用能设备以及室内环境需求要素间的关系，最终运用所学知识对特定的可再生能源建筑系统进行综合设计和评价。教材紧密联系国内外可再生能源应用的相关政策和科技发展前沿技术，对各种可再生能源应用的基本概念和系统尽可能科学准确地描述，注重运用实际工程，遵循感性结合理性的认识规律，将各个抽象的知识点融入实际项目中，从而激发学生与读者的兴趣，增强对相关内容的理解。本书可供高校建环专业及热能等相关专业师生学习使用，也希望为广大暖通空调工程技术人员在可再生能源建筑应用中提供参考。

本教材由全贞花主编，结合多年可再生能源利用方面的教学、科研与工程实践经验，写出本书的初稿。下述人员负责修改完善各个章节：侯隆澍负责第1章绪论和第6章地热能；邓月超负责第2章太阳能供热；王岗负责第3章太阳能空调和第5章空气能；王林成负责第4章太阳能光伏发电与热电联供，以及第8章风能；朱婷婷负责第7章生物质能与第2章的太阳能供暖部分；全贞花负责第9章多能互补建筑供能系统。全贞花和王林成负责全书统稿。本书由赵耀华教授主审。郑瑞澄研究员对本书提出了许多具体和宝贵的修改意见，使本教材内容得以完善、质量得以提高，对此表示最诚挚的感谢，也向老一辈科研工作者严谨和负责的工作精神表示崇高的敬意！

本书在编写的过程中，研究生刘子初、任海波、杜伯尧、刘新、王兆萌、许子寰、刘昀晗、王宇波、李海泽、娄晓莹、靖赫然等同学为本书成稿做了很多辅助性工作。北京工业大学暖通专业研究生与建环专业本科生，在学习该课程过程中也给教材初稿提了很多宝贵意见，对此表示感谢。同时，本书参考了众多的著作和文献，谨向原作者致以谢意。

由于本书涉及的内容较多、面比较广，由于作者的水平有限，难免有错误和不妥之处，恳请读者批评指正，提出宝贵意见，以使本教材不断得到完善。

目 录

第1章 绪 论

　　能源是人类赖以生存和发展的重要物质基础。人类在长期的历史发展进程中，不断开发、利用能源，能源的需求量不断增长。截至 2018 年底，我国能源生产总量已达 37.7 亿 tce（吨标准煤），能源消费总量超过 46.4 亿 tce，已成为世界第一大能源生产国和消费国。总体上看，我国的能源消费结构主要依赖于煤炭、石油等化石能源，占到我国能源消费总量的 86％以上。然而，这些化石能源并非是取之不尽、用之不竭的，伴随着化石能源的大量使用，能源供需矛盾日益凸显，同时还引发了环境污染等一系列问题，已影响到社会和经济的可持续健康发展。因此，作为清洁环保、绿色低碳的可再生能源，它的开发利用在保障能源安全、优化能源结构、改善生态环境等方面具有重要意义。当前，积极开发利用可再生能源已成为社会各界的共识。

1.1 能源概述

1.1.1 能、能量和能源

　　物理学中的"能"是指物体做功的能力，它包括动能、势能、热能、电能、核能、电磁波能、辐射能和化学能等。而"能量"则是指对上述各种能的计量，通常用"cal（卡）"（1cal 等于给 1g 水加热 1℃所需要的能量）和 J（焦耳）（4.18J 等于 1cal）来衡量。从广义来讲，任何物质都可以转化为能量，但是转化的数量、转化的难易程度是不同的，如表 1-1 所示。此外，物质在宏观运动过程中也可转化出能量即所谓的能量转化过程，例如水的势能落差运动产生的水能及空气运动所产生的风能等。由于科学技术的进步，人类对物质性能的认识及掌握的能源转化方法也在不断深化，因此并没有一个很确切的能源的定义。当前，对能源的解释大约有 20 多种不同的定义。其中，在《中华人民共和国节约能源法中》中，将能源描述为"煤炭、石油、天然气、生物质能和电力、热力以及其他直接或者通过加工、转换而取得有用能的各种资源。"这里的能源主要包括已被开发利用的可以为人类提供有用能的各种资源。

一些常用的固体、液体和气体燃料的低位发热量　　　　表 1-1

固体燃料		发热量 （kJ/kg）	液体燃料	发热量 （kJ/kg）	气体燃料	发热量 （kJ/Nm³）
泥煤		8380～10500	航空汽油	＞43100	天然气	33500～46100
褐煤		10500～16700	航空煤油	＞42900	高炉煤气	3350～4200
烟煤	长焰煤	20900～25100	柴油	～42500	焦炉煤气	13000～18800
	贫煤	25100～29300	重油	39800～41900	发生炉煤气	3770～6700
无烟煤		20900～25100	—	—	水煤气	10000～11300

1.1.2 能源分类

目前，对能源的常用分类方法主要包括：按能源生产的方式、按是否可再生、按能源利用状况和按能源性质等，如表 1-2 所示。

能源分类　　　　　　　　　　　　　　　　　　　　　　表 1-2

能源分类		一次能源		二次能源
		可再生能源	不可再生能源	
常规能源	燃料能源	植物燃料（化学能）	泥煤（化学能） 褐煤（化学能） 烟煤（化学能） 无烟煤（化学能） 油页岩（化学能） 原油（化学能） 天然气（化学能、机械能）	煤气（化学能） 焦炭（化学能） 汽油（化学能） 煤油（化学能） 柴油（化学能） 重油（化学能） 液化石油气（化学能） 丙烷（化学能） 甲醇（化学能） 酒精（化学能） 苯胺（化学能）
	非燃料能源	水能（机械能）		电（电能） 蒸汽（热能、机械能） 热水（热能） 余热（热能、化学能、机械能）
新能源	燃料能源	生物质能	核燃料（原子能）	沼气（化学能）
	非燃料能源	太阳能（光能） 风能（机械能） 地热能（热能、机械能） 潮汐能（机械能） 海水热能（热能） 海洋波浪动能（机械能）		氢能（化学能）

（1）按能源生成方式，可分为一次能源和二次能源。一次能源是指可从自然界直接获取的能源，如煤炭、石油、天然气、水能、风能、地热能等。二次能源是指无法从自然界直接获取，必须经过加工、转换才能获取的能源，如汽油、煤气、电力、热力等。

（2）按能源是否可再生，可分为可再生能源和不可再生能源。可再生能源是指可以在自然界中不断再生、永续利用的能源，如太阳能、风能、水能、生物质能、地热能、海洋能等。不可再生能源是指一旦使用难以再生的能源，如煤炭、石油、天然气等。

（3）按能源利用状况的不同，可分为常规能源（传统能源）和新能源。常规能源是指已经大规模生产和广泛利用的能源，如煤炭、石油、天然气等。新能源是指尚未规模利用、有待进一步开发的能源，如地热能、太阳能、潮汐能等。

（4）按能源性能，可分为燃料能源和非燃料能源。属于燃料能源的有矿物燃料（煤炭、石油、天然气等）、生物燃料（薪柴、沼气、有机废物等）、化工燃料（甲醇、酒精、丙烷以及可燃原料铝、镁等）、核燃料（铀、钍、氘等）等四类。非燃料能源多数具有机械能，如水能、风能等；有的含有热能，如地热能、海洋热能等；有的含有光能，如太阳能、激光等。

1.1.3 能源现状

1.1.3.1 能源与环境现状

人类社会的发展是以能源的消耗为基础的，伴随着第一次工业革命开始，人类社会进入快速发展阶段，生活水平也有了大幅度提升，但人类对能源的需求量也急剧增加，传统的化石能源已经很难满足人类社会发展的需求。当前，石油、煤炭、天然气等化石能源依然是世界能源消费结构中的重要组成部分，但这些化石能源都是不可再生能源，它们的储存量都是有限的，如表 1-3 所示。截至 2018 年底，地球上石油已探明储量约 17300 亿桶，年均生产量约 346 亿桶，按照现有生产水平生产仅能继续使用约 50 年，而天然气、煤炭也同样面临这样的处境，天然气仅够使用 51 年、煤炭仅够使用 132 年。从我国来看，能源形势更加严峻，石油、天然气和煤炭已探明储量分别占全球的 1.4%、3.1% 和 13.2%，而消费量分别占全球的 3.8%、4.1% 和 45.6%，按照现有水平生产，我国石油、天然气和煤炭仅能继续使用 19、38 和 38 年，远远低于全球的平均水平。2018 年全球一次能源消费增长约 2.9%，几乎是过去十年平均增速（1.5%）的两倍，也是 2010 年以来的最高增速。

2018 年世界能源状况　　　　　　　　　　　　　　　　表 1-3

类别	项目	石油（亿 t）	天然气（万亿 m³）	煤炭（亿 t）
全球平均	探明储量	2441	197	10548
	年产量	48.8	3.87	80
	使用年限（储产比）/a	约 50	约 51	约 132
中国	探明储量	35	6.1	1388
	年产量	1.84	0.16	36.5
	使用年限（储产比）/a	约 19	约 38	约 38

注：随着探明储量的增加和年产量的波动，上述数据每年均会发生动态变化。

随着化石能源的大量使用，二氧化硫、氮氧化物、PM10 和 PM2.5 等污染物被排放至大气环境，造成了雾霾、酸雨等一系列环境污染问题，特别是在供暖季问题最为突出，由于我国北方地区以煤为主的取暖模式，加之冬季气象等不利因素，与非供暖季相比，供暖季二氧化硫、氮氧化物、PM10 和 PM2.5 的浓度可达非供暖季的 2.4、1.4、1.4 和 1.8 倍左右，如图 1-1 所示。其中，2016 年底持续一周的重度雾霾天气更是席卷了我国 11 个省（区、市）近 142 万平方千米。

另一方面，化石能源燃烧所产生的大量二氧化碳等温室气体，也引发了全球气候变化等生态问题。全球二氧化碳的排放量已从 2008 年的 303 亿 t 增长至 2018 年的 339 亿 t，特别是 2018 年全球碳排放增长达 2.0%，为近七年最高增速，如图 1-2 所示。为积极应对全球气候变化，2014 年 11 月 12 日，中美两国在北京共同发表《中美气候变化联合声明》，明确提出："美国计划于 2025 年实现在 2005 年的基础上减排 26%～28% 的目标，并努力减排 28%；中国计划到 2030 年左右二氧化碳排放达到峰值且将努力早日达峰，并将计划到 2030 年将非化石能源占一次能源消费比重提高到 20% 左右。"

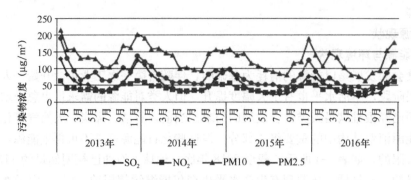

图 1-1 2013—2016 年京津冀及周边 45 城市空气质量变化趋势

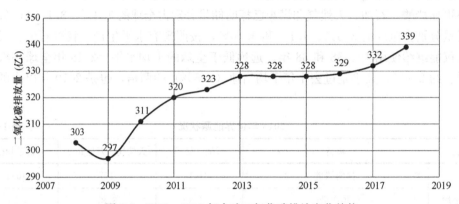

图 1-2 2008—2018 年全球二氧化碳排放变化趋势

1.1.3.2 能源发展趋势

从国际范围来看，为控制化石能源的使用，英国、法国、德国等国家均提出了未来可再生能源占能源消费总量的比例，如表 1-4 所示。2018 年，世界范围内石油、天然气、煤炭、核能、水电和可再生能源占一次能源消费比例分别为 33.6%、23.9%、27.2%、4.4%、6.8% 和 4.0%，其中石油、天然气和煤炭等化石能源占比约 84.7%，与 2017 年相比下降约 0.4%，如图 1-3 所示。其中，芬兰、法国、瑞典等国家非化石能源占一次消费比重已超过 40%，最高可达 60% 以上。

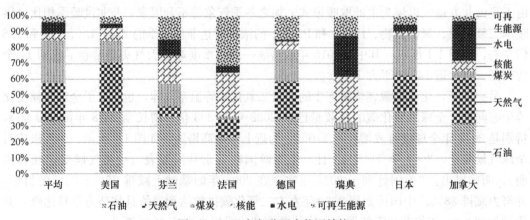

图 1-3 2018 年部分国家能源结构

欧盟国家可再生能源发展目标 表 1-4

国家	可再生能源占终端能源消费比重		国家	可再生能源占终端能源消费比重	
	2005 年	2020 年		2005 年	2020 年
比利时	2.2%	13%	卢森堡	0.9%	11%
保加利亚	9.4%	16%	匈牙利	4.3%	13%
捷克	6.1%	13%	马耳他	0	10%
丹麦	17%	30%	荷兰	2.4%	14%
德国	5.8%	18%	奥地利	23.3%	34%
爱沙尼亚	18%	25%	波兰	7.2%	15%
爱尔兰	3.1%	16%	葡萄牙	20.5%	31%
希腊	6.9%	18%	罗马尼亚	17.8%	24%
西班牙	8.7%	20%	斯洛文尼亚	16%	25%
法国	10.3%	23%	斯洛伐克	6.7%	14%
意大利	5.2%	17%	芬兰	28.5%	38%
塞浦路斯	2.9%	13%	瑞典	39.8%	49%
拉脱维亚	32.6%	40%	立陶宛	15%	23%

从我国情况来看，随着社会经济的发展，我国的能源消耗快速增长，能源消费总量已从 2000 年的 14.7 亿 tce 增长至 2018 年的 46.4 亿 tce，近 20 年间增长达到 3 倍以上，其中煤炭、石油、天然气等化石能源消费量也从 13.6 亿 tce 增长至 39.8 亿 tce，如图 1-4 所示。近年来，虽然我国能源消费量仍保持持续增长，但是随着节能减排、大气污染防治和应对气候变化等国家战略的实施，我国能源消费结构已经开始发生转变。2000—2018 年间，煤炭、石油、天然气等化石能源占一次能源消费总量比重已从 93% 降低至 86%，非化石能源占能源消费比重也从 7% 增长至 14%，如图 1-5 所示。

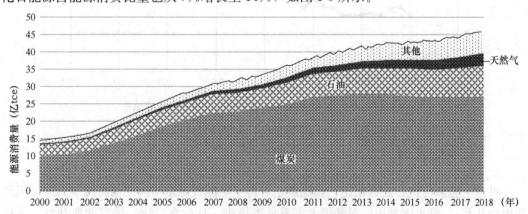

图 1-4　2000—2018 年我国能源消费变化趋势

在未来一段时间里，发展非化石能源特别是可再生能源，依然是我国能源结构调整和优化的主要方向，如图 1-6 所示。其中，《节能减排"十二五"规划》提出"到 2015 年，非化石能源消费总量占一次能源消费比重达到 11.4%"；《"十三五"节能减排综合工作方案》提出"到 2020 年，非化石能源占能源消费总量比重达到 15%"；《中美气候变化联合

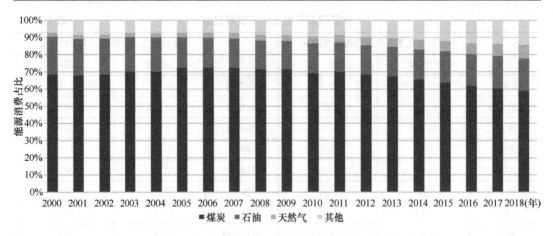

图 1-5 2000—2018 年我国能源消费结构变化趋势

声明》提出"到 2030 年将非化石能源占能源消费总量比重达到 20% 左右"。2000 至 2018
年间,我国非化石能源占能源消费总量比重已从 2000 年的 7.3% 提升至 2018 年的 14.3%,
增长近 1 倍左右,特别是近年来仍呈现出快速增长的态势。2020 年 9 月国家主席习近平在第
七十五届联合国大会发表重要讲话,中国将提高国家自主贡献力度,采取更加有力的政策和
措施,二氧化碳排放力争于 2030 年前达到峰值,努力争取 2060 年前实现碳中和。

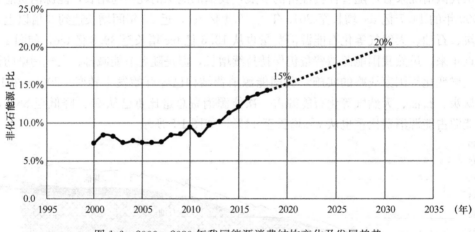

图 1-6 2000—2030 年我国能源消费结构变化及发展趋势

1.2 可再生能源

可再生能源与化石能源相比,其优点是可再生能源资源量不因使用而减少(或可周期
性得到补充),可永续利用,对环境无害或危害极小,且分布广泛,适宜就地开发。这些
优点对调整能源结构,扩大能源供应多样性和能源安全,改善和保护环境都具有重要作
用,也符合可持续发展的要求。

1.2.1 基本概念

1981 年,联合国在肯尼亚首都内罗毕召开了"新能源和可再生能源大会",会议通过
了"促进发展与利用新能源和可再生能源内罗毕行动纲领"(以下简称"内罗毕纲领"),

成立了由各成员国参加的"新能源和可再生能源政府委员会",旨在执行内罗毕纲领,促进各国开发利用当地的可再生能源资源,节约使用化石能源,以改善全球的环境和生态面貌。这次会议明确提出了新能源和可再生能源的基本含义,即"以新技术和新材料为基础,使传统的可再生能源得到现代化的开发利用,用取之不尽、用之不竭的可再生能源来不断取代资源有限、对环境有污染的化石能源;它不同于常规化石能源,它可以持续发展,对环境无损害,有利于生态的良性循环"。

在《中华人民共和国可再生能源法》中,明确提出了我国可再生能源的基本概念,即"从自然界获取的、可以再生的非化石能源"。可再生能源的共同特征有:

(1) 资源丰富、可再生,可供人类永续利用;

(2) 能量密度低,开发利用通常需要较大空间;

(3) 不含碳或含碳量很少,对环境影响小;

(4) 分布广泛,有利于小规模分散式利用;

(5) 间断式,波动性大,对连续性应用不利。

1.2.2　可再生能源分类

目前,可再生能源包括水能、太阳能、风能、生物质能、地热能和海洋能等。

1. 风能

风的产生来源于太阳的热作用,风能是风所负载的能量,风能的大小决定于风速和空气的密度。人类利用风能已有几百年的历史,过去主要是利用风力提水和粉碎谷物。如今风能的主要利用方式是风力发电,即通过叶片将风流动的能量转化为机械能,再带动发电机发电。风能发电的特点是只要有风的地方就可以发电,它占地少,且不受水资源的限制。

2. 太阳能

大部分可再生能源,都直接或间接地来自太阳的作用。太阳能是指太阳所负载的能量。太阳能可以直接用来给住房和建筑加热或照明,也可以用来发电、提供热水、制冷,以及用于不同的商业和工业目的。太阳能的计量一般指阳光照射到地面的辐照量,包括太阳的直接辐射和天空散射辐射到地面的辐照量。它受到地理位置、大气透明度和地面反射等因素的影响,各地差异较大。

3. 水能

风和太阳的热引起水的蒸发,水蒸气形成了雨和雪,雨和雪的降落形成了河流和小溪,水的流动产生了能量,称为水能。通过捕获水流动的能量发电,称之为水电。我国水能资源丰富,理论蕴藏量和经济可开发量均居世界首位。

4. 地热能

地热能是指来自地球内部的热量,在当前技术经济和地质环境条件下,地壳内部能够科学、合理地开发出来岩石的热能量和地热流体中的热能量及其伴生的有用成分。

5. 生物质能

植物的生长离不开阳光、雨和雪。有机质是这些植物的构成,称之为生物质。生物质是指利用自然界的植物、粪便以及城乡有机废物转化成的能源,如薪柴、林业加工废弃物、农作物秸秆、城市有机垃圾、工农业有机废水和其他野生植物等都可转化成能源。

这里需要强调的是,通过低效率炉灶直接燃烧方式利用秸秆、薪柴、粪便等生物质能是低能效、污染大的,上述方式在《中华人民共和国可再生能源法》中是被排除的。

6.海洋能

海洋能主要包括潮汐能、波浪能、温差能、盐差能和海流能。海洋通过各种物理过程接受、储存和散发能量，这些能量以潮汐、波浪、温度差、盐度梯度、海流等形式存在于海洋之中。

1.3　可再生能源在建筑中的应用

1.3.1　应用背景

随着我国城镇化进程的加快，我国城乡建筑竣工面积每年平均以超过 20 亿 m^2 的速度快速增长，城乡建筑面积总量已从 2001 年的约 350 亿 m^2 增长至 2018 年的 601 亿 m^2，近 20 年间增幅近 60%，如图 1-7 所示。另一方面，随着社会经济的发展和人民生活水平的提升，供暖、空调、照明、热水、炊事、家电等建筑能耗也呈现快速增长的态势，已与工业、交通并列成为我国三大能源消费领域之一。其中，2018 年我国建筑运行的总商品能耗已达 10 亿 tce，约占全国能源消费总量的 22%。

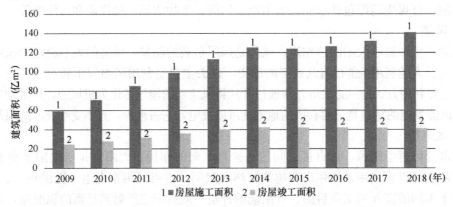

图 1-7　房屋施工和竣工面积变化趋势

现阶段，在建筑领域中绝大多数的能源开发利用方式仍是不节能、不科学、高能耗的。以生活热水为例，随着人民生活水平的提高，生活热水的普及率迅速增长，每百户城镇家庭淋浴热水器的拥有率从 1996 年的 30% 增长至 2011 年的 89%，全国城镇住宅单户的平均每年生活热水能耗也达到 60.3kgce（千克标准煤）。但是，从淋浴热水器类型上看，电热水器和燃气热水器这两类热水器仍占到总热水器的 70% 以上，而清洁、绿色、高效的太阳能等可再生能源利用技术应用却相对较少，如图 1-8 所示。同样的问题，在供热、照明等领域也一样存在。可见，推进可再生能源在建筑上的应用是十分必要的，也是势在必行的。

1.3.2　发展历程

我国可再生能源利用技术发展起源于 20 世纪 70 年代，但真正实现快速发展是自 2006 年建设部会同财政部在全国范围内开展可再生能源建筑应用示范起，通过工程示范、区域示范再到多元化发展的可再生能源建筑应用"三步走"战略，太阳能、地热能等可再生能源在建筑上的应用面积和应用水平在短时间内得到了快速的增加与提升，如图 1-9 所示。

在"三步走"推进可再生能源建筑应用示范的过程中，我国可再生能源建筑应用大致

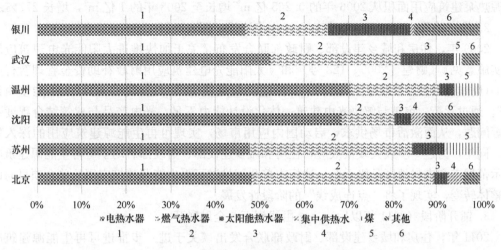

图 1-8　典型城市不同类型热水器比例

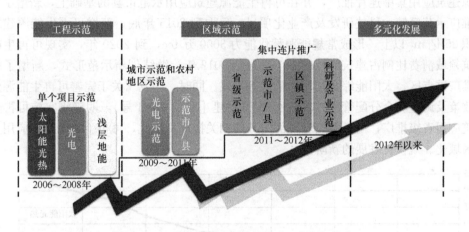

图 1-9　可再生能源建筑应用"三步走"战略

经历了三个阶段的发展。

1. 起步阶段（2006—2008 年）——从无到有，实现突破

为贯彻落实《中华人民共和国可再生能源法》和《国务院关于加强节能工作的决定》，推进可再生能源在建筑领域的规模化应用，带动相关领域技术进步和产业发展，建设部、财政部联合颁布《关于推进可再生能源在建筑中应用的实施意见》（建科［2006］213 号）和《财政部、建设部关于可再生能源建筑应用示范项目资金管理办法》（财建［2006］460 号），开始启动可再生能源建筑应用示范项目建设。历经 3 年的时间，累计实施示范项目 386 个，技术类型涵盖了与建筑结合的太阳能热水、太阳能供暖、地源热泵和少量的太阳能光伏发电技术。示范项目总建筑面积累计达到 4049 万 m^2。其中，地源热泵应用面积约 3200 万 m^2，太阳能光热与建筑结合应用面积约 800 万 m^2，光伏发电装机容量 6.2MW。在地域分布上，覆盖了全国 27 个省（区）、4 个直辖市、5 个计划单列市和新疆生产建设兵团。根据相关数据表明，自 2006 年开始，可再生能源在建筑上的应用实现了高速增长，太阳能光热建筑应用面积从 2006 年 2.3 亿 m^2 增长至 2008 年的 10.3 亿 m^2，增长 348%；

地源热泵建筑应用面积从 2006 年的 0.265 亿 m² 增长至 2008 年的 1 亿 m²，增长 277%。

2. 推广阶段（2009—2010 年）——由点连线，深入发展

2009 年，住房和城乡建设部、财政部联合发布《关于加快推进太阳能光电建筑应用的实施意见》（财建 [2009] 128 号）和《太阳能光电建筑应用财政补助资金管理暂行办法》（财建 [2009] 129 号），启动了太阳能光伏建筑应用示范项目，即"太阳能屋顶计划"。通过示范，突破与解决光电建筑一体化设计能力不足、光电产品与建筑结合程度不高等问题，从而激活市场供求，启动国内应用市场，实现可再生能源建筑应用的深入发展。同年，为进一步放大政策效应，住房和城乡建设部、财政部启动了可再生能源建筑应用示范城市和农村地区县级示范。这标志着我国推进可再生能源建筑应用从单个项目向区域整体转变，实现了将"点连成线"的阶段性发展。

3. 铺开阶段（2011 年以后）——由线到面，全局展开

2011 年，住房和城乡建设部、财政部联合发出《关于进一步推进可再生能源建筑应用的通知》，其中明确指出"十二五"期间可再生能源建筑应用推广目标，正式启动可再生能源建筑应用集中连片推广，并在可再生能源建筑应用示范市县的基础上，新增了集中连片推广示范区镇、科技研发及产业化项目。争取到 2015 年底，新增可再生能源建筑应用面积 25 亿 m² 以上，形成常规能源替代能力 3000 万 tce，到 2020 年，实现可再生能源在建筑领域消费比例占建筑能耗的 15% 以上。2012 年，继续创新示范形式，新增了省级集中推广重点区、太阳能综合利用示范区等形式。同时，印发《关于完善可再生能源建筑应用政策及调整资金分配管理方式的通知》（财建 [2012] 604 号），明确将实施可再生能源建筑应用省级推广，由各省级管理部门开展相关推广。由此，可再生能源建筑应用正式进入区域化、规模化发展的新阶段。

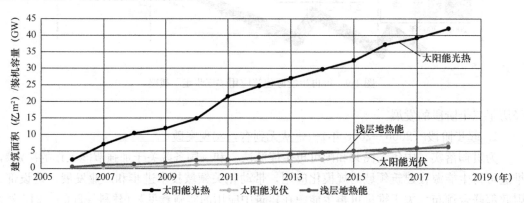

图 1-10　2006—2018 年可再生能源建筑应用发展趋势（估算值）

回顾整体示范历程，住房城乡建设部、财政部累计实施 386 个可再生能源建筑应用示范项目、608 个太阳能光电建筑应用示范项目（总装机容量约 864MW）、可再生能源建筑应用示范城市 93 个、农村地区示范县 198 个、示范区 6 个、示范镇 16 个、太阳能综合利用示范区 8 个、省级推广示范 25 个和 21 个科技研发及产业化项目。中央财政资金支持太阳能热水建筑应用面积 2.8 亿 m²、地源热泵应用面积 1.7 亿 m²、地源热泵与太阳能复合技术应用面积 0.8 亿 m²。在示范带动下，我国可再生能源建筑应用实现跨越式发展，截至 2018 年底，全国城镇太阳能光热建筑应用面积超过 40 亿 m²，浅层地热能应用面积超

过 6 亿 m^2，如图 1-10 所示。结合国内外可再生能源应用现状、发展趋势及其在我国能源低碳转型过程中所起的重要作用，本书将对太阳能、空气能、地热能、生物质能、风能及多能互补供能等可再生能源在建筑上的应用进行具体阐述。

思 考 题 与 习 题

1. 对能源的常用分类方法有哪些？根据分类方法不同，分别可以分为哪几类？
2. 什么是可再生能源？可再生能源的共同特征有哪些？
3. 可再生能源主要包括哪几类？各具有什么特点？
4. 世界范围内对可再生能源的发展有何要求？发展趋势如何？
5. 我国可再生能源建筑应用的发展历程经历了几个阶段？现状如何？

参 考 文 献

[1] 杨景宇，李飞. 中华人民共和国节约能源法释义[M]. 北京：中国市场出版社，2007.

[2] 中华人民共和国国家统计局. 中国统计年鉴[M]. 北京：中国统计出版社，2000~2018.

[3] 人民网. 张国宝：中国已成世界第一大能源生产国和消费国[EB/OL] http：//energy. people. com. cn/ n/2014/0324/c71661-24719492. html

[4] 王革华. 新能源概论[M]. 北京：化学工业出版社，2006.

[5] 陈新华. 能源改变命运——中国应对挑战之路[M]. 北京：新华出版社，2008.

[6] 张松寿. 工程燃烧学[M]. 上海：上海交通大学出版社，1987.

[7] 白尚显，唐文俊. 燃料手册[M]. 北京：冶金工业出版社，1994.

[8] 英国石油公司. BP 世界能源统计年鉴（2019 年）[EB/OL] http：//news. bjx. com. cn/html/ 20190730/996432. shtml

[9] 侯隆澍，刘幼农. 北京市冬季清洁取暖的演变与发展[J]. 建设科技，2019，（2）：11-16.

[10] 中华人民共和国生态环境部网站[EB/OL] http：//www. mee. gov. cn/.

[11] 清华大学建筑节能研究中心. 中国建筑节能年度发展研究报告[M]. 北京：中国建筑工业出版社，2008~2019.

[12] 黄建初. 中华人民共和国可再生能源法释义[M]. 北京：法律出版社，2010.

[13] 住房和城乡建设部科技发展促进中心. 中国建筑节能发展报告（2010 年）[M]. 北京：中国建筑工业出版社，2011.

[14] 住房和城乡建设部科技发展促进中心. 中国建筑节能发展报告——可再生能源建筑应用（2012 年）[M]. 北京：中国建筑工业出版社，2013.

[15] 郭梁雨，刘幼农，姚春妮. 可再生能源建筑应用实践总结与思考[J]. 建设科技，2015，（8）：14-19.

[16] 住房和城乡建设部. 建筑节能与绿色建筑发展"十三五"规划[EB/OL] http：//www. mohurd. gov. cn/ wjfb/201703/W020170314100832. pdf.

第2章 太阳能供热

2.1 太阳能利用基础知识

太阳能作为一种洁净能源，既是一次能源，又是可再生能源，有着矿物能源不可比拟的优越性。经测算，太阳每秒能够释放出 3.8×10^{26} J的能量，而辐射到地球表面的能量虽然只有它的二十二亿分之一，但也相当于目前全世界发电总量的8万倍。太阳能资源丰富，是可再生能源中最引人注目、开发研究最多、应用最广的清洁能源。

要应用太阳能，必须了解太阳辐射的规律，利用可得到的太阳能资源，并且掌握太阳辐射量的计算方法。因此，本节从介绍太阳的基本知识及地球绕太阳的运行规律着手，讨论太阳辐射量的计算与测量、太阳能资源的分布及利用。

2.1.1 太阳和太阳辐射

2.1.1.1 太阳结构

太阳是离地球最近的一颗恒星，是一个主要由氢（约78.4%）和氦（约19.8%）组成的气体火球。日地间的距离约为 1.5×10^8 km。如图2-1所示，从地球上望去，太阳的张角约为32°，直径约为 1.39×10^6 km，直径是地球的109倍，体积是地球的130多万倍。太阳的质量约为 1.99×10^{27} t，为地球质量的33万倍。平均密度约为 $1.4 \mathrm{g/cm^3}$，只有地球的四分之一。实际上，太阳各处的密度相差悬殊，外层的密度比较小，内部在承受外部巨大压力的情况下，密度高达 $160 \mathrm{g/cm^3}$，因此，日心的引力要比地心的引力大29倍。

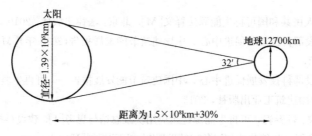

图2-1 日地关系示意图

太阳主要由两大部分组成，即太阳内部和太阳大气。如图2-2所示，太阳内部分为核心、内部中间层（辐射层）和对流层三个层次，太阳大气分为光球、色球和日冕三个层次，即从中心到边缘依次为：核心区、辐射层、对流区、光球、色球、日冕。

1. 核心区

太阳核心区域半径是太阳半径的1/4，质量约为整个太阳质量的一半以上。核心区的温度极高，达到1500万℃，压力也极大，使得由氢聚变为氦的热核反应得以发生，从而释放极大的能量。这些能量通过辐射层和对流层中物质的传递到达太阳光球的底部，并通

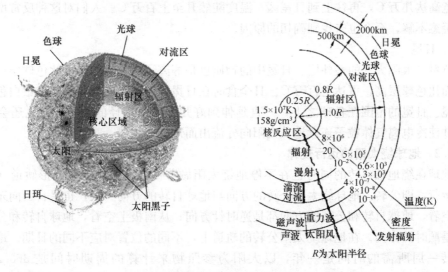

图 2-2　太阳结构示意图

过光球向外辐射出去。

2. 辐射层

辐射层的范围从热核中心区顶部的 0.25 个太阳半径向外到 0.71 个太阳半径，这里的温度、密度和压力均从内向外递减，太阳能先通过辐射层传递出去。从体积来说，辐射层占整个太阳体积的绝大部分。

3. 对流区

对流层从 0.71 个太阳半径向外到达太阳大气层的底部，这一层气体性质变化很大，且很不稳定，形成明显的上下对流运动。对流区是太阳内部结构的最外层，太阳能经过这里向太阳表层传递，是"输送带"。

4. 光球

太阳光球就是我们平常看到的太阳圆面，通常所说的太阳半径也是指光球的半径。光球层是太阳大气层中的最低层或最里层。光球的表面是气态的，其平均密度只有水的几亿分之一，但由于它的厚度达 500km，所以光球是不透明的。光球层的大气中存在着激烈的活动，用望远镜可以看到光球表面有许多密密麻麻的斑点状结构，很像一颗颗米粒，称之为米粒组织。它们极不稳定，一般持续时间仅为 5～10min，其温度要比光球的平均温度高 300～400℃。目前认为这种米粒组织是光球下面气体的剧烈对流造成的现象。光球表面另一种著名的活动现象便是太阳黑子。黑子是光球层上的巨大气流漩涡，大多呈现近椭圆形，在明亮的光球背景反衬下显得比较暗黑，但实际温度高达 4000℃ 左右。

5. 色球

紧贴光球以上的一层大气称为色球层，平时不易被观测到，过去这一区域只有在日全食时才能被看到。当月亮遮掩了光球明亮光辉的一瞬间，人们能发现日轮边缘上有一层玫瑰红的绚丽光彩，那就是色球。色球层厚约 2000km，它的化学组成与光球基本相同，但色球层内的物质密度和压力要比光球低得多。日常生活中，离热源越远处温度越低，而太阳大气的情况却截然相反，光球顶部接近色球处的温度差不多是 4300℃，到了色球顶部温度竟高达几万℃，再往上到日冕区，温度陡然升至上百万℃。人们对这种反常增温现象感到疑惑不解，至今也未找到确切的原因。

6. 日冕

日冕是太阳大气的最外层。日冕中的物质也是等离子体，它的密度比色球层更低，温度反而比色球层高，可达上百万℃。日全食时在日冕周围看到放射状明亮的银白色光芒即是日冕。日冕的范围在色球之上，一直延伸到好几个太阳半径的地方。日冕还会向外膨胀，并使冷电离气体粒子连续地从太阳向外流出而形成太阳风。

2.1.1.2　地球绕太阳的运行规律

地球在绕地轴自转的同时也在不停地绕太阳做着偏心率很小的椭圆形轨道（称为黄道）运行，即公转。地球绕太阳公转的方向与地球自转的方向一致，也是自西向东。从北极上空看，地球自转和公转的方向都是逆时针方向；从南极上空看，地球自转和公转的方向都是顺时针方向。在地球绕太阳公转的轨道上，不同的位置对应不同的日期。地球绕太阳公转一周所需的时间是一年，以太阳为参照物来计算的周期时间是 365.24d，即 365d5h48min46s（回归年），我们平时所说的一年时间就是一个回归年。以其他恒星为参照物计算的周期是恒星年，恒星年是地球绕太阳公转 360°所需的时间。

地球绕太阳公转有两个明显的特征，一是地轴（自转轴）是倾斜的，地轴和公转轨道面（黄道面）的夹角是 66.5°；二是地轴在宇宙空间倾斜的方向保持不变，地轴的北端始终指向北极星附近。地轴倾斜的特征决定了太阳直射点总是在南北回归线（南北纬 23.5°）之间移动，从而形成地球上季节的变化。如图 2-3、图 2-4 所示，每年 3 月 21 日前后（春分日）太阳直射在赤道上；6 月 22 日前后（夏至日）太阳直射在北回归线上（北纬 23.5°）；9 月 23 日前后（秋分日）太阳直射在赤道上；12 月 22 日前后（冬至日）太阳直射在南回归线上（南纬 23.5°）。

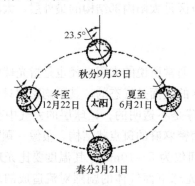

图 2-3　地球绕日运动示意图

图 2-4　地球受日射情况示意图

2.1.1.3　几个重要的天文参数

太阳辐射计算过程中，离不开有关天球坐标的知识。所谓天球，是指人们站在地球表面仰望天空，在平视四周时看到的假想球面。根据相对运动原理，太阳好像是在这个球面上周而复始地运动。若要确定太阳在天球上的位置，最方便的方法是采用天球坐标系，常用的天球坐标系是赤道坐标系和地平坐标系。

1. 赤道坐标系——赤纬角、时角

赤道坐标系是人在地球以外的宇宙空间里，看太阳相对于地球的位置是相对于赤道平面而言，用赤纬角与时角这两个坐标表示，如图 2-5 所示。

（1）赤纬角 δ

赤纬角又称太阳赤纬，是地球赤道平面与太阳和地球中心的连线之间的夹角。赤纬角是地球绕太阳运行造成的现象，它随时间而变，而与所在地区无关。因地轴方向不变，赤纬角随地球在运行轨道上的不同点具有不同值。赤纬角以年为周期，在 $-23.5°\sim+23.5°$ 之间移动，成为季节的标志，太阳赤纬随时间的变化如图 2-6 所示。赤纬角 δ 可由下式近似计算

$$\delta = 23.45\sin\left[360 \times \frac{284+n}{365}\right] \qquad (2\text{-}1)$$

式中 n——一年中的日期序号。如春分日 $n=81$，算得 $\delta=0$。由春分算起的第 d 天的太阳赤纬如下式

$$\delta = 23.45\sin\left(\frac{2\pi d}{365}\right) \qquad (2\text{-}2)$$

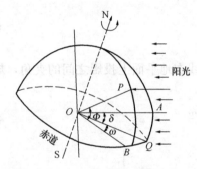

图 2-5 太阳与地球间各种角度

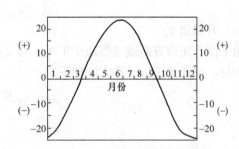

图 2-6 太阳赤纬年变化

（2）时角 ω

时角是描述因地球自转而引起的日地相对位置的变化，是地面任意一点与地心中心连线在赤道平面上投影与当地 12 点钟的日地中心连线在赤道平面上投影之间的夹角。每小时地球自转的角度为 $15°$，因此可采用一天中地球自转的角度来表示时间。并规定正午时角为零，上午时角取负，下午时角取正。时角数值等于离正午时间（小时）乘以 15，日出日落时最大。

在所有太阳角度计算公式中所指的时间都是当地太阳时，它的特点是午时（中午 12 点）阳光正好通过当地子午线，即在空中最高点处，它与当地时钟所指时间不一致。转换方法见下式

$$太阳时 = 标准时间 + E \pm 4(L_{st} - L_{loc}) \qquad (2\text{-}3)$$

式中 E——时差，指真太阳时与钟表指示时间（平太阳时）之间的差值。真太阳时以当地太阳位于正南向的瞬时为正午，$\min$；

L_{st}——制定标准时间采用的标准经度，$°$；

L_{loc}——当地经度，$°$。

所在地点在东半球取负号，西半球取正号。

我国以北京时为标准时间，式（2-3）成为

$$太阳时 = 北京时间 + E - 4(120 - L_{loc}) \qquad (2\text{-}4)$$

2. 地平坐标系——高度角、天顶角、方位角

地平坐标系是人在地球上观看空中的太阳相对地球的位置。这时，太阳相对的位置是相对地面而言的，用高度角 α_s 和方位角 γ_s 两个坐标表示，如图2-7、图2-8所示。即使是在相同的某月某日里，高度角和方位角在世界各地也具有不同的数值，因为各地的地平面在地球上的位置不同。

（1）太阳天顶角 θ_z

太阳光线和地平面法线之间的夹角 θ_z 称为天顶角。

（2）太阳高度角 α_s

太阳光线和它在地平面上投影线之间的夹角称为太阳高度角，它表示太阳高出水平面的角度。计算方法如下式

$$\sin\alpha_s = \sin\phi\sin\delta + \cos\phi\cos\delta\cos\omega \tag{2-5}$$

式中　　φ——地理纬度，$^\circ$。

高度角与天顶角的关系为

$$\theta_z + \alpha_s = 90^\circ \tag{2-6}$$

（3）方位角 γ_s

地平面上正南方向线（当地子午线）与太阳光线在地平面上投影之间的夹角，规定：偏东为负，偏西为正。计算方法如下式

$$\sin\gamma_s = \frac{\cos\delta\sin\omega}{\cos\alpha_s} \tag{2-7}$$

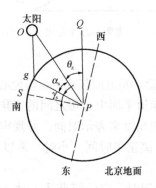

图2-7　太阳高度角、天顶角和方位角

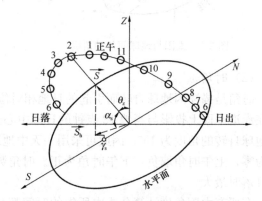

图2-8　太阳视运动轨迹与太阳角示意图

2.1.1.4　太阳辐射的基本概念

太阳表面的有效温度为5762K，而中心区的温度高达 $(8\sim40)\times10^6$K，内部压力有3400多亿标准大气压。太阳一刻不停地发射着巨大的能量，每秒有 657×10^9kg 的氢聚变成氦，连续产生 391×10^{21}kW 的能量。这些能量以电磁波的形式以 3×10^5km/s 速度向太空辐射，也就是太阳辐射能。当太阳辐射穿过地球大气层，入射到地球表面时，人们感受到的光和热，就是通常所说的太阳能。

1. 太阳光谱

太阳辐射中辐射能按波长的分布，称为太阳辐射光谱。由图2-9可见，大气上界太阳光谱能量分布曲线与用普朗克黑体辐射公式计算出的6000K的黑体光谱能量分布曲线非

常相似，因此可以把太阳辐射看作黑体辐射。根据维恩位移定律可以计算出太阳辐射峰值的波长 λ_{max} 为 $0.475\mu m$，在可见光的青光部分。太阳辐射主要集中在可见光部分（$0.4\sim 0.76\mu m$），波长大于可见光的红外线（$>0.76\mu m$）和小于可见光的紫外线（$<0.4\mu m$）部分少。在全部辐射能中，波长在 $0.15\sim 4\mu m$ 之间的占 99% 以上，且主要分布在可见光区和红外区，前者约占太阳辐射总能量的 50%，后者约占 43%，紫外区的太阳辐射能很少，只约占总量的 7%。

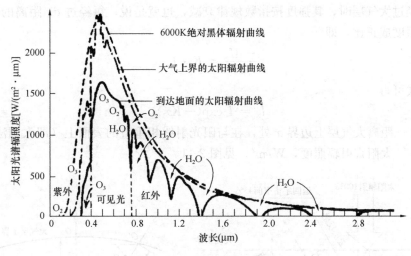

图 2-9　太阳光谱示意图

2. 太阳常数

在大气层外、平均日地距离处，垂直于辐射传播方向上单位面积单位时间获得的太阳辐射能量称为太阳常数，用 I_{sc}（Solar constant）表示，单位为 W/m^2。太阳常数是一个重要常数，一切有关研究太阳辐射的问题都要以它为参数。据研究，太阳常数的变化具有周期性，这可能与太阳黑子的活动周期有关。在太阳黑子最多的年份，紫外线部分某些波长的辐照度可为太阳黑子最少年份的 20 倍。近年来，气候学家指出，只要地球的长期气候发生 1% 的变化，就会引起太阳常数的变化。目前已有许多空间实验对太阳辐射进行直接观测，并在宇宙空间实验站设计了名为"地球辐射平衡"的课题，其中一个重要项目就是对太阳辐射进行长期监测，这些观测数据将对进一步了解大气物理过程及全球气候变迁的原因有很大帮助。1981 年世界气象组织推荐的太阳常数值 $I_{sc}=1367W/m^2$，而地球大气层上边界面处任意时刻的太阳辐射强度 $I_0=1367\pm7W/m^2$，这一表述更为切合实际，因为考虑了日地距离变化的因素，I_0 可按式（2-8）计算，即

$$I_0 = \gamma I_{sc} \tag{2-8}$$

式中　γ——日—地距离修正值，工程应用中通常采用简化计算式，即

$$\gamma = 1 + 0.033\cos\left(\frac{360d_n}{365}\right) \tag{2-9}$$

式中　d_n——距离 1 月 1 日的天数。

3. 太阳辐射在地球大气层中的衰减

地球表面能够利用的太阳能是天空太阳辐射透过地球大气层透射到地球表面上的辐射

能量。地球大气层是由空气、尘埃和水汽等组成的气体层，包围着整个地球，厚度约为100km。大气层中不少气体分子是辐射吸收性气体，如氧、二氧化碳等，如图 2-10 所示，天空太阳辐射透过地球大气层时强烈衰减，一是被氧、臭氧、水汽和二氧化碳等吸收，二是被大气层中空气分子、水汽和尘埃等反射或折射，从而形成漫向辐射。太阳辐射的部分辐射能将返回宇宙空间，另一部分到达地球表面。

4. 大气透明度与大气质量

阳光经过大气层时，其强度按指数规律衰减，也就是说，每经过 dx 距离的衰减梯度与本身辐照度成正比，即

$$\frac{-dI_x}{dx} = K \cdot I_x \tag{2-10}$$

解此式可得

$$I_x = I_o \exp(-Kx) \tag{2-11}$$

式中 I_x——距离大气层上边界 x 处，在与阳光射线相垂直的表面上（即太阳法线方向）太阳直射辐照度，W/m^2，见图 2-11。

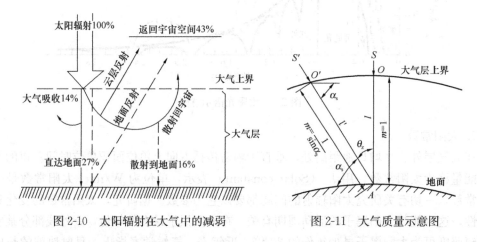

图 2-10 太阳辐射在大气中的减弱　　　　图 2-11 大气质量示意图

K——比例常数，单位为 m^{-1}。由式（2-9）可知，K 值越大，辐照度的衰减就越迅速，因此，K 值也称消光系数，其值大小与大气成分、云量多少等有关，影响因素比较复杂。

x——阳光道路，即阳光穿过大气层的距离。其数值完全可以根据太阳在空间的位置，按几何关系准确计算得出。对于到达地面的阳光来说，当太阳位于天顶角时，阳光道路 $x=l$；太阳位于其他位置时，阳光道路 $x=l'$；l' 与 l 之比，称为大气质量，用符号 m 表示，即 $m=l'/l$。太阳在天顶时的大气质量为 1。

太阳位于天顶时，到达地面的法向太阳直射辐照度为

$$I_l = I_o \exp(-K \cdot l) \tag{2-12}$$

或写为

$$\frac{I_l}{I_o} = p = \exp(-K \cdot l) \tag{2-13}$$

式中 p——称为大气透明率或大气透明系数，是衡量大气透明程度的标志。p 值越接近1，表明大气越清澈，阳光通过大气层时被吸收的能量越少。但必须注意到，

p 值不是实际存在的一个物理参数，而是一个综合反映了大气层厚度、消光系数等难于确定的多种因素对太阳辐射的一个衰减系数。所以，不能由实测直接得到，需要根据实测数据的统计整理，才能得到某地区某时的大气透明率 p 值。在实际计算中，对于一个月份的晴天来说，可以采用同一个 p 值。

太阳不是位于正天顶时，阳光道路为 l'，达到地面上的法向太阳辐照度应为

$$I_n = I_o \cdot \exp(-K \cdot l') = I_o \cdot \exp(-K \cdot ml) = I_o \cdot p^m \qquad (2\text{-}14)$$

式中　p^m——大气透明度。

除大气质量 m 大于 3 以外，也就是说，除了在太阳高度角很小时，地球的曲率影响可以忽略，即 m 值可以近似按下式进行计算。表 2-1 为计算得到的太阳高度角与大气质量的关系。

$$m = \frac{1}{\cos\theta_z} = \frac{1}{\sin\alpha_s} \qquad (2\text{-}15)$$

太阳高度角与大气质量的关系　　　　　　表 2-1

太阳高度角 α_s	90°	60°	45°	30°	10°	5°
大气质量 m (1/$\sin\alpha_s$)	1.000	1.155	1.414	2.000	5.758	11.480

2.1.1.5　太阳辐照度的计算

到达地面的太阳总辐射由两部分组成：一部分是以平行光的形式直接投射到地面上的太阳直射辐射，另一部分是经过散射后到达地面的散射辐射。

1. 到达地表水平面的太阳辐照度 I（总辐照度）

（1）水平面上的太阳直射辐照度及日总量

由图 2-12、图 2-13 可知，水平面上的太阳直射辐照度

$$I_b = I_n\sin\alpha_s = I_n\cos\theta_z = \gamma I_{sc} p^m \sin\alpha_s \qquad (2\text{-}16)$$

式中　I_b——水平面上直射辐照度，W/m²。

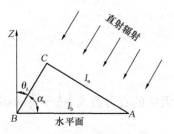
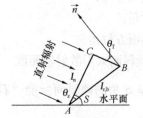

图 2-12　倾斜面上辐照度与　　　　　图 2-13　太阳直射辐照度
太阳高度角的关系　　　　　　　　入射角的关系

计算水平面直接辐射的日总量 H_b，可将式（2-14）从日出至日没在时间 t 内积分，即

$$H_b = \int_0^t \gamma I_{SC} P^m \sin\alpha_s \mathrm{d}t = \gamma I_{SC}\int_0^t P^m \sin\alpha_s \mathrm{d}t \qquad (2\text{-}17)$$

（2）水平面上的太阳散射辐照度

真正散射辐照度的计算是困难的，对于晴天水平面的天空散射辐射，可用式（2-18）

（Berlage 公式）计算

$$I_d = \frac{1}{2}I_{SC}\frac{1-P^{1/\sin\alpha_s}}{1-1.4\ln P}\sin\alpha_s = \frac{1}{2}I_{SC}\frac{1-P^m}{1-1.4\ln P}\sin\alpha_s \qquad (2\text{-}18)$$

式中 I_d——水平面上的散射辐照度，W/m^2。

（3）水平面上的太阳总辐照度

到达地表水平面的太阳总辐射为直射辐射与散射辐射之和

$$I = I_b + I_d \qquad (2\text{-}19)$$

式中 I——太阳总辐照度，W/m^2；

  I_b——水平面上的直射辐照度，W/m^2；

  I_d——水平面上的散射辐照度，W/m^2。

2. 到达地表任意倾斜面的太阳辐照度 I_r（点辐照度）

（1）任意倾斜面太阳直射辐照度

任意平面上得到的太阳直射辐射，与阳光对该平面的入射角有关，如果某平面的倾角为 S 时，其所接受的太阳直射辐照度

$$I_{r,b} = I_n\cos\theta_r \qquad (2\text{-}20)$$

式中 θ_r——倾斜面上太阳光线的入射角，太阳射线与壁面法线之间的夹角，也就是壁面上某点至太阳的连线与壁面法线之间的夹角。

$$\cos\theta_r = f(\delta,\omega,\phi,\gamma_s,S) \qquad (2\text{-}21)$$

则任意倾斜面上的太阳直射辐照度

$$I_{r,b} = I_n(\cos S\sin\varphi\sin\delta + \cos S\cos\varphi\cos\delta\cos\omega + \sin S\sin\gamma_s\cos\delta\sin\omega$$
$$+ \sin S\sin\varphi\cos\delta\cos\omega\cos\gamma_s - \sin S\cos\gamma_s\sin\delta\cos\delta) \qquad (2\text{-}22)$$

式中 S——倾斜面与水平面的夹角；

  φ——当地纬度；

  δ——太阳赤纬；

  ω——时角；

  γ_s——斜面方位角。

（2）任意倾斜面太阳散射辐照度

与水平面呈 S 角的倾斜面所能"看见"天空的百分数为 $\left(\frac{1}{2}+\frac{1}{2}\cos S\right)$，故倾斜面的太阳散射辐照度

$$I_{r,d} = I_d\frac{1+\cos S}{2} = I_d\cos^2\frac{S}{2} \qquad (2\text{-}23)$$

（3）任意倾斜面获得的地面反射辐照度

太阳光线照射到地面上以后，一部分被地面所反射，由于一般地面和地面上的物体形状各异，可以认为地面是纯粹的散射面。这样各个方向的反射就构成由中短波组成的另一种散射辐射。与水平面呈 S 角的倾斜面获得的地面反射辐照度

$$I_{r,r} = \rho I\frac{1-\cos S}{2} = \rho I\left[1-\cos^2\left(\frac{S}{2}\right)\right] = \rho(I_b+I_d)\left[1-\cos^2\left(\frac{S}{2}\right)\right] \qquad (2\text{-}24)$$

式中 ρ——地面反射率，在没有具体数值的情况下可以取 0.2。

（4）任意倾斜面上的太阳总辐照度

任意倾斜面的太阳总辐照度为太阳直射辐照度、太阳散射辐照度和地面反射辐照度之和

$$I_r = I_{r,b} + I_{r,d} + I_{r,r} \tag{2-25}$$

2.1.1.6 太阳辐照度的测量

1. 测量参数

辐射指太阳、地球和大气辐射的总称。通常称太阳辐射为短波辐射，地球和大气辐射为长波辐射。观测的物理量主要是辐射能流率，或称辐射通量密度或辐照度，标准单位 W/m^2。气象上常测定以下几种辐射量：

（1）直接辐射：接收到的、直接来自太阳而不改变方向的太阳辐射。

（2）散射辐射：接收到的、受大气层散射影响而改变了方向的太阳辐射。

（3）反射太阳辐射：地面反射的太阳总辐射。

（4）太阳总辐射：接收到的太阳辐射总和等于直接辐射和散射辐射之和。

（5）净辐射：天空向下投射的和由地表向上投射的辐射之差。

2. 太阳辐射测量仪器

太阳辐射测量仪器的基本原理是将接收到的太阳辐射能以最小的损失转变成其他形式的能量，如热能、电能，以便进行测量。图 2-14 为常见的各种太阳辐射测量仪器，即辐射表，也称日射表。

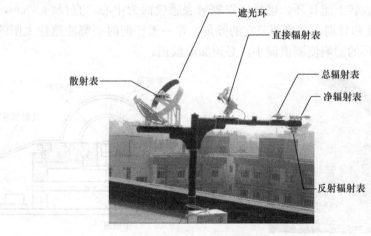

图 2-14　太阳辐射表

（1）直接日射表

直接日射表是测定太阳直射辐射的常规仪器，分绝对日射表和相对日射表。绝对日射表只作为标准仪器进行设计与制造，是具有最高精度的测量仪器，如 Angstrom（埃斯川姆）补偿式绝对日射表。其测量操作比较复杂，对设置环境有较高要求，只作测量标准使用，不适宜用于日常测量工作。

太阳能利用工程中通常使用的直接日射表都是相对直接日射表，通常称为日射表。如图 2-15 所示，进光筒对感应面的视张角为 10°，感应面是一块涂黑的锰铜（或薄银）片，它的背面紧贴热电堆正极，负极接在遮光筒内壁，热电堆的电动势正比于太阳辐射。用于

遥测的直接日射表将进光筒安装在"赤道架"上，借助电机和齿轮减速器，带动日射表进光筒准确地自动跟踪太阳。

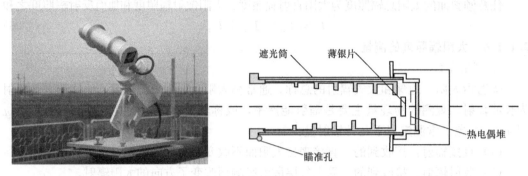

图 2-15 直接日射表

（2）总日射表

总日射表是测定地平面上的太阳直接辐射、天空散射辐射和地面反射辐射仪器。如图 2-16 所示，感应部分由黑片和白片组成田字形方格阵，辐照度正比于黑白片下热电堆的电动势。感应面上有一个半球形防风保护玻璃罩，仪器上方可伸出一块对感应平面视角为 10° 的遮光板。支架遮光板遮去阳光，仪器只能测到天空散射辐射；除去遮光板则能测到水平面上直射辐射和散射辐射的总和；反转仪器使感应面向下，则能测到反射辐射。用于遥测的天空辐射表装上遮日环，遮日环以辐射表感应面为中心，直径约 30cm，环宽约 5cm，根据当地纬度和日期，适当调节它的倾角，在一天任何时刻都能遮住太阳的直接辐射。显然由于遮日环的影响使测值偏小，必须加以校正。

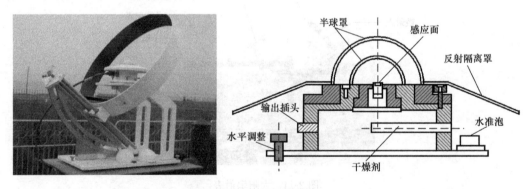

图 2-16 总日射表

2.1.2 太阳能资源分布

太阳能资源的分布与各地的纬度、海拔、地理状况和气候条件有关。资源丰度（资源丰饶度）一般以全年总辐照量（单位为 $MJ/(m^2 \cdot a)$ 或 $kWh/(m^2 \cdot a)$）和全年日照总时数表示。

2.1.2.1 世界太阳能资源分布

根据国际太阳能热利用区域分类，全世界太阳能辐照度和日照时间最佳的区域包括北非、中东地区、美国西南部和墨西哥、南欧、澳大利亚、南非、南美洲东、西海岸和中国西部地区等。

2.1.2.2 我国太阳能资源分布

我国幅员辽阔，太阳能资源丰富，但由于受到气候和地理条件的制约，太阳能资源呈明显的地域性分布。太阳能最丰富的地区在青藏高原，最缺乏的地区在四川盆地；西部地区都要高于东部地区，并且除西藏和新疆外，南部地区基本上都低于北部地区。南方地区由于受到水汽大、雨云较多的影响，太阳辐照量随着纬度的升高而增长，与北方地区分布相反。按接受太阳辐照量的大小，全国大致上可分为四类地区，如表2-2所示。

（1）Ⅰ资源极富区。年太阳辐照量大于$6700MJ/m^2$，相当于日辐射量大于$5.1kWh/m^2$。这些地区包括西藏大部、新疆南部及青海、甘肃和内蒙古西部等地。尤以西藏西部最为丰富，全年辐照量高达$2333kWh/m^2$（日辐射量$6.4kWh/m^2$），居世界第二位，仅次于撒哈拉大沙漠。

（2）Ⅱ资源丰富区。年太阳辐照量为$5400\sim6700MJ/m^2$，相当于日辐射量$4.5\sim5.1kWh/m^2$。这些地区包括新疆大部、青海和甘肃东部、宁夏、陕西、山西、河北、山东东北部、内蒙古东部、东北西南部、云南、四川西部等地。

（3）Ⅲ资源较富区。年太阳辐照量为$4200\sim5400MJ/m^2$，相当于日辐射量$3.2\sim4.5kWh/m^2$。主要包括黑龙江、吉林、辽宁、安徽、江西、陕西南部、内蒙古东北部、河南、山东、江苏、浙江、湖北、湖南、福建、广东、广西、海南东部、四川、贵州、西藏东南角、台湾等地。

（4）Ⅳ资源一般区。年太阳辐照量小于$4200MJ/m^2$，相当于日辐射量小于$3.2kWh/m^2$。主要包括四川中部、贵州北部、湖南西北部，是我国太阳能资源最少的地区。

从全国来看，我国是太阳能资源相当丰富的国家，绝大多数地区年平均日辐射量在$4kWh/(m^2 \cdot d)$以上，西藏最高达$7kWh/(m^2 \cdot d)$。与同纬度的其他国家相比，和美国类似，比欧洲、日本优越得多。上述一、二、三类地区约占全国总面积的2/3以上，年太阳辐照量高于$5000MJ/m^2$，年日照时数大于2000h，具有利用太阳能的良好条件。特别是一、二类地区，正是我国人口稀少、居住分散、交通不便、偏僻。边远的广大西北地区，经济发展较为落后。可充分利用当地丰富的太阳能资源，发展经济，提高人民生活水平。

中国太阳能资源分布 表2-2

太阳能资源区划	年日照时数（h/a）	年辐照量 [MJ/(m²·a)] [kWh/(m²·a)]	等量热量所需标准燃煤（kg）	包括的主要地区
Ⅰ资源极富区	3200～3300	＞6700 ＞1750	225～285kg	西藏大部、新疆南部及青海、甘肃和内蒙古西部
Ⅱ资源丰富区	3000～3200	5400～6700 1400～1750	200～225kg	新疆大部、青海和甘肃东部、宁夏、陕西、山西、河北、山东东北部、内蒙古东部、东北西南部、云南、四川西部、北京、天津
Ⅲ资源较富区	1400～3000	4200～5400 1050～1400	140～200kg	黑龙江、吉林、辽宁、安徽、江西、陕西南部、内蒙古东北部、河南、山东、江苏、浙江、湖北、湖南、福建、广东、广西、海南东部、四川、贵州、西藏东南角、台湾
Ⅳ资源一般区	1000～1400	≤4200 ＜1050	115～140kg	四川中部、贵州北部、湖南西北部

2.1.3　太阳能利用的特点与基本方式

2.1.3.1　太阳能利用的特点

太阳能作为一种永不枯竭的清洁能源，将是未来人类可期待的、最有希望的绿色能源之一。

1. 太阳能优点

太阳能与煤炭、石油、天然气及核能等相比较，在能源开发利用中具有独特的优势，主要表现在以下几个方面：

（1）普遍性。无论陆地或海洋，无论高山或岛屿，太阳能处处皆有，没有地域性限制，且可直接开发和利用，无须开采和运输，尤其是能够解决偏远农村、海岛等地区的能源供应问题。

（2）容量大。太阳每年照射到达地球表面的辐射量相当于 130 万亿 tce 的能量，是目前世界主要能源探明储量的一万倍以上，太阳能已成为现今世界上可开发的最大能源。

（3）长久性。按照目前太阳产生的核能速率估算，氢的贮量足够维持上百亿年，而地球的寿命仅为几十亿年，从这个意义上讲，太阳能是取之不尽、用之不竭的。

（4）无害性。将太阳能作为能源，既没有核能利用中核泄漏和核辐射的安全问题，也没有化石能源利用中废渣、废料、废水、废气的排放问题，更没有水电利用中对生态环境的破坏问题，因此太阳能是一种无害的生态资源。

2. 太阳能缺点

当然，太阳能也不是完美的，也存在以下几点缺点：

（1）分散性（稀薄性）。虽然太阳辐射到达地球表面的总量很大，但是平均能流密度相对较低。以北回归线附近为例，即使在晴朗夏季的正午，地面上接受的太阳辐射照度也仅为 $1000W/m^2$ 左右。因此，为了收集利用低密度的太阳能，通常太阳能利用装置的采光面积都很大，面向太阳，并设置一定的倾角。

（2）间断性。由于受到昼夜、季节、地理纬度和海拔等自然条件的限制以及天气情况等随机因素的影响，太阳能又具有不稳定性，给太阳能应用增加了难度。为了稳定工作，太阳能利用装置需要配置一定的储能装置或常规辅助能源。

（3）成本高。目前大多数太阳能设备的转换效率并不低，但是由于太阳能流密度低，导致应用相对成本较高。特别是太阳能供暖和太阳能空调，经济性上还不能与常规能源相竞争，因此经济性也成了制约太阳能利用的主要问题之一。

由此可见，在太阳能利用的道路上还有很多经济上、技术上的问题有待人们去解决，但随着人类社会的不断发展，科技水平的不断提高，未来太阳能必将取代化石能源成为一种永不枯竭的、廉价的新型能源。

2.1.3.2　太阳能利用的基本方式

太阳能利用的基本方式可以分为以下四大类。

1. 光热利用

光热利用的基本原理是将太阳辐射能收集起来，通过与物质的相互作用转换成热能加以利用。目前使用最多的太阳能收集装置主要是平板型集热器、真空管集热器和聚焦集热器。通常根据所能达到的温度和用途的不同，把太阳能光热利用分为低温利用（＜200℃）、中温利用（200～800℃）和高温利用（＞800℃）。低温利用方式主要有太阳能供热（单供热水或供暖)、太阳能干燥、太阳能蒸馏、太阳房、太阳能温室、太阳能空调制冷等，中温利用方式主要有太阳灶、太阳能热发电聚光集热装置等，高温利用方式主要有高温太阳炉等。

2. 太阳能发电

未来太阳能的大规模利用是发电，利用太阳能发电的方式有多种，目前已应用的主要有以下两种。

(1) 光—热—电转换。即利用太阳辐射所产生的热能发电。一般是用太阳能集热器吸收的热能将工质转换为蒸气，然后由蒸气驱动汽轮机带动发电机发电。前一过程为光—热转换，后一过程为热—电转换。

(2) 光—电转换。其基本原理是利用光生伏打效应将太阳辐射能直接转换为电能，它的基本装置是太阳能电池。

3. 光化利用

这是一种利用太阳辐射能直接分解水制氢的光—化学转换方式。

4. 光生物利用

植物通过光合作用（植物吸收太阳能把 CO_2 和 H_2O 合成富能有机物，同时释放氧气的过程）实现转换成生物质（各种有机体，包括动植物和微生物）的过程。目前主要有速生植物（如薪炭林）、油料作物和巨型海藻。

用于建筑中的太阳能利用方式主要是太阳能低温光热利用和太阳能光伏利用两种。具体形式包括太阳能热水、太阳能供暖、太阳能空调、太阳能电池等。

2.2　太阳能热水

太阳能热水系统是利用太阳能集热器收集太阳辐射能将水加热的一种装置，是目前太阳热能利用中最具经济价值、技术最成熟且已商业化的一项技术与产品。

2.2.1　太阳能集热器

太阳能集热器作为各种太阳能热利用系统的关键部件，其性能与成本对太阳能热利用系统的优劣起着关键作用。

2.2.1.1　太阳能集热器产品分类和特点

目前，市场上普遍应用的太阳能集热器主要有平板型和真空管型，而真空管型又包括全玻璃真空管式、热管真空管式和 U 形管真空管式。随着太阳能空调制冷和海水淡化技术的应用，其他型号的太阳能集热器也将逐步普及。以下对常用的几种太阳能集热器进行介绍。

1. 平板型太阳能集热器

平板型太阳能集热器广泛应用于生活用水、游泳池及工业用水的加热，建筑物供暖与空调等诸多领域。传统平板型太阳能集热器一般由吸热板、透明盖板、保温层和外壳等部件组成，其基本结构如图 2-17 所示。吸热板是吸收太阳辐射能量并向工作介质传递热量的部件。玻璃盖板是平板型集热器中覆盖吸热板，并由透明（或半透明）材料组成的板状部件，其作用主要是让尽可能多的太阳辐射投射到吸热体上，并保护吸热板不受灰尘及雨雪侵蚀，阻止吸热板通过对流和辐射向周围环境散热。保温层是抑制吸热体通过热传导向周围环境散热的部件。外壳是保护及连接固定吸热板、盖板和保温层的部件。

图 2-17 传统平板型太阳能集热器结构图
1—吸热板；2—玻璃盖板；3—保温层；4—外壳；
5—排管；6—工质入口；7—工质出口

传统平板型集热器具有以下优点：

（1）承压能力强，可靠性较高；

（2）无惧空晒，不会出现炸管现象；

（3）整体板块状，易安装，维护方便；

（4）吸热面积大，集热器所占的轮廓面积中吸热面积占据绝大部分；

（5）是实现太阳能与建筑结合最佳选择的集热器类型之一。

但传统管板式平板太阳能集热器仍存在很多缺点，具体如下：

（1）平板集热器吸热板、集排管连接处采用焊接工艺，加工难度相对较大，易出现焊接穿透、焊接不牢、焊点漏水、集排管间膨胀龟裂等问题。

（2）平板型集热器集排管管壁极薄，在寒冷的冬天，集排管内的水极易结冰，造成管路体积膨胀，引起管道胀裂。

（3）平板型集热器集排管管径小，循环水长年在管道内循环易造成管路内结水垢，使集热管路堵塞，导致集热器热效率下降，压损增大。

（4）如图 2-18 所示的平板型太阳能集热器，由于集热器吸热板温度大于透明盖板温度，造成集热器内部封闭空腔内空气产生自然对流，集热器在高温运行时，对流热损失很大，效率会明显降低。

2. 真空管型太阳能集热器

通常的真空管集热器由许多支真空集热管组合而成，每支真空集热管由透明的外管和吸热的内管组成，后者可以采用金属管，也可以采用玻璃管，吸热管与外管之间被抽成 $10^{-3} \sim$

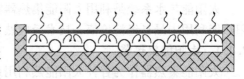

图 2-18 平板太阳能集热器对流热损失示意图

10^{-4} mmHg 真空。内外玻璃管之间的空气对流被完全抑制，导热损失也被减少到可以忽略不计，主要的热损失只是吸热体与外管之间的辐射换热，而真空集热管的吸热管表面采用发射率很低的涂层以减少其辐射热损。因此，在相同的环境条件及工作温度下，真空管集热器的热损失只是常规平板型集热器的 1/8 左右。

（1）全玻璃真空管太阳能集热器

全玻璃真空管太阳能集热器的核心元件是玻璃真空集热管，如图 2-19 所示，其形状如一只拉长的暖水瓶胆。全玻璃真空集热管采用一端开口，其外玻璃管 1 与内玻璃管 2 的一端管口进行环形熔封；另一端密封成半球形圆头，内玻璃管用弹簧支架 5 支撑，可

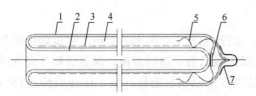

图 2-19 全玻璃真空太阳集热管结构示意图
1—外玻璃管；2—内玻璃管；3—选择性吸收涂层；
4—真空；5—弹簧支架；6—消气剂；7—保护帽

以自由伸缩,以缓冲内管热胀冷缩引起的应力;内玻璃管与外玻璃管支架的夹层抽成真空4。内玻璃管的外表面制备有选择性吸收涂层3,弹簧支架上装有消气剂6,它在蒸散后用于吸收真空集热管运行时产生的气体,保持管内真空度。

全玻璃真空管太阳能集热器具有结构简单、制造方便、技术成熟、成本低、保温性能好的优点,且其在中高温下依然能够保持较高的集热效率。但仍存在以下缺点:

1)真空管为细长管,管内循环阻力大,管内热水无法及时将热量传递至水箱,水温升高过快,造成管内水温与内管外壁的温差减小,从而减少了向管内工质传递的热量,增加了向管外的辐射热损失。

2)真空管空晒时,温度可高达270℃,如在此时通水,会因温度骤变而使真空管炸裂。且一处炸裂,整个系统将瘫痪,维护成本较高。

3)夏季真空管内的水温可达90℃以上,极易形成水垢,且难以清除,造成热效率严重下降。

4)管口多,承压能力低,密封不严密,经常出现漏水故障。

5)管内存水过多,造成系统热水利用率降低,并且在严寒地区晚上管内极易结冰。

6)建筑一体化设计和安装有一定难度。

(2)热管真空管太阳能集热器

热管真空管集热器的基本组成单元为热管式真空集热管,其结构示意如图2-20所示。工作时,太阳辐射穿过玻璃管后投射在金属集热板上,集热板吸收太阳辐射能并将其转换为热能,通过导热方式将热量传递给与集热板紧密结合在一起的热管蒸发段,使热管蒸发段内

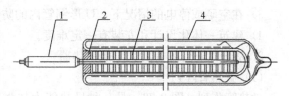

图2-20　热管式真空集热管结构图
1—热管;2—保温管堵;3—金属导热片;
4—全玻璃真空管

的工作介质汽化,介质蒸汽上升到热管冷凝段后,在冷凝段凝结并释放潜热,凝结后的液态介质依靠毛细力或重力回流到热管蒸发段。

热管式真空管集热器具有以下优点:

1)热管工质热容量小,启动快;

2)真空集热管内没有水,耐冰冻、耐热冲击;

3)热管和连集管是金属,承压能力强;

4)热管具有"热二极管效应",保温好;

5)运行安全可靠,易于安装维修。

但其仍存在以下不足:

1)在真空集热管的基础上增加铜热管,其成本远高于全玻璃真空集热管。

2)采用圆形铜热管,冷凝面积过小造成其热效率较低。另外,在空晒高温情况下,热管内表面将有不凝气体析出,随着工作过程的持续,热管内的不凝气体会越来越多,在热管的冷凝段形成不凝气体区,从而减少了冷凝面积,使热管的传热能力下降。严重时,冷凝段全部被不凝气体占据,热管失效。

3)不易建筑一体化。

4)若联集箱内直接通水循环,长期使用造成联集箱内结垢,热管头部结垢将导致热

效率下降，出现故障后热管拆卸也存在困难。

（3）U 形管全玻璃真空管集热器

U 形管全玻璃真空集热器是在全玻璃真空管中插入弯成 U 形的金属管，被加热工质在 U 形金属管中流过，吸收全玻璃真空管收集的太阳能而被加热，其结构如图 2-21 所示。

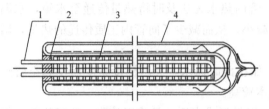

图 2-21　U 形管全玻璃真空太阳集热管
结构示意图

1—U 形管；2—保温管堵；3—金属导热片；
4—全玻璃真空管

U 形管全玻璃真空集热器具有以下优点：

1）可水平安装，安装简单。

2）由于玻璃管内无水，因此耐冷热冲击，运行中不会因一支真空管破损而影响系统，可靠性较高，也可用于承压的封闭系统。

但其仍存在以下缺点：

1）U 形铜管成本高；

2）由于自身结构的问题，换热阻力大，效率低；

3）在空晒或停电的情况下，U 形铜管内的防冻液极易碳化；

4）建筑一体化设计和安装有一定难度。

3. 基于微热管阵列的太阳能集热器

（1）微热管阵列

微热管阵列（图 2-22）是一种导热能力超强的导热元件，依靠内部工质相变传递热量，每个微热管阵列由多根独立运行的微热管并联，每根微热管内部还有强化换热的微翅结构。微热管阵列的独特结构使其具有以下特点：

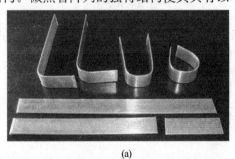
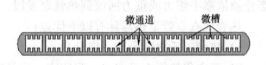

(a)　　　　　　　　　　　　　　　(b)

图 2-22　新型平板热管—微热管阵列
(a) 照片；(b) 纵向剖面图

1）热传递能力强。毛细微槽增加了热管壁面的传热面积，强化了对流体的输运能力，更为重要的是，在蒸发段与冷凝段增加了薄液膜的数量，从而大幅提高了壁面的换热能力，当量导热系数可达到铝材的 5000 倍。

2）承压能力强。微细热管之间的间壁在结构上起到"加强筋"的作用，大大增加了微热管阵列的承压能力。

3）工作可靠性高。每平方米平板内部有 300～600 根独立运行的微细热管，任何一个微热管损坏，不会影响其他微热管的工作，可靠性高。

4）接触热阻小。微热管阵列外形扁平，能够方便地与换热面贴合，克服了常规圆形截面热管需要增加特殊结构才能与换热面紧密贴合的缺点，减少了界面接触热阻。

5）价格便宜。微热管阵列的原材为一次性挤压成型的带微槽结构的铝材，成本远低于传统热管的铜材。

（2）微热管阵列平板太阳能集热器及热水系统性能

基于微热管阵列的上述特点，将其与翼型换热器干式结合，构成一种新型热管平板太阳能集热器—微热管阵列平板太阳能集热器，其结构如图 2-23 所示。该集热器由 3.2mm 厚的超白玻璃（透光率 92%，吸收率 5%）、选择性吸热膜（太阳能吸收率 95%，热发射率 5%）、微热管阵列、保温层、铝合金外框及换热器等几部分组成。集热器工作时，吸热蓝膜将吸收的太阳能传给微热管阵列蒸发段，微热管阵列蒸发段表面吸收太阳能后将热量传给热管蒸发段壁面，工质在蒸发段吸热后由液态变为气态，流向冷凝段。蒸气在冷凝段处被流过的水冷凝，经相变放出潜热后由气态变为液态，传热工质依靠重力与毛细力从冷凝段回流到蒸发段，如此循环，热量由热管的一端传至另一端，从而将循环水箱内流过的水加热。

基于微热管阵列的平板太阳能集热器具有以下优点：

（1）微热管阵列表面为平板结构，与吸热板芯之间的接触面积大，热阻小，热传输能力强，热效率高。

（2）微热管阵列平板太阳能集热器无焊点，循环水管与热管之间采用特殊的同温差区间的金属胶性粘结，系统内无焊点；热管与翅片之间也同样是金属胶性粘结使整个平板内结为一体，因此无泄漏问题。

（3）集热回路为微热管内工质循环，与水路分离，热管冷凝端与换热器干式连接，

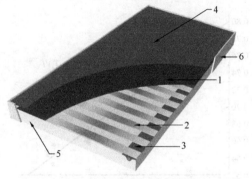

图 2-23　微热管阵列太阳能集热器结构图
1—选择性吸热膜；2—微热管阵列；3—循环水管；
4—玻璃盖板；5—保温层；6—铝合金边框

避免了热管冷凝端结垢泄漏的问题，且承压能力更强。

（4）微热管阵列可耐−40℃以下低温，从而增强了集热器的抗冻能力。同时，独特的干式接触式换热水管使得集热器排空容易，可做到全排空防冻，无需使用防冻液。

（5）相较于传统的铜管板式集热器，价格更具优势。

2.2.1.2　太阳能集热器的热性能参数

太阳集热器的热性能主要用集热器的瞬时效率方程和效率曲线表征，瞬时效率方程和效率曲线根据国家标准《太阳集热器热性能试验方法》GB/T 4271—2007 的规定检测得出。

集热器瞬时效率是指在稳态（或准稳态）条件下，集热器传热工质在规定时段内从规定的集热器面积（总面积、采光面积或吸热体面积）上输出的能量与同一时段内、入射在同一面积上的太阳辐照量的比。

由集热器的基本能量方程，经过一系列推导，可以得到以集热器的进口温度表示的集热器效率方程

$$\eta = F_{\mathrm{R}}\left[(\tau\alpha)_{\mathrm{e}} - U_{\mathrm{L}}\frac{t_i - t_a}{I}\right] = F_{\mathrm{R}}(\tau\alpha)_{\mathrm{e}} - F_{\mathrm{R}}U_{\mathrm{L}}\frac{t_i - t_a}{I} \qquad (2\text{-}26)$$

式中 F_{R}——集热器热转移因子，无量纲量，其物理意义是集热器实际输出的能量与假定整个吸热板处于介质进口温度时输出能量之比；

$(\tau\alpha)_{\mathrm{e}}$——透明盖板透射比与吸热板吸热比的有效乘积，无量纲量；

U_{L}——集热器总热损系数，$\mathrm{W/(m^2 \cdot K)}$；

I——太阳总辐照度，$\mathrm{W/m^2}$；

t_i——集热器进口工质温度，℃；

t_a——环境温度，℃。

将集热器瞬时效率方程在直角坐标系中以图形表示，得到的曲线称为集热器效率曲线。在直角坐标系中，纵坐标 y 轴表示集热器效率，横坐标 x 轴表示集热器进口温度和环境温度的差值与太阳辐照度之比，有时也称为归一化温差，用 T_i^* 表示。所以，集热器效率曲线实际上是效率与归一化温差的关系曲线。若假定 U_{L} 为常数，则集热器效率曲线为一条直线。通常通过检测利用最小二乘法拟合得出

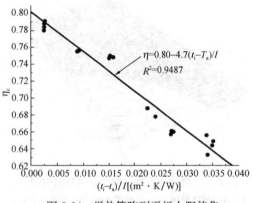

图 2-24 微热管阵列平板太阳能集热器瞬时效率测试结果

$$\eta = \eta_0 - UT_i^* \qquad (2\text{-}27)$$

式中 η_0——集热器可获得的最大效率，也可称为是零损失集热器效率；

T_i^*——归一化温差，基于进口温度的归一化温差 $T_i^* = (t_i - t_a)/I$，$(\mathrm{m^2 \cdot K})/\mathrm{W}$；

U——以 T^* 为参考的集热器总热损系数，$\mathrm{W/m^2}$。

可以看出，集热器效率不是常数而是变数，与集热器温度、环境温度和太阳辐照度都有关系。集热器工作温度越低或者环境温度越高，集热器效率越高，反之，越低。因此，同一台集热器在夏天具有较高的效率，而在冬天具有较低的效率；在满足使用要求的前提下，应尽量降低集热器工作温度，以获得较高的效率。另外，集热器效率曲线的斜率表示集热器总热损失系数的大小。斜率越大，效率曲线越陡，则集热器总热损系数就越大。效率曲线在 x 轴上的交点表示集热器可达到的最高温度，散热损失最大，效率为 0，也称为滞止温度或闷晒温度。

图 2-24 为根据国家标准测试的微热管阵列平板太阳能集热器瞬时效率，可见，集热器瞬时效率的斜率为 4.7，截距为 0.80，分别优于国家标准要求值 22.3% 和 11.0%。

2.2.2 太阳能热水系统

2.2.2.1 太阳能热水系统组成

太阳能热水系统（图 2-25）主要由集热器、保温水箱、连接管路、控制中心、辅助热源、循环水泵、热交换器等组成。集中—集中供热水系统是太阳能热水系统常用的一种形式，如图 2-25 所示。

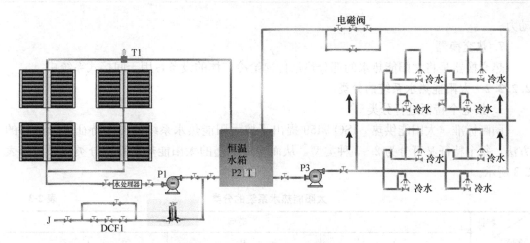

图 2-25　集中—集中太阳能热水系统

1. 集热器

太阳能集热器是吸收太阳辐射并将所吸收的热能传递给传热介质的装置，其功能相当于电热水器中的电加热管。由于集热器利用的是太阳的辐射热量，故而加热时间只能在有太阳照射的白昼，因此有时需要锅炉、电加热等辅助加热装置。

2. 保温水箱

保温水箱是储存热水的装置或容器，由于太阳能集热器只能白天工作，而人们一般晚上使用热水，因此需通过保温水箱把集热器在白天产出的热水储存起来。

水箱的种类按外形可分为方形、扁盒形、圆柱形、球形；按放置方法可分为立式和卧式；按耐压状态可分为常压开式和耐压闭式；按是否有辅助热源可分为普通水箱和具有辅助热源的水箱；按换热方式不同可分为直接换热水箱和二次换热间接热交换水箱。另外，水箱材料的质量对水箱的耐压、耐温、防渗漏及水质影响很大。目前国内水箱的常用材料有进行防腐处理的钢板或搪瓷、镀锌钢板、防锈铝板、无毒塑料或玻璃钢、不锈钢板等。户用热水器通常采用搪瓷内胆承压保温水箱，该水箱保温效果好，耐腐蚀，水质清洁，使用寿命长达 20 年以上。

3. 连接管路

连接管路是将热水从集热器输送到保温水箱，同时将冷水从保温水箱输送到集热器的通道，使整套系统形成一个闭合的环路。设计合理、连接正确的循环管路对太阳能系统达到最佳工作状态至关重要。热水管路必须做保温防冻处理且管道需保证 20 年以上的使用寿命。

4. 控制中心

控制中心负责实现整个太阳能系统的监控、运行、调节等功能，主要由电脑软件及变电箱、监控仪表及联动装置等组成。

5. 辅助热源

太阳能热水系统中，辅助热源为了补充太阳能系统的热输出所用的非太阳能加热部件。其中常以电能或燃料化学能作为能源，也可以与热泵联合运行。

6. 循环水泵

除自然循环系统以外的其他太阳能热水系统都需要循环水泵为太阳能集热循环提供

动力。

7. 热交换器

热交换器是将太阳能热水的部分热量传递给冷流体的设备，用于间接式系统中。

2.2.2.2　太阳能热水系统的分类

1. 按七个特征进行分类

国际标准《太阳能供热》ISO 9459 提出了按太阳能热水系统的七个特征进行分类的方法，每个特征又可分为 2~3 种类型，从而构成严谨的太阳能热水系统分类体系，如表 2-3 所示。

太阳能热水系统的分类 表 2-3

序号 \ 特征	类型		
	A	B	C
1	太阳能单独系统	太阳能预热系统	太阳能带辅助能源系统
2	直接系统	间接系统	
3	敞开系统	开口系统	封闭系统
4	充满系统	回流系统	排放系统
5	自然循环系统	强制循环系统	闷晒系统
6	循环系统	直流系统	
7	分体式系统	紧凑式系统	整体式系统

（1）第 1 特征表示系统中太阳能与其他能源的关系

1）单独系统：无任何辅助能源的太阳能热水系统，热水供应可靠性差；

2）预热系统：在水进入任何其他类型加热器之前，对水进行预热的太阳能热水系统；

3）带辅助能源系统：联合使用太阳能和辅助能源，保证生活热水供应。

（2）第 2 特征表示集热器内传热工质是否为用户消费的热水

1）直接系统：最终被用户消费或循环流至用户的热水直接流经集热器的系统，亦称为（一次）单循环系统或单回路系统；

2）间接系统：传热工质不是最终被用户消费或循环流至用户的水而是传热工质流经集热器的系统，亦称为二次（双）循环系统或双回路系统。

（3）第 3 特征表示系统传热工质与大气接触的情况

1）敞开系统：传热工质与大气有大面积接触的系统，其接触面主要在蓄热装置的敞开面；

2）开口系统：传热工质与大气的接触仅限于补给箱和膨胀箱的自由表面或排气管开口的系统；

3）封闭系统：传热工质与大气完全隔离的系统。

（4）第 4 特征表示传热工质在集热器内的状况

1）充满系统：集热器内始终充满传热工质的系统；

2）回流系统：作为正常工作循环的一部分，传热工质在泵停止运行时由集热器流入到蓄热装置，而在泵重新开启时又流入集热器的系统；

3) 排放系统：以防冻为目的，水可以从集热器排出而不再利用的系统。

（5）第5特征表示系统循环的种类

1) 自然循环系统：仅利用传热工质的密度变化来实现工质在集热器和蓄热装置（或换热器）之间循环的系统，亦称为热虹吸系统，具有结构简单，运行安全可靠，不需要任何辅助能源和维修方便等特点，普遍应用于国内家用太阳能热水器和面积较小的太阳能热水系统中。系统的缺点是贮水箱必须高于集热器以提供热虹吸动力，在与建筑结合设计中贮水箱的位置不好布置，不适合应用到大系统。自然循环系统通常可分为自然循环式（图2-26）和定温放水式（图2-27）两类。

2) 强制循环系统：利用水泵的动力使传热工质通过集热器循环的系统，亦称为强制循环系统或机械循环系统，是与建筑结合的太阳能热水系统的发展方向。强制循环系统主要有直接式和间接式两种，直接式可分为单水箱式（图2-28）和双水箱式（图2-29）两种，一般采用变流量定温放水控制方式或温差循环控制方式；间接式系统也可分为单水箱式（图2-30）和双水箱式（图2-31），以温差循环控制方式为主。

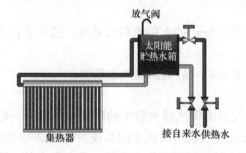

图2-26　自然循环太阳能热水系统

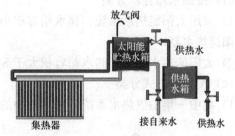

图2-27　自然循环定温放水系统

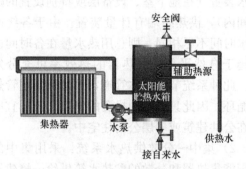

图2-28　强制循环直接式单水箱系统

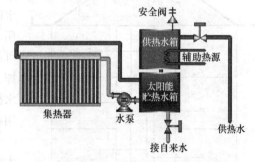

图2-29　强制循环直接式双水箱系统

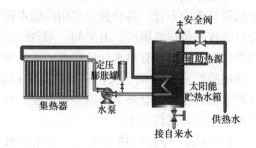

图2-30　强制循环间接式单水箱系统

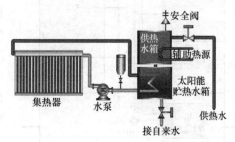

图2-31　强制循环间接式双水箱系统

（6）第 6 特征表示系统的运行方式

1）循环系统：运行期间，传热工质在集热器和蓄热装置之间进行循环的系统；

2）直流式系统：待加热的传热工质一次流过集热器后，进入蓄热装置（储水箱）或进入使用辅助能源加热设备的系统，有时亦称为定温放水系统。

（7）第 7 特征表示系统中集热器与储水箱的相对位置

1）分体式系统：储水箱和集热器之间分开一定距离安装的系统，或称分离式系统；

2）紧凑式系统：将储水箱直接安装在集热器相邻位置上的系统，通常亦称为紧凑式太阳能热水器；

3）整体式系统：将集热器作为储水箱的系统，通常亦称为闷晒式太阳能热水器。

实际上，一套太阳能热水系统往往同时具备上述各特征中某一类型。譬如，某典型太阳能热水系统可以同时是带辅助能源系统、间接系统、封闭系统、充满系统、强制循环系统和分体式系统。

2. 其他常用分类方法

（1）按储水箱容积分类

1）家用太阳能热水系统：储水箱容积小于 0.6m³ 的太阳能热水系统，通常亦称为家用太阳能热水器；

2）太阳能热水系统：储水箱容积大于等于 0.6m³ 的太阳能热水系统。

（2）按集热方式分类

1）集中—集中供热水系统：采用集中的太阳能集热器和集中的贮热水箱供给一幢或几幢建筑物所需热水的系统。如图 2-32 所示，集热器根据需要集中布置，具有集中的大容积贮水装置（在地下室、设备层或特别设置的贮水间内），供热终端有计量装置。由于各终端用水时间不尽相同，则总用热水量在各时间段可趋于自然平衡，集热器的热效率可充分发挥。此种系统节省总体管道，较易做到主管热水循环，因此具有节约投资的优点。较适宜应用在公共建筑或多层公寓住宅中。

2）集中—分散供热水系统：采用集中的太阳能集热器和分散的贮热水箱供给一幢建筑物所需热水的系统。如图 2-33 所示，集热器根据需要集中布置，各户独立使用的贮水箱则分户放置在每户的厨房、卫生间、阳台、设备间等位置，同时装有热水计量装置。该系统每户使用的贮水箱容积不大，只是户热水用量，在贮水箱的投资上会略大于第一种系统。较适宜用在多层公寓住宅中。

3）分散—分散供热水系统：采用分散的太阳能集热器和分散的贮热水箱供给各个用户

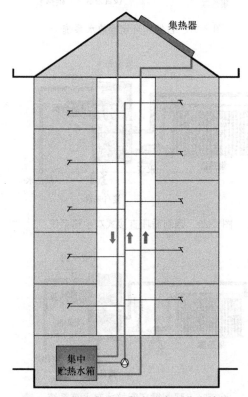

图 2-32　集中集热、集中贮水、分户计量

所需热水的小型系统。如图 2-34 所示，集热器分散分户布置，贮水箱、管路、辅助热源的设施则按需分户设置，即每户为一个独立的小型太阳能热水系统。该系统是目前较常见的系统，较适宜应用在独立式小住宅、低层联排住宅中，也可以用在多层公寓住宅中。

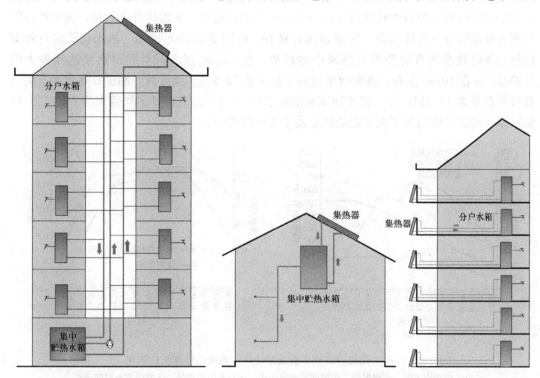

图 2-33　集中集热、分户贮水、
　　　　分户计量

图 2-34　分散集热、分户贮水

2.2.2.3　太阳能热水系统的热性能

太阳能热水系统的热性能一般用单位轮廓采光面积日有用得热量和平均热损因数表示。单位轮廓采光面积日有用得热量为在一定太阳辐照量下，贮热水箱内水温不低于规定值时，单位轮廓采光面积贮热水箱内水的日有用得热量。平均热损因数为在无太阳辐照条件下，家用太阳能热水系统内贮水温度与环境温度温差为 1K 时，单位时间内、单位体积家用太阳能热水系统的平均热量损失。国家标准《家用太阳热水系统热性能试验方法》GB/T 18708—2002 规定了贮热水箱容积在 $0.6m^3$ 以下的家用太阳热水系统在没有辅助加热时的热性能测试方法。

国家标准《家用太阳能热水系统技术条件》GB/T 19141—2011 规定，家用太阳能热水系统的热性能应符合下列要求：

（1）当日太阳辐照量为 $17MJ/m^2$ 时，贮热水箱内集热结束时水的温度≥45℃，紧凑式和闷晒式太阳能热水系统单位轮廓采光面积贮热水箱内水的日有用得热量≥$7.7MJ/m^2$；分离直接式（分体单回路）太阳能热水系统的日有用得热量≥$7.0MJ/m^2$；分离间接式太阳能热水系统的日有用得热量≥$6.6MJ/m^2$。

（2）紧凑式和分离式家用太阳能热水系统的平均热损因数≤$16W/(m^3 \cdot K)$；闷晒式家用太阳能热水系统平均热损因数≤$80W/(m^3 \cdot K)$。

以微热管阵列平板太阳能热水系统为例，依据《家用太阳热水系统热性能试验方法》GB/T 18708—2002，对其热性能进行测试，该系统由 $2m^2$ 集热器与160L储水量的保温水箱组成。由图2-35(a)可知，水箱内水温持续升高，15：30时达到最大值50.5℃。即使在太阳辐照度与环境温度较低（08：00～09：00）的情况下，水温仍升高较快，说明微热管阵列在较低温度下仍能启动，集热器运行良好。由图2-35(b)可知，热水系统的有效得热量与逐时效率均有着先增大再减小的趋势，在12：00左右，有效得热量达到最大值2.2MJ，而在10：30左右，逐时效率达到了最大值74.9％。经计算，测试日热水系统的日有效得热量为 $11.3MJ/m^2$，优于国家标准要求值61.4％。当日日平均效率为66.1％。可见，基于微热管阵列的平板太阳能热水器系统性能优异。

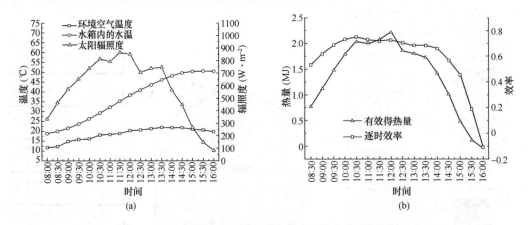

图2-35　微热管阵列平板太阳能热水系统热性能测试结果
(a) 水箱内水温、环境温度、辐照度与时间曲线；(b) 有效得热量、逐时效率与时间曲线

2.2.3　太阳能热水系统设计与运行控制

2.2.3.1　太阳能热水系统设计

1. 设计原则

（1）太阳能集热器的设计原则

1）太阳能集热器面积应根据热水用量、建筑允许的安装面积、当地气象条件、供水方式等因素综合确定。

2）与建筑有机结合安装太阳能集热器。

3）太阳能热水系统设计时，应考虑集热器附近的给水排水设施。

（2）保温水箱的设计原则

1）水箱安装于建筑不同的位置均应保证系统的安全运行及操作维修便利。

2）保温水箱设计时，应充分考虑安装位置的荷载要求。

3）保温水箱上方及周围应留有符合规范要求的安装、检修空间。

4）保温水箱尽量靠近太阳能集热器安装以减小连接管道中的热损耗。

5）辅助热源也应靠近水箱安装，并便于操作、维护。

（3）管道管线的设计原则

1）管道安装应合理有序安排其走向，有组织布置，做到安全、隐蔽、易于检修，并不得影响建筑功能及建筑外观。竖向管线宜布置在管道井中，管线需在预埋的套管中穿过围护结构。

2）太阳能热水系统电气控制线路应穿管暗敷。

（4）相关设备的设计原则

为了保证使用者方便获得热水，太阳能热水系统不仅需要有辅助热源设备，还要有相关的设备设施，如水箱水位观察仪、水温调节自动控制器、计量装置以及一系列泵、阀门等相关设备。这些设备的安装设置能够保证太阳能热水系统的正常运行。因此，与太阳能热水系统相关的一系列辅助设备，均需设计人员按设备不同的技术要求妥善安排，确保其安装使用和操作维护管理。

2. 太阳能集热器的定位

（1）集热器的安装位置不应有任何障碍物遮挡阳光，并宜选择在背风处，以减少热量损失；

（2）设计为全年运行的系统，宜保证春分/秋分日阳光照射到集热器表面上的时间不低于 6h；主要在春、夏、秋三季运行的系统，宜保证春分/秋分日阳光照射到集热器表面上的时间不低于 8h；主要在冬季运行的系统，宜保证冬至日阳光照射到集热器表面上的时间不低于 4h。

（3）集热器的倾角和方位对于太阳辐射能量收集会产生一定影响，为了更充分利用太阳能，希望投射到集热器采光面上的太阳能量越多越好。由于地球与太阳相对位置的不断变化，集热器上收集到的太阳能量也是不断变化。因而需要讨论在一年中要得到最大太阳能量值，它们的倾角及方位是多少。长期以来沿用的集热器定位原则是基于对太阳直射辐射的估算结果，即集热器方位宜朝正南放置，倾角近似等于当地纬度（即 $S=\Phi$）时，可得到最大年太阳辐射能量。如果希望在冬季获得最佳的太阳辐射能量，倾角应大约比当地纬度大 $10°$（即 $S=\Phi+10°$）；而在夏天，则应比当地纬度小 $10°$（即 $S=\Phi-10°$）。

（4）集热器与障碍物之间的距离大于阳光不被遮挡的日照间距，如图 2-36 所示。集热器前后排之间最小距离

$$S = H \times \cot\alpha_s \cos\gamma_0 \tag{2-28}$$

式中　S——集热器与遮光物或集热器前后排的最小距离，m；

　　　H——遮光物最高点与集热器最低点的垂直距离，m；

　　　α_s——计算时刻的太阳高度角，°；

　　　γ_0——计算时刻太阳光线在水平面上的投影线与集热器表面法线在水平面上的投影线之间的夹角（集热器表面法线在水平面上的投影线与正南方向线之间的夹角偏东为负，偏西为正），全年运行系统，计算时刻选春分/秋分日的 9:00 或 15:00；主要在春、夏、秋三季运行的系统，计算时刻选春分/秋分日的 8:00 或 16:00；主要在冬季运行的系统，计算时刻选冬至日的 10:00 或 14:00。集热器安装方位为南偏东时，取上午时刻，南偏西时，选下午时刻。

3. 集热器的连接

工程中使用的集热器数量一般很多，如何连接集热器对太阳集热系统的排空、水力平衡和减少阻力都起着重要作用。

一般来说，集热器的连接方式有三种：串联、并联和串并联。对于自然循环的太阳能热水系统，集热器不能串联，否则因循环流动阻力大，系统难以循环。对于其他强制循环

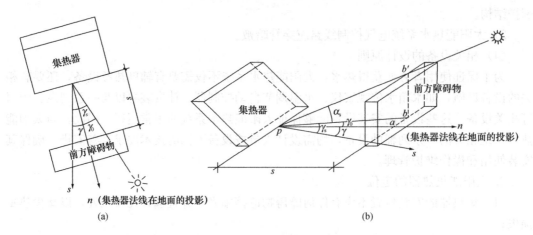

图 2-36　日照间距示意

系统，集热器可进行串并联。集热器组并联时，各组并联的集热器数应该相同，这样有利于各组集热器流量的均衡。

4. 集热器总面积的确定

集热器采光面积是太阳能热水系统中的一个重要参数，它与系统的节能特性和经济性紧密相关。

（1）直接式系统太阳集热器采光面积的确定

根据国家现行标准《民用建筑太阳能热水系统应用技术标准》GB 50364—2018，直接式太阳能热水系统的集热器采光面积可根据系统的日平均用水量和用水温度确定

$$A_c = \frac{Q_w C_w (t_{end} - t_i) f}{J_T \eta_{cd} (1 - \eta_L)} \tag{2-29}$$

式中　A_c——直接式系统集热器采光面积，m^2；

Q_w——日平均用水量，kg；

C_w——水的定压比热容，$kJ/(kg \cdot ℃)$；

t_{end}——贮热水箱内水的终止温度，℃；

t_i——水的初始温度，℃；

J_T——当地集热器采光面上的年平均日太阳辐照量，kJ/m^2；

f——太阳能保证率；

η_{cd}——集热器年或月平均集热效率；

η_L——管路及贮水箱热损失率。

（2）间接式系统太阳能集热器采光面积的确定

由于换热器内外存在传热温差，使得在获得相同温度热水的情况下，间接式系统比直接式系统的集热器运行温度高，造成集热器效率降低。间接式系统集热器采光面积

$$A_{IN} = A_c \cdot \left(1 + \frac{F_R U_L \cdot A_c}{U_{hx} \cdot A_{hx}} \right) \tag{2-30}$$

式中　A_{IN}——间接式系统的集热器采光面积，m^2；

F_R——集热器热转移因子，无量纲；

U_{L}——集热器总热损系数，$\mathrm{W/(m^2 \cdot ℃)}$；

U_{hx}——换热器传热速率，$\mathrm{W/℃}$；

A_{hx}——间接式系统换热器换热面积，$\mathrm{m^2}$。

（3）公式中主要参数的确定

1）Q_{w}、t_{end}和t_{i}的确定

热水日平均用水量Q_{w}通常与生活水平、生活习惯和气候条件等因素紧密相关，可根据《民用建筑太阳能热水系统应用技术标准》GB 50364—2018中的表5.4.2-1取值。

贮水箱内水的终止温度t_{end}和初始温度t_{i}分别指用水温度和自来水上水温度，在无具体数值的情况下可参照表2-4、表2-5选取。

盥洗用、沐浴用和洗涤用的热水水温	表 2-4
用水对象	热水温度（℃）
盥洗用（包括洗脸盆、盥洗槽、洗手盆用水）	30～35
沐浴用（包括浴盆、淋浴器用水）	37～40
洗涤用（包括洗涤盆、洗涤池用水）	≈50

注：1. 当配水点处最低水温降低时，热水锅炉和水加热器最高水温亦可相应降低。

2. 集中热水供应系统中，在水加热设备和热水管道保温条件下，加热设备出口处与配水点的热水温度差，一般不大于10℃。

冷水温度表		表 2-5
地区	地表水温度（℃）	地下水温度（℃）
黑龙江、吉林、内蒙古的全部，辽宁的大部分，河北、山西、陕西偏北部分，宁夏偏东部分	4	6～10
北京、天津、山东全部，河北、山西、陕西的大部分，河北北部，甘肃、宁夏、辽宁的南部，青海偏东和江苏偏北的一小部分	4	10～15
上海、浙江全部，江西、安徽、江苏的大部分，福建北部，湖南、湖北东部，河南南部	5	15～20
广东、台湾全部，广西大部分，福建、云南的南部	10～15	20
重庆、贵州全部，四川、云南的大部分，湖南、湖北的西部，山西和甘肃秦岭以南地区，广西偏北的一小部分	7	15～20

2）f的确定

太阳能保证率f是确定太阳能集热器采光面积的一个关键性因素，也是影响太阳热水系统经济性能的重要参数。实际选用的f值与系统使用期内的太阳辐照、气候条件、系统热性能、用户使用热水的规律和特点、热水负荷、系统成本和开发商的预期投资规模等因素有关。

在进行系统设计时，最终确定的f值需通过效益分析，得到用户或开发商的认可，因为用户或开发商根据自己的投资能力，会有一个对太阳热水系统投资回收年限范围的期望值；如果由最初选定的f值设计完成的系统的投资回收年限与其期望不符，就需要对f值做调整后重新做系统设计。

一般来讲，f 设计初始值的确定方法按其简繁程度可以分为三种：经验法、半经验法、计算机模拟法。经验法是最简易的一种方法，通常用于工程的方案设计阶段。在设计初始阶段，设计人员需结合当地的太阳辐射情况，确定使用季节太阳热水系统的太阳能保证率。表 2-6 为按我国太阳辐照资源区划给出的各区太阳能保证率的选择范围，可供设计人员参考使用。

不同地区太阳能保证率的选值范围 表 2-6

资源区划	太阳能保证率
Ⅰ 资源极富区	60%～80%
Ⅱ 资源丰富区	50%～60%
Ⅲ 资源较富区	40%～50%
Ⅳ 资源一般区	30%～40%

3）集热器年或月平均集热效率 η_{cd} 的确定

集热器年或月平均集热效率 η_{cd} 主要通过实验确定。根据集热器类型的不同，分别依照国家标准《真空管太阳集热器》GB/T 17581—2007、《太阳集热器热性能试验方法》GB/T 4271—2007 进行测试。设计人员设计太阳能热水系统时，集热器生产厂家应提供以上检测数据。假设集热器进水温度为 t_L，系统热水设计用水温度（贮水箱终止温度）为 t_{end}，f 为该太阳能热水系统热保证率，系统为单水箱系统时 $t_i = t_L/3 + 2t_{end}/3$；当系统为双水箱或多水箱系统时，则 $t_i = t_L + [f \times (t_{end} - t_L)]/2$。$t_a$ 取当地春分或秋分所在月月平均环境空气温度。假设当地春分或秋分所在月集热器受热面上月均日太阳辐照量为 J_T，则 $G = J_T/(S_Y \times 3600)$，其中 S_Y 为当地春分或秋分所在月月平均每日的日照小时数。根据以上方法计算的归一化温差得到的集热器效率即为计算所需的集热器全月集热效率 η_{cd}。

当缺乏以上相关检测数据时，集热器年或月平均集热效率 η_{cd} 可以按经验在 0.40～0.55 之间取值。当环境温度较高，集热器热水进出口平均温度或系统热水设计用水温度较低时取上限，较高时取下限。

4）管路及贮水箱热损失率 η_L 的确定

管路与贮水箱的热损失与管路与贮水箱中的热水温度、保温状况以及环境和周边空气温度等因素有关。管路单位表面积热损失可以参照传热公式进行计算。当受条件限制无法进行精确计算时，可以取经验值 0.2～0.25，周边环境温度较低，热水温度较高，保温较差时取上限，反之取下限。

（4）热水系统集热器面积的修正

当集热器朝向受条件限制，南偏东、南偏西或集热器在坡屋面上受条件限制，倾角较规范要求偏差较大时，可按《民用建筑太阳能热水系统应用技术标准》GB 50364—2018 中的附录 C 进行面积补偿计算。

计算得到的集热器面积相比对象建筑的围护结构过大，对象建筑的围护结构表面不够安装时，本着尽可能多地利用太阳能的原则，集热器面积按围护结构表面最大容许安装面积确定。

5. 太阳能热水集热系统循环泵的确定

（1）循环泵的流量

太阳能热水系统的流量为集热器总面积乘以单位面积集热器对应的工质流量，而单位面积集热器对应的工质流量应按集热器产品实测数据确定，无实测数据时，可取 $0.054\sim$ $0.072\mathrm{m^3/(h \cdot m^2)}$，相当于 $0.015\sim0.02\mathrm{L/(s \cdot m^2)}$。

（2）开式系统循环泵的扬程

$$H_\mathrm{x} = h_\mathrm{jx} + h_\mathrm{j} + h_\mathrm{z} + h_\mathrm{f} \tag{2-31}$$

式中　H_x——循环泵扬程，kPa；

　　　h_jx——集热系统循环管路的沿程与局部阻力损失，kPa；

　　　h_j——循环工质流经集热器的阻力损失，kPa；

　　　h_z——集热器顶部与贮热水箱最低水位之间的几何高差造成的阻力损失，kPa；

　　　h_f——附加压力，kPa，取 $20\sim50$kPa。

（3）闭式系统循环泵的扬程

$$H_\mathrm{x} = h_\mathrm{jx} + h_\mathrm{j} + h_\mathrm{e} + h_\mathrm{f} \tag{2-32}$$

式中　h_e——循环流经换热器的阻力损失，kPa。

6. 太阳能热水系统贮水箱的确定

贮水箱的设计对太阳能集热系统的效率和整个热水系统的性能都有重要影响。以下我们将太阳能集热系统的贮水箱简称为贮热水箱。热水供应系统的贮水箱简称为供热水箱。供热水箱容积根据日用热水小时变化曲线及太阳能集热系统的供热能力和运行规律，以及常规辅助加热的工作制度、加热特性和自动温度控制装置等因素按积分曲线计算确定。对于出水温度≤95℃的太阳能集热系统，工业企业淋浴室的供热水箱满足供热量≥60minQ_h（设计小时耗热量），其他建筑物的供热水箱满足供热量≥90minQ_h。

贮热水箱容积可按最常用的每平方米太阳能集热器采光面积对应75L贮热水箱容积选取（一般取值范围 $40\sim100$L）。

当供热水箱容积小于太阳能热水系统所选贮热水箱容积的40％时，太阳能热水系统可以采用单水箱的方式。贮水箱容积可按贮热水箱容积选取。

当热水供应系统需要的供热水箱容积大于太阳能集热系统所选贮热水箱容积40％时，可以采用单水箱的方式，贮水箱容积按所需供热水箱容积的2.5倍确定；也可以采用双水箱的形式，贮热水箱按每平方米太阳能集热器采光面积对应75L贮水箱容积选取，第二个水箱按照供热水箱的要求选取。当采用双水箱系统时，贮热水箱一般作为预热水箱，供热水箱作为辅助加热水箱，辅助热源设置在第二个水箱中。采用双水箱的方式虽然可以提高集热系统效率，但也会增加系统热损。

在条件允许的情况下，太阳能热水系统的贮水箱可在上述计算的基础上适当增大。

7. 间接式系统热交换器选型

间接式系统通常采用的热交换器就是常规热水系统的水加热器。热交换器（图 2-37）主要有三种，通常中小型太阳能热水系统采用容积式或半容积式水加热器，大型系统通常采用独立于水箱的板式换热器等伴热式、快速式水加热器，水套形式的水箱外置热交换器较少采用。

8. 辅助热源选型

太阳热水系统常用的辅助热源有蒸汽或热水、燃油或燃气、电、热泵四种。由于太阳能供应的不确定性，为了保证生活热水的供应质量，辅助热源的选型应按照热水供应系统的负荷选取，暂不考虑太阳能的份额。

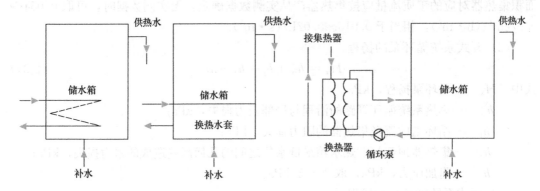

图 2-37 间接式热水系统热交换器示意

（1）辅助加热量的计算

辅助热源一般通过水加热设备的形式向系统提供热量，辅助热源提供的加热量即为水加热器的供热量。常见的水加热器可以分为容积式水加热器、半容积式水加热器或半即热式、快速式水加热器三种。

集中热水供应系统中，水加热设备的设计小时供热量应根据日热水用水量小时变化曲线、加热方式及水加热设备的工作制度经积分曲线计算确定。当无条件时，可按下列原则确定。

1）容积式水加热器或贮热容积与其相当的水加热器、热水机组

$$Q_g = Q_h - 1.163 \frac{\eta V_r}{T} (t_r - t_1) \rho_\tau \tag{2-33}$$

式中　Q_g——容积式水加热器的设计小时供热量，W；

　　　　Q_h——热水系统设计小时耗热量，W；

　　　　η——有效贮热容积系数，容积式水加热器 $\eta = 0.75$，导流型容积式水加热器 $\eta = 0.85$；

　　　　V_r——总贮热容积，L；

　　　　T——辅助加热量持续时间，$T = 2 \sim 4h$，h；

　　　　t_r——热水温度，按设计水加热器出水温度或贮水温度计算，℃；

　　　　t_1——冷水温度，℃；

　　　　ρ_τ——热水密度，kg/L。

2）半容积式水加热器或贮热容积与其相当的水加热器、热水机组的供热量按设计小时耗热量计算。

3）半即热式、快速式水加热器及其他无贮热容积的水加热设备的供热量按设计秒流量计算。

（2）容积式和半容积式水加热器

1）以蒸汽为热媒的水加热器设备，蒸汽耗量

$$G = 3.6k \frac{Q_g}{i'' - i'} \tag{2-34}$$

式中 G——蒸汽耗量，kg/h；

Q_g——水加热器设计供热量，即设计小时供热量，W；

k——热媒管道热损失附加系数，$k=1.05\sim1.10$；

i''——饱和蒸汽的热焓，kJ/kg；

i'——凝结水的焓，$i'=4.187t_{mz}$，kJ/kg；

t_{mz}——热媒终温，应由经过热力性能测定的产品样本提供，℃。

2）以热水为热媒的水加热器设备，热媒耗量

$$G=\frac{kQ_g}{1.163(t_{mc}-t_{mz})}$$ (2-35)

式中 G——热煤耗量，kg/h；

k——热媒管道热损失附加系数，$k=1.05\sim1.10$；

t_{mc}、t_{mz}——热媒的初温与终温，由经过热力性能测定的产品样本提供，℃。

（3）常压燃油、燃气热水锅炉/热水器

常压燃油、燃气热水锅炉/热水器通过燃料的燃烧，直接加热通过其炉管内的水，燃油、燃气耗量

$$G=3.6k\frac{Q_g}{Q\eta}$$ (2-36)

式中 G——热源耗量，kg/h，Nm^3/h；

k——热媒管道热损失附加系数，$k=1.05\sim1.10$；

Q——热源发热量，按表 2-7 选用，kJ/kg，kJ/Nm^3；

η——水加热设备的热效率，按表 2-7 选用。

热源发热量及加热装置热效率 表 2-7

热源种类	消耗量单位	热源发热量 Q	加热设备效率 η (%)	备注
轻柴油	kg/h	41800~4400（kJ/kg）	≈85	η栏中括号内为热水机组的热效率 η，括号外为局部加热装置的热效率
重油	kg/h	38520~4605（kJ/kg）		
天然气	Nm^3/h	34400~35600（kJ/Nm^3）	65~75（85）	
城市煤气	Nm^3/h	14653（kJ/Nm^3）	65~75（85）	
液化石油气	Nm^3/h	46055（kJ/Nm^3）	65~75（85）	

（4）电热水锅炉/电加热器

电热水器耗电量

$$W=\frac{Q_h}{1000\eta}$$ (2-37)

式中 W——耗电量，kW；

η——水加热设备的热效率，取 $95\%\sim97\%$。

9. 太阳能热水系统的管材

太阳能热水系统采用的管材和管件应符合现行产品的要求，管道的工作压力和工作温度不得大于产品标准标定的允许工作范围。PP-R 管应采用公称压力不低于 2.0MPa 等级的管材管件。

热水管道应选用耐腐蚀、安装连接方便可靠、符合饮用水卫生要求的管材。一般可采用薄壁不锈钢管、薄壁铜管、塑料热水管及塑料和金属复合热水管等。入户安装的管道可为 PP-R 管、PB 管等较软的管道。管道的工作压力应按相应的允许工作压力选择；管件应采用和管道相同的材质；定时供热水系统因水温周期性变化大，不宜采用对温度变化要求高的塑料管；设备机房内的管道不应采用塑料热水管。

热水管道应采用补偿管道温度伸缩的措施。当系统中采用不同材质的管材时，应注意防止不同电动势材料连接可能引起的电化学腐蚀。太阳能集热系统如有防冻液设计时，不应采用镀锌管道。

10. 附件的设计

（1）排气装置

上行下给式系统的配水干管最高处及向上抬高的管段应设自动排气阀，阀下设检修用阀门；下行上给式系统可利用最高配水点放气，当入户支管有分户计量表时，应在各供水立管顶安装自动排气阀；集热系统中充注防冻液时，集热系统管路和设备应采用手动排气装置，不宜使用自动排气阀。

（2）放空装置

在热水管道系统的最低点及向下凹的管段应设放空装置或利用最低配水点放空。

（3）压力表

密闭系统中的水箱、锅炉、出水口、进水口都应安装压力表；压力表精度不应低于 2.5 级；压力表盘刻度极限值宜为工作压力的 2 倍，表盘直径不应小于 100mm；安装位置应便于操作人员观察及清洗且避免污染、冻结及振动的不利影响；压力表与管道连接处应安装弯管及检修阀门便于维修。

（4）安全阀

闭式热水系统中，应安装压力式膨胀罐、安全阀、泄压阀；安全阀的开启压力一般取热水系统工作压力的 1.1 倍；安全阀应直立安装在水箱的顶部；安全阀安装位置应便于维修；安全阀与设备之间不得安装任何阀门。

（5）膨胀水箱

间接式太阳能热水系统的太阳能集热系统中应安装膨胀水箱以吸收由于温度变化所引起的膨胀变化。膨胀水箱前应安装一定容积的冷水容器以防止膨胀的热水直接进入膨胀水箱对隔膜或胶囊造成破坏，膨胀水箱的容积在常规计算的基础上扩大至少 10% 以考虑热媒可能沸腾所需要的容积。日用热水量小于 10m³ 的闭式集中热水供应系统应安装膨胀水箱以吸收储热设备及管道内水升温时的膨胀量，防止系统超压，保证系统的安全运行。

（6）集热系统的管路设计要求

集热器循环管路应有 0.3%～0.5% 的坡度；在自然循环系统中，应使循环管路朝水箱方向有向上坡度，不允许有反坡；在有水回流的防冻系统中，管路的坡度应使系统中的水自动回流，不应积存；在循环管路中，易发生气塞的位置应安装吸气阀；当用防冻液作为传热工质时，宜使用手动排气阀；间接系统的循环管路上应安装膨胀水箱。闭式间接系统的循环管路上同时还应安装压力安全阀和压力表，不应设有单向阀门和其他可以关闭的阀门；当集热器阵列为多排或多层集热器组并联时，每排或每层集热器组的进出口管道应安装调节阀门。

2.2.3.2 太阳能热水系统运行控制

控制系统在设计时需要考虑到系统所有可能的运行模式，如集热、放热、停电保护、防冻保护、辅助加热、过热保护、排水等。控制系统要遵循简单可靠的原则，选择可靠的控制器和温度传感器。

太阳能热水系统的运行控制方式主要有定温控制、温差控制、光电控制、定时器控制四种。定温控制和温差控制是以温度或温差作为驱动信号来控制系统阀门的启闭和泵的启停，是最为常见的控制方式。光电控制一般指设置光敏元件，在有太阳辐射时控制集热系统运转采集太阳能，没有太阳辐射时供热系统停止运行并采取相应的防冻措施。定时控制是指通过设定的时间来控制集热系统的运行。后两种控制方式应用较少。

1. 运行控制

自然循环系统一般不需要做任何控制，一般情况下，直流式系统主要采用定温放水的控制方式。强制循环系统一般采用温差控制。直接系统的控制示意如图 2-38 所示，间接系统的控制示意如图 2-39 所示。温度控制器 S_1 和 S_2 分别设置在水箱底部和集热系统出水口，温度传感器的信号传送到控制器 T_1 中。当二者温差大于某一数值时（一般设定为 5～10℃），控制器控制循环泵 P_1 开启将集热系统的热量传输到水箱；当二者温度差小于设定值时（一般设定为 2～5℃），循环泵停止工作。控制器中的温差设置可以根据现场情况调节，一般间接系统取上限，直接系统取下限，且应避免水泵的频繁启停。

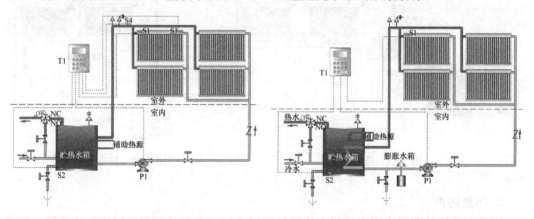

图 2-38　直接系统温差循环控制系统　　　　图 2-39　间接系统温差循环控制系统

2. 防冻控制

太阳能热水系统在冬季温度可能低于 0℃ 的地区使用时，需考虑防冻问题。对较为重要的系统，即使在温和地区使用也应考虑防冻措施。直流系统和自然循环系统往往采用手动排空的方式来防止冻结，在严寒地区一般不推荐使用。以下介绍强制循环系统的防冻控制问题。

（1）直接系统

直接系统一般建议在温度不是很低，防冻要求不是很严格的场合使用。一般采用如图 2-40 所示的排空系统。当可能会有冻结发生或停电时，系统自动通过多个阀门的启闭将太阳能集热系统中的水排空，并将太阳能集热系统与市政供水管网断开。当使用排空系统时，对集热系统的集热器和管路的安装坡度有严格要求，以保证集热系统中的水能完全

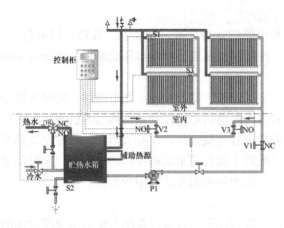

图 2-40　排空系统

排空。

（2）间接系统

间接系统一般可采取排回系统或防冻液系统。

在排回系统中，一般集热系统仍然采用水作为热媒。如图 2-41 所示，除储热水箱外，系统中还设置一个储水箱储存防冻控制实施时从集热系统排回的水。当太阳能集热系统出口水温低于储水箱水温时，太阳能集热系统停止工作，循环泵关闭，太阳能集热系统中的水依靠重力作用流回储水箱。

防冻液系统如图 2-42 所示，是在太阳能集热系统中充注防冻液作为传热工质的闭式系统。该系统不用考虑集热器的安装高度，也没有严格的管路坡度要求。

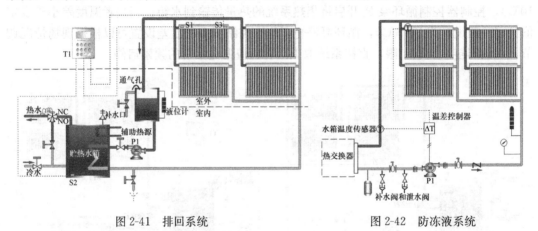

图 2-41　排回系统　　　　　　　　图 2-42　防冻液系统

3. 过热防护

当热水系统长期无人用水或碰上连续的晴好天气，尤其是辐照量特别高的地区，储热水箱中热水温度会发生过热，产生烫伤危险甚至沸腾，产生的蒸汽会堵塞管道甚至将水箱和管道挤裂，这种过热现象一般称为水箱过热。当集热系统的循环泵发生故障、关闭或停电时可能导致集热系统过热，对集热器和管路系统造成损坏。当采用防冻液时，集热系统中的温度高于 115℃ 后防冻液具有强烈腐蚀性，对系统部件会造成损坏，这种过热现象一般称为集热系统过热。因此，为保证系统的安全运行，在太阳能热水系统中应设置过热防护措施。

过热防护系统一般由过热温度传感器和相关的控制器和执行器组成。在排空系统或排回系统中，当水箱过热温度传感器探测到过热发生时，控制器首先将集热系统循环泵关闭，停止向水箱中输送太阳能，太阳能集热系统中的热媒被排回到水箱，集热器处于空晒状态。

在防冻液系统或没有防冻危险时，用水作为集热系统热媒的闭式系统中，当水箱过热发生时，循环水泵停止运行，集热系统处于闷晒状态，当闷晒温度过高时，集热系统热媒气沸腾，防冻液的性能也会破坏，如果不设置过热保护系统，任由工质沸腾，在集热系统中就必须设置安全阀泄压，在过热结束后重新补充工质，安全阀的设置压力应在系统所有部件承压之下，一般为350kPa左右，对应的温度应大约为150℃。由于温度过高会破坏防冻液性能，防冻液的补充也很费时费力，防冻液系统可以采用带空气冷却器进行系统过热防护，在系统发生水箱过热时，集热系统循环泵连续运行，但热媒不进入水箱交换器，而是通过三通阀进入空气冷却器回路向环境散热，但风机暂不启动，当集热系统发生过热时，控制器开启风机强制向环境散热以确保集热器系统温度在设定温度内。这种系统形式会浪费部分太阳能，过热温度传感器安装在集热系统出口，一般根据系统部件的耐热能力设定在95~120℃，过热时控制器启动过热保护程序直到集热系统和水箱恢复正常为止。系统过热最彻底的解决措施应该是设计阶段就针对用户的用热规律来规划和设计系统，在源头上尽量避免过热现象的发生。

2.2.4 太阳能热水系统安装

2.2.4.1 太阳能集热器安装

处理好建筑外观与太阳能集热器的关系尤为重要，建筑设计需将集热器有机地结合到建筑的整体形象中，既不破坏建筑的整体形象与风格，又为建筑风貌添光彩。太阳能集热器通常设置在建筑的屋面（平、坡）、外墙面、阳台、女儿墙、披檐上，或者布置在建筑遮阳板、庭院花架、屋顶飘板等能充分接收太阳光且建筑允许的位置。

1. 安装在平屋面上

集热器安装在平屋面上最为简单易行，可放置面积相对较大。对于东西朝向的住宅公寓来说，将集热器放置在平屋面上是一种很好的解决问题方案（图2-43）。其设计原则如下：

（1）放置在平屋面上的集热器应在满足4h日照时数、互不遮挡、有足够间距（包括安装维护的操作距离）的基础上，排列整齐有序。

（2）集热器需通过支架或基座固定安装在平屋面上，为此需计算设计屋顶预埋件，使集热器与建筑锚固牢靠，在风荷载、雪荷载等自然因素影响下不被损坏。

（3）建筑设计应充分考虑设置集热器（包括基座、支架）的荷载。

（4）固定集热器的预埋件（基座或金属构件）应与建筑结构层相连，防水层需包到基座上部，地脚螺栓周围要加强密封处理。

（5）屋顶应设有屋面上人孔，用作安装检修出入口。集热器周围和检修通道以及屋面上人孔与集热器之间的人行通道应敷设刚性保护层，可铺设水泥砖等用来保护屋面防水层。

2. 安装在坡屋面上

如图2-44、图2-45所示，太阳集热器安装在坡屋面上是太阳能热水系统与建筑结合的最佳方式之一。不同风格、坡度比例及色彩的坡屋面使建筑立面丰富，建筑形体不单调，而将太阳能集热器与坡屋面有机结合又为整体坡屋面增加了科技色彩。太阳能集热器安装在坡屋面上的设计原则如下：

（1）为使集热器与建筑坡屋面有机结合，宜将集热器在向阳的坡屋面上顺坡架空设置或顺坡镶嵌设置。

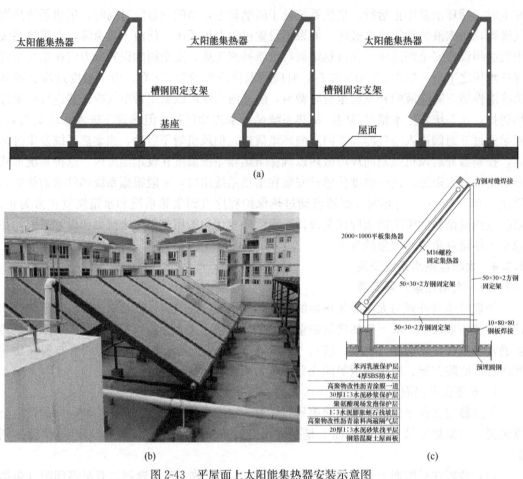

图 2-43　平屋面上太阳能集热器安装示意图
(a) 剖面示意；(b) 工程实例；(c) 做法示意

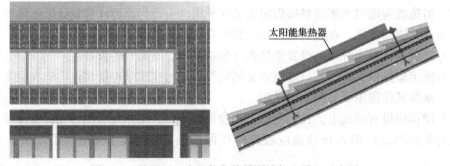

图 2-44　坡屋面上太阳能集热器顺坡架空设置示意图

(2) 建筑设计宜考虑热水使用需求、集热器倾角技术要求、建筑形体比例、坡屋面坡度造型等因素，综合确定建筑坡屋面坡度。建筑坡屋面的坡度宜用太阳能集热器接受阳光的最佳角度即当地纬度±10°来决定。

(3) 在坡屋面上摆放设计时，应综合考虑立面比例、系统平面空间布局、施工条件等一系列因素，设计太阳能集热器在坡屋面上的位置。

(4) 集热器与贮水箱相连的管线需穿过坡屋面时，应预埋相应的防水套管，防水套管

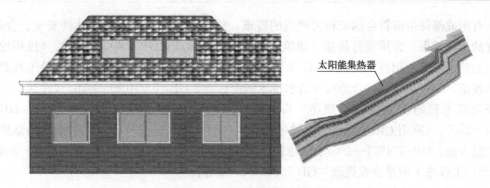

太阳能集热器

图 2-45 坡屋面上太阳能集热器顺坡镶嵌设置示意图

需做防水处理，并在屋面防水施工前安设完毕。

（5）建筑设计应为集热器在坡屋面上的安装、维护提供可靠的安全设施。在不影响建筑整体屋面效果的前提下，屋面适当部位设有上人孔、方便维护人员安全出入等技术设施，为专业人员安装维修、更换坡屋面上的集热器提供安全便利的条件。

（6）设置集热器的坡屋面要充分考虑荷载。

3. 安装在外墙面

集热器安装在建筑外墙面会使建筑外观新颖，补充屋面上（特别是坡屋面）摆放集热器面积有限的缺陷。其设计原则如下：

（1）设置集热器的外墙应充分考虑集热器（包括支架）的荷载。

（2）设置在墙面上的集热器应将其支架与墙面上的预埋件牢固连接。轻质填充墙不应作为太阳能集热器的支承结构，需在与集热器连接部位的砌体结构上增设钢筋混凝土构造柱或钢结构梁柱，将其预埋件安设在增设的构造梁、柱上，确保牢固支承。

（3）低纬度地区设置在墙面上的集热器应有一定倾角，使集热器有效接受太阳照射。

（4）集热器与贮水箱需穿过墙体时，应预埋相应的防水套管，防水套管不宜在结构梁柱处埋设。

（5）集热器安装在墙面上，特别是镶嵌在墙面时，在保证建筑功能需求的前提下，尽量安排好集热器的位置（窗间或窗下），调整集热器与墙面的比例，并使集热器与墙面外装饰材料的色彩、风格有机结合，处理好集热器与周围墙、窗的分块关系。

（6）建筑设计应为墙面上集热器的安装、维护提供安全便利的条件。

4. 安装在建筑其他位置

（1）集热器可设置在庭院中廊架上或遮阳的凉亭板上，也可以安置在屋顶的飘板上等建筑允许的、能充分接受阳光照射的部位。应考虑设计的安装位置，并在安装时满足太阳能热水系统的技术要求。

（2）安装在建筑墙面、阳台、女儿墙上的集热器，为了防止其金属支架、金属固定件生锈对建筑造成污染，应在该部位加强防锈的技术处理或采取有效的技术措施。另外，为防止其损坏伤人，建筑设计应采取防护措施。

2.2.4.2 太阳能热水系统安装

1. 总体技术要求

太阳能热水系统的设计及安装必须按照国家相关规范及标准为依据，太阳能热水系统的所有组成部件也应符合国家相关规范的要求，以保证太阳能热水系统达到安全、合理、节能的运行效果。常用规范包括《建筑给水排水设计标准》GB 50015—2019、《民用建筑太阳能热水系统应用技术规范》GB 50364—2018、《太阳热水系统设计、安装及工程验收技术规范》GB/T 18713—2002、《给水排水制图标准》GB/T 50106—2010、《建筑给水排水及采暖工程施工质量验收规范》GB 50242—2002、《平板型太阳能集热器》GB/T 6424—2007、《家用太阳能热水系统技术条件》GB/T 19141—2011、《太阳能集热器热性能试验方法》GB/T 4271—2007、《建筑电气工程施工质量验收规范》GB 50303—2015、《钢结构工程施工质量验收规范》GB 50205—2020 等。

2. 具体安装要求

（1）设备安装

水箱基础、管道支架水泥墩高度应根据建筑防水的要求确定；集热器、水泵、水箱等露天设备安装均有防雨装置；水泵、电磁阀均应采取减震和隔音措施。

（2）阀门及附件

热水系统管径小于等于 50mm 时应采用截止阀；管径大于 50mm 时采用手动蝶阀。给水龙头及阀门均采用节水型产品；采用消声止回阀，工作压力为 1.6MPa。

（3）管道敷设

管道按逆水流方向坡度 0.003，管道支架或管卡应固定在楼板上或承重结构上。立管底部应设支墩或采取固定措施。钢管、塑料管、塑料和金属复合管水平安装支架间距应参照相关国家规范要求。电磁阀应水平安装，方向正确，不得反装。每隔 25m 直管段需加装伸缩器。

（4）防腐及油漆

在涂刷底漆前，必须清除管道表面的灰尘、污垢、锈斑、焊渣等物，涂刷油漆应厚度均匀，不得有脱皮、起泡、流淌和漏涂现象。

（5）管道试压

管道安装完毕后应按设计规定对管道系统进行强度及严密性试验。屋面以下给水管道试验压力为 1.6MPa，屋面太阳能系统试验压力应为系统顶点的工作压力加 0.1MPa，同时在系统顶点的试验压力不小于 0.3MPa。检验方法：系统在试验压力下 10min 内压力降不大于 0.02MPa，然后降至工作压力检验检查，压力应不降，且不渗不漏。

（6）管道和设备保温

水箱与管道均要求保温，水箱保温厚度不小于 50mm，管道保温厚度应不小于 25mm。保温层要求外包金属保护，并应在完成试压或试水合格后进行。

（7）管道冲洗

管道在系统运行前必须以系统最大设计流量或不小于 1.5m/s 的流速进行冲洗，直到目测出水口的水色和透明度与进水口一致为合格。

（8）防雷接地

太阳能热水系统中的机电设备及控制设备应可靠接地，控制箱中应安装漏电保护设施；集热器、水箱、管道设置避雷系统，与屋顶避雷系统连接，实测接地电阻不得大于 3Ω。

2.2.5 太阳能热水系统节能效益分析

2.2.5.1 太阳能热水系统的年节能量预评估

太阳能热水系统的年节能量预估计是针对已设计完成的系统，根据已确定的系统形式，确定集热器面积、性能参数设计集热器倾角，及当地气象参数等参数计算年节能量。

1. 直接系统的年有用得热量

$$\Delta Q_{save} = A_c J_T (1 - \eta_L) \eta_{cd} \qquad (2\text{-}38)$$

式中　ΔQ_{save}——太阳能热水系统的年有用得热量，MJ；

A_c——直接系统的太阳能集热器面积，m^2；

J_T——太阳集热器采光表面上的年总太阳辐照量，MJ/m^2；

η_{cd}——太阳集热器的年平均集热效率，%；

η_L——管路和水箱的热损失率。

2. 间接系统的年有用得热量

$$\Delta Q_{save} = A_{in} J_T (1 - \eta_L) \eta_{cd} \qquad (2\text{-}39)$$

式中　A_{in}——间接系统的太阳能集热器面积，m^2。

3. 太阳能热水系统的年节能量

太阳能热水系统的节能量是相对于常规能源加热系统的节能量，因此，系统的节能量计算与辅助热源系统所使用的常规能源形式和设备的工作效率有关，系统的节能量应折算到一次能源。在考虑辅助热源系统工作效率的影响因素后，将太阳能集热系统提供的有用热量折算成系统的节能量。

（1）以电为辅助热源

因电力不是一次能源，则应将节能量先换算成 kWh 单位，再按系统建设当年我国的单位供电煤耗直接折算成标准煤，即为太阳能热水系统的节能量。

$$\Delta Q_s = \frac{29.308 C_e \Delta Q_{save}}{3600 \eta_s} \qquad (2\text{-}40)$$

式中　ΔQ_s——太阳能热水系统的年节能量，MJ；

η_s——辅助热源系统的工作效率；

C_e——系统建设当年我国单位供电煤耗，g/kWh。

（2）以其他一次能源为辅助热源

如果是使用天然气等其他形式的一次能源作为辅助热源，太阳能热水系统年节能量

$$\Delta Q_s = \frac{\Delta Q_{save}}{\eta_s} \qquad (2\text{-}41)$$

2.2.5.2 太阳能热水系统的节能费用预评估

太阳能热水系统的节能费用预评估包括用于静态回收期计算的简单年节能费用和用于动态回收期计算的寿命期内的总节省费用。

（1）简单年节能费用估算的目的是让使用者（业主）了解系统投入运行后能节省多少常规能源消耗费用；在项目建设初期，让开发商了解系统的静态回收期，确定投资规模，计算方法见下式。

$$W_j = C_c \Delta Q_s \qquad (2\text{-}42)$$

式中　W_j——太阳能热水系统的简单年节能费用，元；

C_c——系统设计当年的常规能源热价，元/MJ；

ΔQ_{s}——太阳能热水系统的年节能量，MJ。

其中
$$C_{c} = C_{c}^{\prime}/qE_{ff} \tag{2-43}$$

式中 $C_{c}^{\prime}$——系统评估当年的常规能源价格元/kg；

q——常规能源的热值，MJ/kg；

E_{ff}——常规能源水加热装置的效率，%。

（2）寿命期内总节省费用是系统在工作寿命期内能够节省的资金总额，其考虑了系统维修费用、年燃料价格上涨等影响因素，可用于动态回收期的计算，让投资者（房地产开发商）更为准确地了解系统增加的初投资可以在多少年后被补偿回收，计算方法见下式。

$$SAV = PI(\Delta Q_{s}C_{c} - A_{d}DJ) - A_{d} \tag{2-44}$$

式中 SAV——系统寿命期内总节省费用，元；

PI——折现系数；

C_{c}——系统评估当年的常规能源热价，元/MJ；

A_{d}——太阳能热水系统总增投资，元；

DJ——每年用于与太阳能热水系统有关的维修费用（包括太阳集热器维护、集热系统管道维护和保温等费用）占总增投资的百分率，一般取1%。

$$PI = \frac{1}{d-e}\left[1 - \left(\frac{1+e}{1+d}\right)^{n}\right] \quad (d \neq e) \tag{2-45}$$

$$PI = \frac{n}{1+d} \quad (d = e) \tag{2-46}$$

式中 d——年市场折现率，可取银行贷款利率；

e——年燃料价格上涨率；

n——经济分析年限，此处从系统开始运行算起，集热系统寿命一般为10～15年。

2.2.5.3 太阳能热水系统增加投资回收期的预评估

由于太阳能的不稳定性，在太阳能热水系统中一般都需要设置常规能源热水加热装置。因此，太阳能热水系统的初投资要高于常规热水系统。

太阳能热水系统的投资组成见图2-46。太阳能集热系统的投资主要包括集热系统和控制系统两部分。一个设计合理的太阳能热水系统，应能在寿命期内用节省的总费用补偿回收增加的初投资，完成补偿的总积累年份即为增加投资的回收年限或回收期。

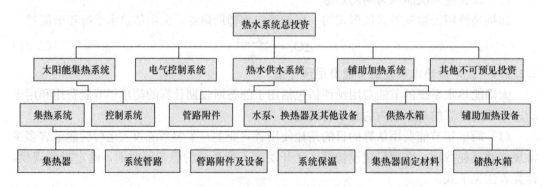

图2-46 太阳能热水系统的投资组成

增加投资的回收期有两种算法：一种是静态回收期；一种是动态回收期。静态回收期没有考虑资金折现系数的影响，计算简便；动态回收年限考虑了折现系数的影响，更加准确。

1. 静态回收期计算法

静态回收期计算常用于概念设计阶段，可以迅速了解太阳能系统增投资的大概回收期，静态投资回收期的计算方法见下式。

$$N_j = C_z/C_s \tag{2-47}$$

式中 N_j ——太阳能热水系统的静态投资回收期；

C_z ——太阳能热水系统与常规热水系统相比增加的初投资；

C_s ——太阳能热水系统的简单年节能费用。

2. 动态回收期计算法

当太阳能热水系统运行 n 年后节省的总资金与系统的增加初投资相等时，式（2-43）成立，即 $SAV=0$。

$$PI(\Delta Q_s C_c - A_d DJ) = A_d \tag{2-48}$$

则此时的总累积年份 n 定义为系统的动态回收期 N_d，计算方法见下式。

$$N_d = \frac{\ln[1 - PI(d-e)]}{\ln\left(\frac{1+e}{1+d}\right)} \qquad (d \neq e) \tag{2-49}$$

$$N_d = PI(1+d) \qquad (d = e) \tag{2-50}$$

$$PI = A_d/(\Delta Q_s C_c - A_d DJ) \tag{2-51}$$

2.2.5.4 太阳能热水系统环保效益评估

太阳能热水系统的环保效益体现在因节省常规能源而减少了污染物的排放，主要指标为 CO_2 的减排量。由于不同能源单位质量含碳量不同，燃烧时生成的 CO_2 数量也各不相同。因此，目前常用的 CO_2 减排量的计算方法是先将系统寿命期内的节能量折算成标准煤质量，然后根据系统所使用的辅助能源，乘以该种能源所对应的碳排放因子，将标准煤中碳的含量折算成该种能源的含碳量后，再计算减排量，其计算见下式。

$$Q_{CO_2} = \frac{\Delta Q_{save} \times n}{W \times E_{ff}} \times F_{CO_2} \times \frac{44}{12} \tag{2-52}$$

式中 Q_{CO_2} ——系统寿命期内二氧化碳减排量，kg；

W ——标准煤热值，29.308MJ/kg；

n ——系统寿命，年；

F_{CO_2} ——碳排放因子，见表 2-8。

碳排放因子　　　　　　　　　　　　　　　　　　　　　　表 2-8

辅助能源	煤	石油	天然气	电
碳排放因子（kg 碳/kg 标准煤）	0.726	0.543	0.404	0.866

2.2.5.5 太阳能热水系统节能效益监测

1. 监测指标

太阳能保证率是系统设计的重要指标，太阳能集热系统效率是评价集热系统性能的重要指标，监测的主要目的是获得这两个指标。

（1）太阳能保证率定义为太阳能热水系统中由太阳能部分提供的能量占系统总负荷的百分率。太阳能保证率

$$f = \frac{Q_s}{Q_R} \qquad\qquad (2\text{-}53)$$

式中　f——太阳能保证率，%；

　　Q_s——实测太阳能集热系统提供的热量，MJ；

　　Q_R——实测热水系统需要提供的热量，MJ。

集热系统的热量也可以通过测试得到系统提供的热量减去辅助热源提供的热量来获得。

（2）太阳能集热系统的效率为在一定的集热器面积条件下，集热器得到的有用太阳能占可用太阳能的比值。该值反映了集热器吸收太阳能的性能，系统管道保温效果和贮热水箱的保温效果。

$$\eta = \frac{Q_s}{AH_t} \times 100\% \qquad\qquad (2\text{-}54)$$

式中　η——集热系统效率，%；

　　A——集热器面积，m^2；

　　H_t——集热器表面上的太阳辐照量，MJ/m^2。

2. 监测参数及仪表

根据监测评价指标确定测试参数和相应的测试仪表及工具详见表 2-9。

监测参数及仪表　　　　　　　　　　　　　　表 2-9

评价指标	所需数据		监测参数	监测仪表及工具	备注
太阳能保证率	实测热水系统提供的热量		流量	流量计	此处计量也可由热计量实现
			冷水供水温度	温度计	
			用户处热水温度	温度计	
太阳能集热系统效率	实测太阳能集热系统提供的热量		流量	流量计	此处计量也可由热计量实现
			集热系统供热温度	温度计	
			集热系统出水温度	温度计	
	辅助热源投入量	电加热	电功率	电度表	此处计量也可由热计量实现
		锅炉或者换热器	流量	流量计	
			设备进口温度	温度计	
			设备出口温度	温度计	
	可用太阳能		太阳辐照量	辐射表	
	集热面积			米尺	

2.2.6　太阳能热水系统应用案例

2.2.6.1　工程概况

本工程为北京工业大学第二食堂太阳能热水系统工程（图 2-47），位于北京市区（北纬 39°52′，东经 116°28′）。为学校食堂洗涤碗筷提供热水，日均用水量 2t，水温 60℃。

原热水系统为天然气热水系统，有两台天然气热水器。现增一套太阳能热水系统，考虑经济性问题，故太阳能热水系统不加辅助热源，当热水不能满足用水需求时，由热水器供给。

2.2.6.2　系统设计

由于此太阳能系统没有辅助热源，考虑每日满足最大的用水量（$2m^3$）以及保证第二天上午在没有充分集热时能够正常提供热水，取日均用水量 $4m^3$，太阳能保证率 100%。

图 2-47 北京工业大学餐厅太阳能热水系统

储水箱内水的设计温度为 60℃，水的初始温度取 15℃，集热器采光面上的年平均日太阳辐照量为 16014kJ/m²，集热器的年平均集热效率按实际测试结果选取 62%，储水箱和管道的热损失率根据经验取值为 20%。依据式（2-27），确定食堂洗涤碗筷所需的集热面积为 95.2m²，根据计算结果及产品规格，设计安装 96m² 太阳能集热器（微热管阵列平板太阳能集热器，规格：2000mm×1000mm×80mm，48 块）。系统设计不锈钢保温水缸 1 个（5m³），PH-251E 型号循环泵 1 台，PW-176E 型号供水泵 1 台，防垢除垢设备（硅丽晶）1 套，全自动远程控制系统 1 套。系统原理图如图 2-48 所示。

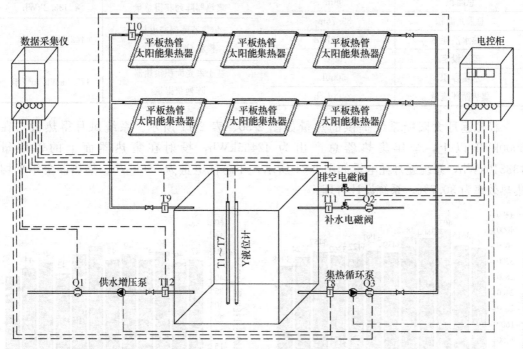

图 2-48 太阳能热水系统原理图

采用 Polysun 太阳能系统模拟计算软件对设计计算结果进行验证。Polysun 系统模拟计算软件是由瑞士太阳能研究所（SPF）下属 VelaSolarisAG 公司专门为太阳能系统设计开发的一款软件，算法先进，结果比较准确。针对本项目建立模型（图 2-49）。模拟输入的相关参数见表 2-10。

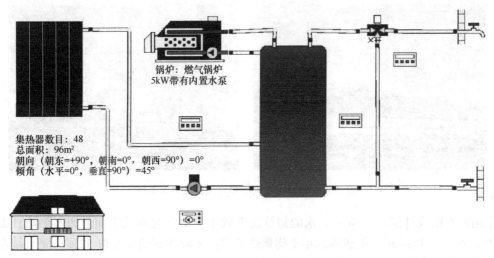

图 2-49 polysun 模拟系统示意图

模拟输入	表 2-10
地点	北京市
集热器数目	48 块
总面积	96m²
总采光面积	89.76m²
日热水消耗量	2000L/d
温度设定	60℃
水箱容积	5000L
集热循环流量	2400L/h

光热概况（年总量）	表 2-11
集热器面积	96m²
总的太阳能比率	100%
集热器阵列获得总量	42435.2kWh
集热器阵列产出与模块总面积有关	442kWh/m²/年
基于采光面积集热器阵列获得量	475.3kWh/m²/年

模拟逐月太阳能系统提供的热量如图 2-50、表 2-11 所示。系统每月得热量均在 3000kWh 以上，全年集热器总产出为 42435kWh，投射在集热器面上的辐照量 138316kWh，系统逐月耗电量如图 2-51 所示，年总耗电量为 560kWh。集热器全年平均集热效率为 30.7%，系统设计合理。

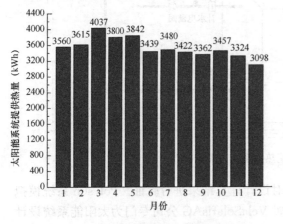

图 2-50 polysun 模拟逐月太阳能系统
提供的热量（kWh）

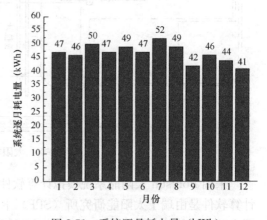

图 2-51 系统逐月耗电量（kWh）

2.2.6.3　工作原理

1. 系统运行

（1）自动上水

当水箱内的水位低于最低设定水位时，冷水电磁阀 M1 自动启动补水，当水箱内的水达到最高设定水位时，冷水电磁阀 M1 关闭，无需看守。或者当水箱高于设定温度（55℃，可设定）5℃时，冷水电磁阀 M1 自动启动补水，当温度达到设定温度，或达到最高设定水位时，冷水电磁阀 M1 关闭。

（2）太阳能温差循环集热

当集热器出水温度 $T1>$ 水箱中 $T3$ 温度 7℃（可设定）时，太阳能循环水泵 P1 自动启动，将水箱中的低温水打入集热器循环，使集热器中的热水回到水箱。当集热器的水温<水箱温度 3℃（可设定）时，太阳能循环水泵 P1 自动停止运转。太阳能热水系统就是通过这种周而复始的温差循环，把太阳能产生的热水储存在水箱内，从而达到储存热能的目的。

（3）排空防冻

集热循环回水管处设置排空防冻阀，排空防冻阀为常开电磁阀，与循环水泵联动，水泵启动时，排空电磁阀自动关闭。

2. 系统保护

（1）太阳能系统过热保护

控制程序设计有太阳能高温及水箱高温保护程序，高温时会自动启动高温保护模式。

（2）太阳能水箱低水位保护

当自来水停水或者系统故障造成系统不能向太阳能水箱补水时，太阳能水箱的水位将有可能过低。为避免太阳能水箱相连的水泵缺水运转，造成水泵损坏，系统设置了最低保护水位。当太阳能水箱水位低于最低保护水位时，与太阳能水箱相连的水泵自动被保护而不能启动，此时应尽快查明故障原因，并及时排除故障。

2.2.6.4　系统运行监测与性能分析

系统全年运行情况监测数据如图 2-52 所示。图 2-52（a）显示了全年各月太阳能集热器采光倾斜面上的太阳辐照量变化情况。可以看出月平均日累积辐照量变化较大，变化范围在 8～17MJ/m² 之间。1、2 月份太阳辐照量很低，从 3 月份开始，随着太阳高度角的升高，月平均日太阳辐照量逐渐增高，5 月份达到最大值。受天气影响，5～8 月月平均太阳辐射波动变化。8 月之后，太阳辐射迅速减小，10、11、12 月份，月平均太阳辐射接近，均低于 9MJ/m²，不利于系统集热。图 2-52（a）还展示了各月的月平均环境温度变化情况。各月平均环境温度呈抛物线，7 月份环境温度最高，为 29.09℃，6、7、8 三个月气温较高，平均温度均在 25℃以上，5 月和 9 月月平均环境温度较为接近，约为 23℃，3月、4 月和 10 月温度变化范围在 10～20℃之间，气温较为温和。1、12 月气温最低，月平均环境温度均低于 2℃。对太阳能热水系统来说，环境温度是影响太阳能集热效率的重要因素，环境温度越低，集热器表面热损越大，系统有效得热量越低。

图 2-52（b）为各月平均补水温度和水箱日平均温度、日最低温度及日最高温度的变化情况。补水温度曲线呈抛物线，与环境温度一样，补水温度在 7 月份达到最大值21.22℃，变化范围集中在 10～20℃之间，温度较为稳定。从水箱平均温度、最低温度及最高温度的变化曲线可以看出，水箱水温平均波动范围小于 15℃，系统的自动高温限制

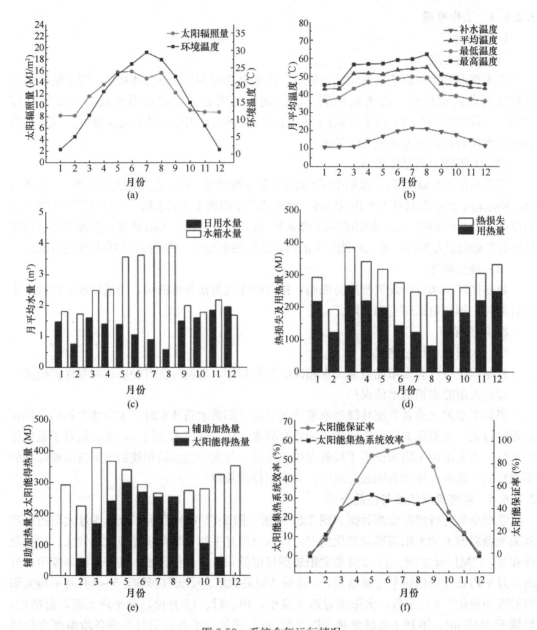

图 2-52　系统全年运行情况

(a) 月平均气象参数；(b) 月平均补水温度、水箱平均温度、最低温度、最高温度；
(c) 逐月日用水量及日平均储水量；(d) 逐月热损失及用热量；(e) 逐月辅助加热量及
太阳能得热量；(f) 太阳能保证率及太阳能集热效率

及辅助热源的自动启停有效保证了用户用水温度的稳定性。3～8 月，系统水箱温度的设定值为 50℃，之后通过对控制参数的调整，9 月～次年 2 月，系统水箱温度的设定值调整为 45℃。受太阳辐射和天气变化的影响，3 月～8 月水箱月平均温度逐渐升高，略微高于设定值 50℃。同理，从 9 月开始，水箱平均温度逐渐降低。水箱温度曲线表明测试系统的控制系统可以有效地将水箱温度维持在设定值左右，保证用户用水温度需求。同时水箱水温受太阳辐射和天气的影响，在太阳辐射充足的情况下，水温略高于设定温度，太阳辐射不足时，由辅助电加热保证用水温度，日平均水温将略低于设定温度。

从图 2-52（c）显示了各月平均日用水量及日平均储水量。可以看出，从 3 月到 8 月，系统日平均储水量呈明显上升趋势。这是由于太阳辐射增加，系统集热量增大，系统储水量逐渐增加。而由于环境温度上升，用户对热水的温度要求降低，日用热水量减少，从而导致系统储水量与日用水量的差距逐渐增大。7、8 月份系统月平均日储水量约为 4000L，此时测试系统水箱液位接近最高水位，系统满水箱运行。3、4 月份，由于系统初始运行，为保证用户用热水需求，根据设计值对系统储水量进行控制，设定值略微高于日用水量。之后通过对用户用水特性的分析，对水箱储水量控制做出了调整。9 月～次年 1 月，受气象的影响以及对系统控制参数的设定，日平均储水量与日用水量匹配。2 月，由于处于放假期间，用水量明显下降。总的来说系统能够有效地保证供水的稳定性。

图 2-52（d）、图 2-52（e）显示了系统能量的消耗及来源情况。测试系统的能量消耗主要包括用户耗热量需求和系统热损失，热源为集热系统及辅助电加热。

从图 2-52（d）可以看出，系统能耗呈反抛物线，3 月系统热量消耗最大，接近 400MJ/d，8 月系统耗热量最小，最小值为 236MJ/d。随着气候的变化，以及假期的来临，3～8 月，系统月平均耗热量逐渐减少，9～10 月，耗热量逐渐增加。从各月系统热损失的变化情况可以看出，在 3～8 月，虽然气温上升，但由于水箱平均温度升高及水箱储水量增大，热损失呈微小的递增趋势。9 月由于太阳辐射的骤减及控制参数的调整，水箱平均温度降低，储水量减少，系统热损失大大降低。随后，随着气温的明显下降，9～12 月，热损失略有增大。

图 2-52（e）展示了系统集热量及耗电量情况。系统集热量与太阳辐照度保持一致性，3、4 月份，系统集热量逐渐增加，5 月份系统集热量达到峰值，最大值为 298MJ/d，6～8 三个月系统集热量较为稳定，均大于 250MJ/d。9 月之后系统集热量明显下降，直至 12 月份达到最小值，系统集热量接近于零。辅助耗电量变化趋势与系统集热量正好相反，3～8 月系统辅助耗电量逐渐减小，最小值出现在 8 月，为 0.93kWh/d，折合热量为 3.3MJ/d。9 月之后，系统耗电量迅速增加，1、12 月份，系统耗热量主要由辅助电加热提供，系统日耗电量分别为 81、98kWh/d 主要由辅助电加热提供。可见，如果使用电能作为系统热源，系统每天的耗电量约为 100kWh，用户耗能量较大。

图 2-52（f）为各月集热系统效率及太阳能保证率曲线。可以看出集热系统效率较低，这是由于为保证用户全天候用热水需求，系统长期处于高温状态，不利于系统集热。3～7 月，由于太阳辐射增大，集热系统效率逐渐增加，从 21% 上升到 32%，8 月由于日用水量小，水箱温度高，以及系统的高温保护停止集热，系统集热效率降低为 24%，9 月随着系统的正常使用，用热水量恢复正常值，同时水箱设定温度由 50℃ 降为 45℃，集热系统效率回升至 29%，随后，随着太阳辐射的大大降低，集热系统效率也明显降低，12 月份集热系统效率约为零。太阳能集热系统年平均效率为 28%。从全年太阳能保证率变化曲线可以看出，5～8 月系统太阳能保证率很高，均高于 85%，8 月份达到最大值，太阳能保证率高达 99%。4、9 月的太阳能保证率比较高，分别为 65%、78%，系统全年太阳能保证率为 59%，能够较好地满足用户用热水需求。

2.2.6.5 系统经济性分析

基于太阳能热水系统的全年实测结果，以电加热热水系统为参照，采用成本效益法对该系统进行节能效益分析。分析结果如表 2-12 所示，系统的投资回收期约为 4.7 年，低于北京地区回收年限允许值 10 年。可见，该太阳能热水系统具有一定的节能潜力，在经济上也是可行的。

太阳能热水系统经济性分析结果 表 2-12

系统增加投资 （万元）	系统年维护费用 （万元）	系统太阳能保证率 （%）	系统年节能收益 （万元）	投资回收期 （a）
6.54	0.06	59	1.38	4.7

注：电价按北京平段电价 0.8745 元/kWh 计算；年利率按 6% 计算。

2.3 太阳能供暖

2.3.1 太阳能供暖的意义与发展现状

2.3.1.1 太阳能供暖及其意义

太阳能供暖系统可分为两大类，一类为主动式，另一类为被动式。主动式太阳能供暖系统（又称为主动式太阳房）是一种能控制的方式，通过收集、贮存和输配太阳能转换而得到的热量，达到建筑物所需要的室温；被动式太阳能供暖系统（又称为被动式太阳房）是根据当地气象条件，基本上不添置附加设备，只是依靠建筑物本身构造和材料的热工性能，使建筑物尽可能多地吸收太阳能并贮存热量，以达到供暖的目的。

我国气候大体可划分为严寒、寒冷、夏热冬冷、夏热冬暖以及温和地区五大热工地区。其中，东北、华北和西北（简称"三北"地区）全年累计日平均温度等于或低于 5℃ 的天数，一般都在 90 天以上，最多（满洲里）达 211 天。历年来习惯将这些地区称之为供暖地区，其总面积约占全国国土面积的 70%。而这些地区，太阳能资源十分丰富，大力推广应用太阳能供暖系统，对于节约常规能源不仅具有巨大的经济效益，而且可以减少环境污染，提高人民生活质量，解决边远偏僻地区用能的需求，具有明显的社会效益。

2.3.1.2 太阳能供暖发展与现状

相对于单纯的太阳能热水供应，我国现有冬季供暖的太阳能供热、供暖技术和工程应用水平较低，是由于主动式太阳能供暖系统较复杂，设备较多，初投资和经常维持费用都比被动式太阳能供暖高。我国过去的政策是优先发展被动式太阳能供暖，近几年，随着经济水平和科技水平的不断增长，主动式太阳能的应用更是得到了极大的发展。截至 2014 年底，太阳能集热系统保有量达 4.1 亿 m^2，节约标准煤总量已达 3.7 亿万 t，相当于 10330GWh 电能消耗；累计实现二氧化碳减排逾 8 亿 t，为我国节能减排作出了突出贡献。太阳能光热"十三五"规划明确指出：到"十三五"末太阳能光热保有量面积达到 8 亿 m^2 的目标，"十三五"期间，建筑领域也在重点推广近零能耗技术。

目前我国城镇建筑消耗供暖用能 1.3 亿 tce/年，相当于我国 2004 年煤产量的 10% 左右。与单独的太阳能供热水相比，太阳能供热供暖获得的节能量更大。因此，太阳能供热供暖是继太阳能供热水之后，最具发展潜力的太阳能热利用技术，是今后应在建筑中大力推广的技术；根据国家发改委制定的我国可再生能源中长期发展战略中的太阳能集热器安装面积的发展目标，提出太阳能供热供暖项目在集热器总安装面积中所占的比例在 2020

年达到150万 m^2（千分之五）。

在标准和规范方面，国家标准《民用建筑太阳能热水系统应用技术规范》GB 50364—2005已于2006年1月实施（现已作废）；国家标准《太阳能供热采暖工程技术规范》GB 50495—2009已于2009年实施（现已作废），现两项标准均已完成修订，并分别于2018和2019年发布实施。从而为太阳能供暖工程的规范化设计、施工、验收提供了技术支持，为进一步应用推广奠定了基础。

2.3.2 被动式太阳能供暖

2.3.2.1 被动式太阳能供暖特点

被动式太阳房最早是在法国发展起来的。它主要依靠建筑方位、建筑空间的合理布置和建筑结构及建筑材料的热工性能，使房屋尽可能地吸收和储存热量。如果所获得的太阳能达到了建筑物供暖、空调所需能量的一半以上，就达到了被动式太阳房的要求。根据当地的气象条件，在基本上不设置其他设备的情况下，建造成冬季可有效地吸收和储存太阳热能，而夏季又能防止过多的太阳辐射，并将室内热量散发到室外，从而达到冬暖夏凉的效果。被动式太阳能供暖三大要素：集热、蓄热和保温。

被动式太阳能系统最简单的原理，就是阳光穿过建筑物的南向玻璃进入室内，经密实材料如砖、土坯、混凝土和水等吸收太阳能而转化为热量。把建筑物的主要房间布置得紧靠南向集热面和储热体，从而使这些房间被直接加热，而不需要管道和强制分布热空气的机械设备。在被动式供暖系统中，有时也采用小的风扇加强空气循环，但仅仅是次要的辅助设施，不能因此而与主动式混为一谈。

2.3.2.2 被动式太阳能供暖方式

被动式太阳能供暖按系统供暖方式可分为直接受益式、集热蓄热墙式、附加阳光间式和屋顶集热蓄热式、热虹吸式等几种。

1. 直接受益式

利用南窗直接接受太阳能辐射供热，如图2-53所示。这种类型是被动式太阳能供暖方式中最简单的一种。特点是让阳光直接加热供暖房间，把房间本身当成一个包括有太阳能集热器、蓄热器和分配器的集合体，这类太阳房供热效率较高，缺点是晚上降温快，室内温度波动较大，对于仅需要在白天供热的办公室、学校教室等比较适用。

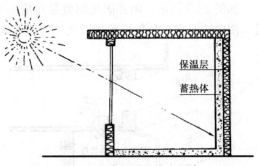

图2-53 直接受益式太阳房

冬季，太阳光通过大玻璃窗直接照射到室内的地面、墙壁和家具上，大部分太阳辐射能被其吸收并转换成热量，从而使它们的温度升高；少部分太阳辐射能被反射到室内的其他表面，再次进行太阳辐射能的吸收、反射过程。温度升高后的地面、墙壁和家具，一部分热量以对流和辐射的方式加热室内的空气，以达到供暖的目的；另一部分热量则储存在地板和墙体内，到夜间再逐渐释放出来，使室内继续保持一定的温度。

《严寒和寒冷地区居住建筑节能设计标准》JGJ 26—2018中规定，窗墙面积比不宜过大，南向不宜超过0.35。但这是指室内通过供暖装置维持较高的室温状态时的要求。当主要依靠太阳能供暖，室温相对较低时（约14℃），加大南向窗墙比到0.5左右可获得更好的室内热状态。

2. 集热蓄热墙式

集热蓄热墙是由法国科学家特朗勃（Trombe）最先设计提出的，也称特朗勃墙。是由朝南的重质墙体与相隔一定距离的玻璃盖板组成。在南向的蓄热墙外表涂上黑色涂料，

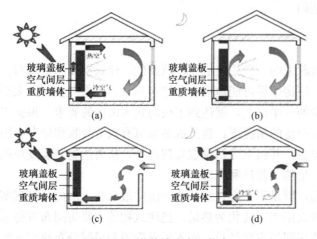

图2-54　蓄热墙式太阳能房

(a) 冬季白天；(b) 冬季夜间；(c) 夏季白天；(d) 夏季夜间

上下开风口，阳光入射到特朗勃墙上被墙面吸收转变为热，加热墙与玻璃之间的空气，热空气上升，由上风口进入室内，室内冷空气由下风口流入墙与玻璃之间的空气通道，形成自然的热循环，晚上热量通过墙体辐射传导进入室内，关闭上下风口，以防止逆循环。

冬季供暖过程工作原理如图2-54（a）、（b）所示。冬季的集热蓄热效果越好，夏季越容易出现过热问题。目前采取的办法是利用集热蓄热墙体进行被动式通风，即在玻璃盖板上侧设置风口，通过图2-54（c）、（d）所示的空气流动带走室内热量。另外利用夜间天空冷辐射使集热蓄热墙体蓄冷或在空气间层内设置遮阳卷帘，在一定程度上也能起到降温的作用。

3. 附加阳光间式

如图2-55所示，附加阳光间就是在房屋主体南面附加的一个玻璃温室，是直接受益式（南向的温室）和集热蓄热墙式（后面带集热蓄热墙的房间）的组合形式。

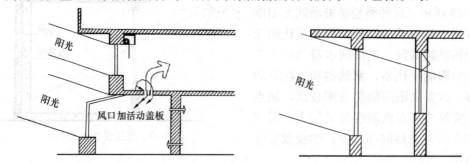

图2-55　附加阳光间式太阳能房

阳光间附加在房间南侧，中间用一堵间墙把房间与阳光间隔开。阳光间的南墙或屋面为玻璃或其他透光材料。与房间之间的公共墙上开有门、窗等孔洞。阳光间得到太阳的照射被加热，其温度始终高于室外环境温度。所以其既可在白天通过对流经门、窗给房间供热，又可在夜间作为缓冲区，减少房间热损失。

4. 屋顶集热蓄热式

利用屋顶进行集热蓄热，即在屋顶设置蓄热装置，白天吸热，晚上向室内放热如图

2-56 所示。水是良好的蓄热介质和导体，因此修建水屋面是可行的措施。水屋面有两种做法：一是建屋顶浅池；二是使用黑色塑料袋装水，由钢制格栅支撑。不论哪一种做法，都需要加设活动保温板。蓄热屋顶式兼有冬季供暖和夏季降温两种功能。夏季，白天关闭活动保温板，隔绝室外尤其是阳光直射热量，夜晚打开保温板向外辐射散热。冬季，保温板日开夜合，白天打开吸收太阳能热量，夜间关闭，水蓄的热向室内释放热量供暖。利用其他储热质也可达到同样效果。

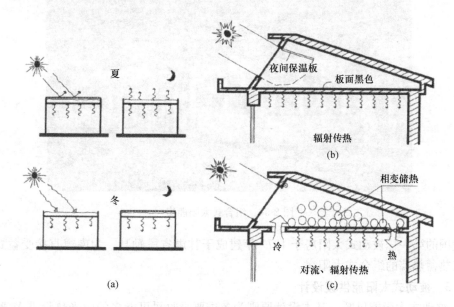

图 2-56　蓄热屋顶式太阳能房
(a) 水集热储热屋顶；(b) 普通储热屋顶；(c) 相变储热屋顶

5. 热虹吸式

利用热虹吸式作用进行加热循环，又称对流环路式。如图 2-57 所示，最初的对流环路式是借助建筑地坪与室外地面的高差位置安装空气集热器并用风道与地面卵石床相连通，卵石设在室内地坪以下，热空气加热卵石后向室内供暖，一般要借助风扇强制循环。现在一般是在南向外墙面上加一层金属板（铁皮、铝皮）和保温材料，金属板表面涂成黑色或其他深色，作为吸热体吸收太阳辐射热，金属板做成平板型或折板型以增加吸收面积。金属板外覆盖玻璃罩盖，墙上、下侧开有通风孔。空气夹层的位置有两种，一种在玻璃板和金属板之间，另一种在金属板与保温材料之间。金属板吸热体吸收的太阳辐射

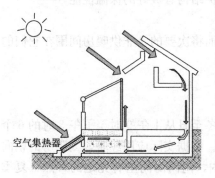

图 2-57　对流环路式太阳能房

热通过对流方式传给夹层中的空气，被加热后的夹层空气与房间空气之间的对流（经上下风口）把热量传给房间，达到供暖的目的。由于金属板吸热后升温快，夹层空气相应也很快升温，而且夹层空气温度高于集热蓄热墙式的夹层空气温度。所以对于在早上需要尽快提高房间温度的场合，如学校类建筑比较适用。

6. 组合式

由上述两个或两个以上基本类型组合而成的被动式太阳房称之为组合式太阳房。如图2-58 所示，不同的供暖方式结合使用，可以形成互为补充的、更为有效的被动式太阳能供暖系统。实际建成的太阳房大多为组合式。

图 2-58　组合式太阳能房

我国的第一栋被动式太阳房于 1977 年建成于甘肃省民勤县。为南窗直接受益式结合实体集热蓄热墙的组合式太阳房。

2.3.2.3　被动式太阳能供暖设计

1. 被动式太阳能供暖，基本设计原则为冬季要吸收尽可能多的阳光热量进入建筑物，而从建筑内部向外部环境散失的热量要尽可能少。

建筑设计必须满足下列四项基本原则：

（1）南向设有足够数量的玻璃透光集热表面；

（2）建筑物具有非常有效的绝热外壳，即房屋围护结构有极好的保温性能；

（3）室内布置尽可能多的储热体；

（4）主要供暖房间紧靠集热表面和储热体布置，而将次要的、非供暖房间围在它们的北面和东西两侧。

2. 被动式太阳房设计要点

（1）太阳房的建设地点、朝向和房间距的确定

太阳房的建设地点最好选在背风向阳的地方，在冬至日从上午 9 时至下午 3 时的 6 个小时内，阳光不被遮挡，直接照射进室内或集热器上。根据实际应用经验，太阳房的朝向在南偏东或偏西 15°以内，这样能保证在整个供暖期内，南向房间里有充足的日照，夏季避免过多的日晒。

太阳房与前面的建筑物之间的距离应大于前面建筑物高度的两倍为宜。以北京的单层建筑为例：保证最不利冬至日（此时的太阳高度角最低）正午前后两小时内南墙面不被遮挡的间距是 7m。

（2）太阳房外部形状和内部各房间的安排

太阳房的南墙是太阳房的主要集热部件，南墙面积越大，所获得的太阳能越多。因

此，太阳房的形状最好采用东西延长的长方形，墙面上不要出现过多的凸凹变化。

太阳房内部房间的安排应根据房间的用途确定，应将主要房间如住宅的卧室、起居室和学校的教室等安排在南向，而将辅助房间如住宅的厨房、卫生间和教室走廊等放在北向。

（3）太阳房的墙体与门窗

太阳房的墙体除具有一般普通房屋墙体的功能外，还具有集热、贮热和保温功能，是太阳房的重要组成部分。

太阳房的门窗是太阳房获取太阳能的主要集热部件，也是重要的失热部件。由于门经常开启，保温困难，最好设门斗或双层门。窗的功能在太阳房设计中，除了具有采光、通风和观察作用外，还具有集取太阳能的功能，对于直接受益式太阳房来说，窗户起着决定性作用。因此，在设计太阳房集热窗时，在满足抗震要求的情况下，应尽量加大南窗面积，减小北窗面积，取消东西窗，采用双层窗，有条件的用户最好采用塑钢窗。

（4）夏季防过热

为防止夏季过热，可利用挑檐作为遮阳措施。挑檐伸出宽度应考虑满足冬、夏季的需要，原则是：寒冷地区首先满足冬季南向集热面不被遮挡，夏季较热地区应重视遮阳。以北京为例，如果集热面上缘至挑檐根部距离为 30cm，要使最冷 1 月份集热面无遮挡的挑檐伸出宽度是 50cm。而农村地区，在庭院里搭设季节性藤类植物或种植落叶树木是最好的遮阳方式，夏季可遮阳，冬季落叶后又不会遮挡阳光；但高大树木宜种植在建筑前方偏东或偏西 60°的范围以外，这样才能保证冬季不遮挡阳光。

3. 集热—蓄热墙式太阳房的设计

（1）蓄热体

南向大玻璃窗或落地窗，容易使室内温度波动大，当蓄热体（石墙、砖墙、地面）表面积和窗玻璃面积比超过 9，则砖蓄热墙厚 10cm（约一块砖宽）就够了。若蓄热体表面积和窗玻璃面积比小于 9，则墙厚要加大，一般取 1 块砖长 24cm 厚。

若是直接受益式太阳房住宅，应考虑采用蓄热性能好的材料（如：砖、混凝土、土坯），室内温度波动不大。

（2）集热墙面

集热墙的面积取决于当地气候条件、地理纬度以及建筑物的保温状况。纬度的变化影响冬季照射到南墙的太阳辐射量。一般来说，建筑物所处纬度越北，集热墙得到的太阳能辐射量越少，所需的集热面积就大；气候寒冷地区，冬季室内外温差大，房屋热量散失的快，为了提供和补充所损失的热量，需要集热墙的面积就大；房间保温不好，冷风渗透较大，同样也需要较大面积的集热墙来补充热量。

集热蓄热墙虽具有使房间稳定性能好的优点，但由于其本体结构等特点，如表面需涂黑，遮挡自然光线，维护管理复杂等原因，它并不太受欢迎。

（3）集热墙厚度

集热墙使用材料的导热系数是决定集热墙厚度的关键。实际统计表明，集热墙的最佳厚度随着墙体材料的导热系数增大而增加。因为墙体导热系数大，热量能很快地从墙的收集表面传到墙的内表面，故这样的墙要厚些，才能避免白天过多的热量传向室内，并可减少室内温度的波动。而导热系数小的墙，传热慢，这种墙需要薄些，以便把充足的热量送入室内。

此外，集热墙的最佳厚度应是能够获得较高的年太阳能供热率。国外资料介绍，当墙体导热系数是 $1.73W/(m^2 \cdot ℃)$ 的混凝土墙时，最佳厚度为 $23\sim38cm$，年太阳能供热率为 68%；当墙体导热系数是 $0.87\ W/(m^2 \cdot ℃)$（相当于砖墙）时，年太阳能供热率为 62%，最佳厚度为 $18\sim25cm$，所以砖的集热墙取一砖厚（24cm）较为合理。

（4）集热墙效率

集热墙效率表明照射在集热墙外玻璃表面上的太阳辐射热传送到室内的程度。如 $H(t)$ 表示 t 时刻照射在集热墙外玻璃表面的太阳辐照量（kJ/m^2），$q(t)$ 表示在 t 时刻集热墙向室内的供热量（kJ/m^2），则集热墙效率可表示为

$$\eta = \frac{\sum q(t)}{\sum H(t)} = \frac{\sum Q(t)}{A_c \sum H(t)} \tag{2-55}$$

集热墙效率主要与集热墙所用材料、透过材料层数、集热墙涂层、墙厚以及风口大小、室内外温度有关。根据试验材料，一般 240mm 厚集热墙效率在 25% 左右，室内温度愈高，则进入集热墙中的气流温度也高，故热损失大，所以效率愈低。室外温度愈低，集热墙效率也低。

（5）集热墙外表面的吸收率

墙外表面涂料及其颜色决定对太阳辐射吸收率的大小。黑色表面的吸收率为 95%，是吸收太阳能较为有效的颜色。深蓝色吸收率为 85%，性能也不错。集热墙外表面吸收太阳的能量越多，通过墙体传到房间的热量就越多。但从建筑的美观角度来看，黑墙影响建筑的立面美，不仅建筑师，就是一般用户也不太欢迎。可以选用与建筑较协调的墨绿、军绿、橄榄绿、棕红、深红等色，我们曾测得墨绿色脂胶漆的吸收率为 93%，以上这些颜色的吸收率比黑色低一些，也是可以使用的。

（6）集热墙上下通风口的设计

集热墙设上下通风孔可以和室内空气对流，增加对流传热，提高系统的性能。

如果集热墙上下设置通风孔，则集热墙获得的太阳辐射将以两种方式传送给室内：一部分靠墙体导热，另一部分靠被加热的空气。风口面积的大小，根据房间的性质确定，一般上下风口面积等于集热墙面积的 $1\%\sim3\%$。如学校及公共建筑，主要是希望白天室温高一点，所以风口面积取大一点。

采用这种集热墙，关键要防止夜间气流的倒流。一般采用木门，靠人工关闭，管理不便可以利用塑料薄膜或薄纸，以达到自然开启和关闭。

集热墙也可不设通风孔，其优点是减少了墙间层内的积灰，使用方便，不设开关通风孔的活门，舒适度更好一些，但热效率不如有孔集热墙。国内外趋向使用无孔集热—蓄热墙。

（7）集热墙的保温

对门窗、集热—蓄热墙最好加保温帘、保温板，白天打开，夜间关闭，保持室内热量在夜间向外散热最少，这是提高其热效率的有效办法。夏季，盖上保温板，深色的墙体不再吸收太阳的辐射而使室温增高。双层玻璃的间距以 $1.0\sim1.5cm$ 为宜。另外，门窗最好增加密封措施。

4. 附加温室式太阳房设计

该类型的太阳房，需要同时给附加温室和其后面邻接的房间进行太阳能供暖。附加温室是直接受益式供暖，邻接房间是间接的"扩大型集热墙"式供暖。即把集热墙和它前面玻璃罩之间的空间加大十几倍。附加温室的南向玻璃除了为温室收集太阳热量外，还通过和它后面的房间的"公共墙"，向后面房间提供一部分热量，这是一源二用，两室先后得益的"串联式系统"。

(1) 温室尺寸

一个较好的温室，在晴朗冬天收集到的太阳热量，应超过温室本身的供暖热需要的能量，有的会多将近1~2倍，这些多余的热量就通过邻接房间的公共墙，以传导、开门窗或经通气孔对流等方式进入邻接房间。由于温室造价较高，一般都与直接受益式、集热—蓄热墙式组合使用。根据实践和模拟计算，温室进深不宜太大，宽度为0.6~1.5m，在热工效果和经济上都较为合适。还可以做成阳光式的门斗，罩在外门部分。既减少冷风渗透又可增加热量。结合中国具体条件而建的阳光走廊，阳光门斗及小型阳光间都受到用户欢迎，又起到美化作用。

(2) 外形构造

附加温室可完全突出在建筑物外面，也可以凹入建筑物内，只有一面或两面朝外，从热工及经济效果看，第二种最好，第三种次之。温室屋顶可以做成全玻璃透光的，也可利用挑出的阳台做顶。全透明的净得热量高于后者，但顶部玻璃易碎，施工复杂，一般采用后者。温室地面应采用深色以增加吸收率。

(3) 温室和邻接房间公共墙

"公共墙"起着集热和蓄热的作用，仍应采用厚重材料。若用砖墙，则以一砖厚（240mm）较好，并且将墙面涂成深色，墙的前面不要有东西遮挡，否则，妨碍阳光直射墙面，墙上设好门窗，在日光较好的冬季，打开门窗，使热量进入室内，夜间将门窗关上。

通过经验及优化计算研究，直接受益和蓄热墙组合式，直接受益窗占整个南向采光面积的比例要根据窗的夜间保温性能好坏以及房间用途而定。用于居室时，窗的夜间热阻保持在 $0.64\sim1.16(\text{m}^2\cdot\text{℃})/\text{W}$ 之间。则直接受益窗占南墙采光面积的60%是较为理想的方案。若窗的热阻达不到 $0.64(\text{m}^2\cdot\text{℃})/\text{W}$，则窗的设计仅仅满足室内采光要求就可以了。

5. 被动式太阳房发展中存在的问题

(1) 整体上缺乏太阳能行业与建筑行业的相互配合。

当前，太阳能与建筑相结合已成为太阳能界和建筑界互动的新潮，但如何在建筑这个载体上更加合理充分的利用太阳能资源，使太阳能产品能够规范地与建筑相结合，已成为业内人士探讨的话题和需要研究的课题。由于整体上缺乏太阳能行业与建筑行业的相互配合，使太阳能技术孤立于建筑功能、结构、美学等因素之外，影响了太阳能建筑一体化的进程。

(2) 太阳房新型建筑材料尚待进一步开发

新型建筑材料的研究与发展制约了太阳房的推广。目前我国建材市场上较少看到非常适合太阳能建筑的新型保温、储热等水平高又价格低廉的建筑材料。

（3）太阳能建筑施工及施工质量问题

太阳能建筑施工相对比较复杂，施工质量的好坏严重影响它的集热效果，也因此影响了它的推广利用。

2.3.3　主动式太阳能供暖

1938 年世界上第一幢主动式的太阳房，由美国麻省理工学院建成。它是一种能够控制的供暖方式，用集热器、贮热装置、管道、风机、水泵等设备，"主动"收集、储存和输配太阳能。主动太阳能供暖系统与常规能源的供暖的区别，在于它是以太阳能集热器作为热源替代以煤、石油、天然气、电等常规能源作为燃料的锅炉。它利用太阳能集热器与载热介质经蓄存及设备传送向室内供热的方式。即将分散的太阳能通过集热器收集，进而把太阳能转换成热水（热空气），将热水贮存在水箱内，然后通过热水输送到发热末端，提供建筑供热的需求。

2.3.3.1　主动式太阳能供暖的构成与分类

1. 主动式太阳能供暖系统的构成

主动式太阳能供暖系统通常在满足建筑供暖的同时，提供生活热水，所以又称为太阳能供热系统（或简称太阳能供暖系统）。系统由太阳能集热系统、蓄热系统、末端供暖系统、自动控制系统和其他能源辅助加热/换热设备集合构成，如图 2-59 所示。

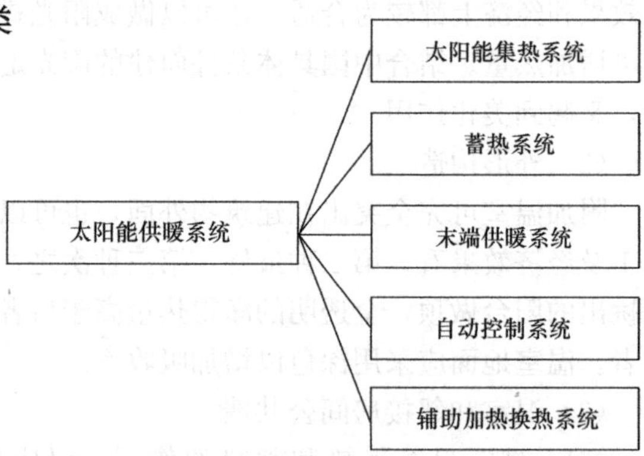

2. 主动式太阳能供暖系统的分类

（1）分类

太阳能供暖系统可以按太阳能集热器类型、太阳能集热系统运行方式、蓄热系统蓄热能力、末端供暖系统类型等不同角度进行分类，如图 2-60 所示。

图 2-59　太阳能供暖系统的构成

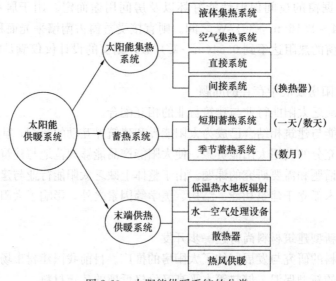

图 2-60　太阳能供暖系统的分类

按太阳能集热器类型，可分为液体集热器太阳能供暖系统和空气集热器太阳能供暖系统。前者太阳能集热器回路中循环的传热介质为液体，后者太阳能集热器回路中循环的传热介质为空气。

按太阳能集热系统运行方式，可分为直接式太阳能供暖系统和间接式太阳能供暖系统。前者是指由太阳能集热器加热的热水或空气直接用于供暖的系统；后者是指由太阳能集热器加热的传热介质通过换热器对水进行加热，然后再将热水用于供暖。

按蓄热系统蓄热能力，可分为短期蓄热太阳能供暖系统和季节蓄热太阳能供热供暖系统。前者蓄热时间为一天或数天，其目的是调整一天内或阴雨天的热量供给与热负荷之间的不平衡；后者蓄热时间为数月，其目的是调整跨季度的热量供给与热负荷之间的不平衡。

按末端供暖系统类型，可分为低温热水地面辐射板供暖系统、水—空气处理设备供暖系统、散热器供暖系统和热风供暖系统等。

（2）系统组合形式的特点

主动太阳能供暖系统根据太阳能集热器结构形式的不同、贮热水箱结构形式的不同、辅助能源种类的不同、末端散热器形式和种类的不同，可以有多种组合形式，不同组合形式的优缺点见表2-13、表2-14。

不同集热系统和贮热系统结合的优缺点比较 表2-13

集热器类型	储热水箱	加热方式	优　点	缺　点
开式集热系统	开式水箱	直接循环加热	系统简单，运行稳定，不需二次换热，能源浪费少，造价低	集热系统不能使用防冻液等工质，单支玻璃管破碎则整个集热系统停用
开式集热系统	闭式水箱	通过换热器加热	集热系统除需要附加补水箱外，管路相对简单，水箱出口可带压出水	储热水箱造价高，集热系统不能使用防冻液等工质，一支玻璃管破碎则整个系统瘫痪，二次换热有能源浪费
闭式集热系统	开式水箱	通过换热器加热	集热系统可使用防冻液等工质，单支玻璃管破碎不影响系统使用	集热系统复杂，施工难度大，造价较高，二次换热有能源浪费
闭式集热系统	闭式水箱	通过换热器加热	集热系统可使用防冻液，单支玻璃管破碎不影响系统使用，水箱出口可带压出水	集热系统和储热系统都复杂，施工难度大，造价最高，二次换热有能源浪费

直接供热与间接供热优缺点比较 表2-14

储热水箱	供暖方式	优　点	缺　点
开式水箱	直接供暖	贮热水箱同时起到膨胀水箱的作用，系统简单，供暖系统压力稳定，运行可靠，造价最低	水箱位置应高于供暖点，供水温度容易过热，应采用三通阀控制供回水温度
	间接供暖	系统简单，水箱位置无要求，供暖供水温度控制方便，供热管路压力比较稳定	供暖回路需要增加换热器，安装膨胀罐、安全阀、循环泵等配套设施

续表

储热水箱	供暖方式	优　　点	缺　　点
闭式水箱	直接供暖	水箱位置无要求，供暖系统不需要单独设置膨胀水箱	加热管内压力不稳定，加热管路中的气体不易排出，应采用三通阀控制供回水温度
	间接供暖	水箱位置无要求，加热管内压力稳定，供暖供水温度控制方便	供暖回路需要增加换热器，安装膨胀罐、安全阀、循环泵等配套设施

2.3.3.2　主动式太阳能供暖系统的特点

太阳能集热器是获取太阳辐射能转换成热能的装置，通过末端供热系统送至室内进行供暖；过剩的热量贮存在储热水箱内。当太阳能集热器收集的热量小于供暖负荷时，由贮存的热量来补充；若贮存的热量不足时，则由备用的辅助热源提供。

太阳能供暖系统与常规能源供暖系统相比，有以下几个特点：

1. 系统运行温度低

由于太阳能集热器的效率随运行温度升高而降低，因而应尽可能降低太阳能集热器的运行温度，即尽可能降低太阳能供暖系统的供热水温度。如果采用地板辐射供暖系统或顶棚辐射板供暖系统，则集热器的运行温度在 30～38℃ 之间即可，可使用平板集热器；而如采用普通散热器供暖系统，则集热器的运行温度必须达到 60℃ 以上，应使用真空管集热器。

2. 有贮存热量的设备

由于照射到地面的太阳辐射能受气候和时间支配，不仅有季节之差，一天之内的太阳辐照度也是不同的，而且在阴雨天和夜晚几乎没有或根本没有日照，因而太阳能不能成为连续、稳定的能源。要满足建筑物要满足连续供暖的需求，系统中就必须有贮存热量的设备。对于液体集热器太阳能供暖系统，贮存热量的设备可采用储热水箱；对于空气集热器太阳能供暖系统，贮存热量的设备可采用岩石堆积床。

3. 与辅助热源配套使用

由于太阳能经常不能满足供暖所需要的全部热量，或在气候变化大而贮存热量又很有限时，特别是在阴雨雪天和夜间几乎没有或根本没有日照的情况下，太阳能都不能成为独立的能源。因此，要满足各种气候条件下的供暖需求，辅助热源是不可缺少的。太阳能供暖系统的辅助热源可采用电力、燃气、燃油和生物质能等。

4. 适合在节能建筑中应用

由于地面上单位面积能够接收到的太阳辐射能是有限的，若要满足建筑物的供暖需求且达到一定的太阳能保证率，就必须安装足够多的太阳能集热器。一般要求太阳能利用率在 60% 以上，集热采光面积占供暖建筑面积的 10%～30%（该比例大小与当地太阳能资源、建筑物的保温性能、供暖方式、集热器热性能等因素有关），那么在有限的建筑围护结构面积上（包括屋面、墙面和阳台）可能不足以安装所需的太阳能集热器面积，因此太阳能供暖只适合在节能建筑中应用。

2.3.3.3　主动太阳能供暖系统的基本类型

太阳能供热供暖系统分类最基本的类型为液体集热器太阳能供暖系统、空气集热器太阳能供暖系统。

1. 液体集热器太阳能供暖系统

所谓液体集热器太阳能供暖系统，就是用太阳能集热器收集太阳辐射能并转换成热能，以液体通常是水或防冻液作为传热介质，以水作为储热介质，热量经由散热部件送至室内进行供暖。

液体太阳能供暖系统一般由太阳能集热器、储热水箱、连接管路、辅助热源、散热部件及控制系统等组成，如图 2-61 所示。

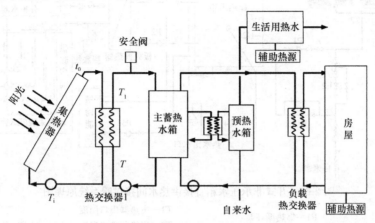

图 2-61　液体集热器太阳能供暖系统

在集热器循环回路中若采用水，则在冬季夜间或阴雨雪天都需采取防冻措施。若采用防冻液，则需在集热器和储热水箱之间采用一个液—液热交换器，将加热后防冻液的热量传递给供暖用的热水。

若应用热风供暖，则需采用一个水—空气处理器称为负载热交换器，将加热后水的热量传递给供暖用的热空气。当储热水箱的热量不能满足需要时，则由辅助热源供给供暖负荷。

辅助热源可以是直接放在供暖房间的电暖气、燃油炉和燃气炉，因为它们结构简单、占地少、使用方便、易于和太阳能供暖系统配合使用。另外，辅助热源也可由燃气锅炉、燃油锅炉或电热锅炉等供给热水，或者跟锅炉串联连接。辅助热源可以有三种位置，如图 2-62 所示。

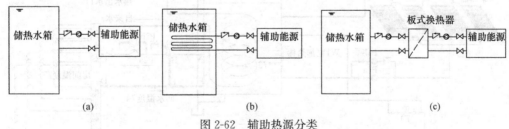

图 2-62　辅助热源分类

(a) 直接加热；(b) 内置盘管换热器；(c) 外置板式换热器

下面为常用的液体集热器太阳能供热供暖系统：

(1) 开式非承压水箱直接供热水间接供暖系统，如图 2-63 所示。

该系统运行原理为：

1) 本系统采用温差循环和排回防冻控制；

2) 当 $T_1 - T_2 \geqslant \Delta t_1$ 时，循环泵 P1 启动，电磁阀 E2 关闭，E1 常开，Δt_1 宜取 5～8℃；

3) 当 $T_1 - T_2 \leqslant \Delta t_2$ 时，循环泵 P1 停止，电磁阀 E2 开启，室外部分集热系统中的水

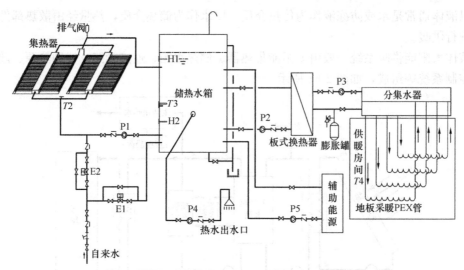

图 2-63 开式非承压水箱直接供热水间接供暖系统原理图

P1—集热循环泵 $T1$—集热器出口温度

P2—供暖循环一次泵 $T2$—集热器进口温度

P3—供暖循环二次泵 $T3$—储热水箱温度

P4—热水供应泵 $T4$—供暖房间温度

P5—辅助能源循环泵   E1, E2—电动阀

     H1, H2—水箱液位高度

依靠重力自动排回至储热水箱，Δt_2 宜取 1~3℃；

4) 当 $T_2 \geqslant 60℃$，循环泵 P1 停止；

5) 当 $T_3 \leqslant 55℃$ 时，辅助热源循环泵 P5 启动；$T_3 \geqslant 60℃$，辅助热源停止供给。

(2) 开式非承压水箱直接供暖间接供热水系统，如图 2-64 所示。

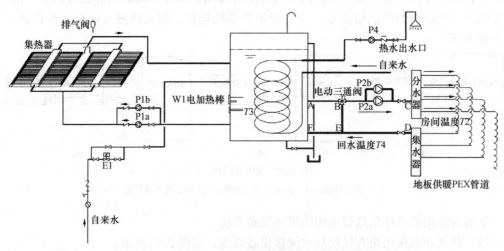

图 2-64 开式非承压水箱直接供暖间接供热水系统

P1a—集热循环泵 $T1$—集热器顶部温度

P1b—集热循环备用泵 $T2$—供暖房间温度

P2a—供暖循环泵 $T3$—水箱温度

P2b—供暖循环备用泵 $T4$—供暖回水温度

（3）闭式水箱太阳能直接供暖系统原理，如图 2-65 所示。

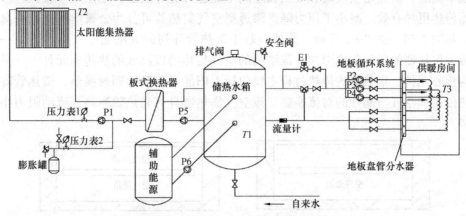

图 2-65　闭式水箱太阳能直接供暖系统原理

P1—集热循环泵	$T1$—水箱温度
P2，P3，P4—供暖循环泵	$T2$—集热器顶部温度
P5—储热循环泵	$T3$—供暖房间温度
P6—辅助能源循环泵	E1—电动两通阀

（4）承压水箱供暖带生活热水系统，如图 2-66 所示。

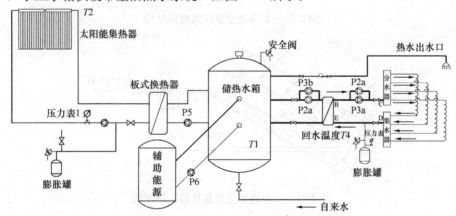

图 2-66　承压水箱供暖带生活热水系统

P1—集热循环泵	$T1$—水箱温度
P2a—供暖循环二次泵	$T2$—集热器顶部温度
P2b—供暖循环二次泵备用泵	$T3$—地暖供水温度
P3a—供暖循环一次泵	$T4$—供暖回水温度
P3b—供暖循环一次泵备用泵	
P5—储热循环泵	
P6—辅助能源循环泵	

2. 空气集热器太阳能供暖系统

所谓空气集热器太阳能供暖系统，就是用太阳能集热器收集太阳辐射能并转换成热能，以空气作为集热器回路中循环的传热介质，以岩石堆积床作为蓄热介质，热空气经由风道送至室内进行供暖。

（1）空气集热器

常见的空气集热器可分为非渗透型和渗透型两种类型。非渗透型空气集热器机构简单，成本低廉。缺点是空气流和吸热板之间不能进行充分换热，集热效率较低。渗透型集热器传热更加有效，减小了压力降。渗透型空气集热器可分为金属丝网式和蜂窝结构式等，如图 2-67～图 2-69 所示。此外，基于微热管阵列的太阳能空气集热器是一种不同于传统集热器的新的集热形式，该结构的空气集热器以高效的热传输元件——微热管阵列为核心元件。集热器的传热过程主要包括太阳能吸热膜的辐射换热、微热管阵列的相变热传递和空气与翅片的对流换热。该空气集热器具有光热效率高、流动阻力小等显著优势。

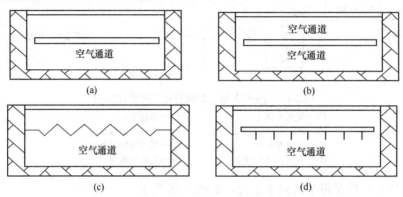

图 2-67　非渗透型空气集热器结构

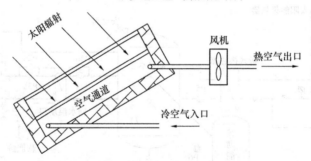

图 2-68　非渗透型空气集热器工作原理

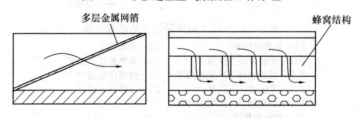

图 2-69　渗透型空气集热器结构及原理

空气集热器因其结构和媒介的特点，在具有优点的同时，也存在不足。其优点为：

1）不存在冬季的结冰问题；

2）微小的漏损不致严重影响空气加热器的工作和性能；

3）加热器承受的压力很小，可用较薄的金属板制面；

4）不必考虑材料的防腐蚀问题；

5）经加热的空气可直接用于干燥或房屋取暖，无需增添中间热交换器。

其缺点是：

1）空气的导热系数小，仅为水的 $1/25\sim1/20$，其对流换热系数远小于液体；因此，相同条件下空气集热器的效率比液体工质集热器的效率低；

2）空气的密度比液体小很多，所以在加热量相同的情况下，需要消耗较大的风机功率；

3）空气的比热容量小，为储存热能需要使用石块或鹅卵石等蓄热材料。

（2）空气集热器太阳能供暖系统

空气集热器太阳能供暖系统一般由空气集热器、储热器（如岩石堆积床等）、辅助加热器、管道、风机等几部分组成，如图 2-70 所示。

空气集热器太阳能供暖系统的优点是：①结构简单，安装方便，制作及维修成本低；②无需防冻措施；③腐蚀问题不严重；④系统没有过热汽化的危险；⑤热风供暖控制使用方便。其缺点

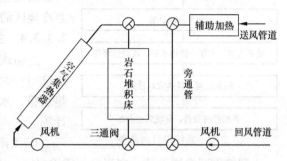

图 2-70　空气集热器太阳能供暖系统示意图

是：①所需使用的管道投资大；②风机电力消耗大；③储热体积大；④不易和吸收式制冷机配合使用。

储热器包括使用相变材料、热化学材料等潜热蓄能，以及岩石堆积床、空气—水换热器等显热蓄能方式。岩石堆积床是一种常用储热器，里面堆满卵石，卵石堆有巨大的表面积及曲折的缝隙。在热空气流通时，卵石堆储存了由热空气所放出的热量在通入冷空气时，就能把贮存的热量带走。这种直接换热器具有换热面积大、空气流动阻力小、换热效率高等特点。在这里，岩石堆积床既是储热器又是换热器，因而降低了系统的造价。

（3）太阳墙—太阳能供暖系统

如图 2-71 所示的太阳墙，是一种无透明盖板的空气集热器，其将深色的金属薄板作为太阳能吸热板，在吸热板上开有许多小孔，固定在建筑物的墙面上。室内装有一台抽风机，用于造成负压，以便将室外空气抽进来。在冬季白天，室外空气通过吸热板上的小孔

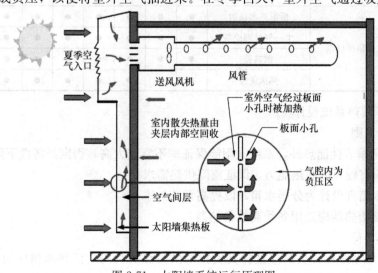

图 2-71　太阳墙系统运行原理图

后被加热，热空气在抽风机的作用下，经由配风管道进入室内，从而达到供暖的目的。另外，从室内墙壁散失的热量还可以被穿过太阳墙的空气回收，重新进入室内。可见，太阳墙是一种经济、可靠的空气集热器太阳能供暖系统，可应用于各种大墙面的新建或既有建筑。不过，由于受无透明盖板集热器效率的影响，太阳墙更适用于不十分寒冷地区的冬季供暖，或早春和晚秋供暖。

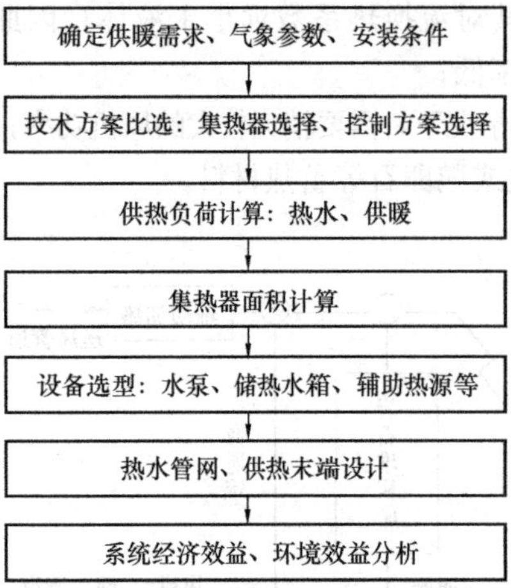

图 2-72　系统设计流程图

确定供暖需求、气象参数、安装条件

技术方案比选：集热器选择、控制方案选择

供热负荷计算：热水、供暖

集热器面积计算

设备选型：水泵、储热水箱、辅助热源等

热水管网、供热末端设计

系统经济效益、环境效益分析

2.3.3.4　主动式太阳能供暖系统的设计

主动式太阳能供暖系统设计主要内容包括：系统选型；太阳能集热器面积确定；设备选型，如储热水箱、水泵、辅助热源等；供暖、供热末端设计等。

1. 太阳能供暖系统设计流程

太阳能供暖系统设计，应当按照需求确定、方案比选、设计计算、设备选型及经济性和环境效益分析的流程进行，如图 2-72 所示。

2. 系统选型（见表 2-15）

系统选型参照表　　　　　　　　　　　　　　　　　　　表 2-15

建筑气候分区			严寒地区			寒冷地区			夏热冬冷、温和地区		
建筑物类型			低层	多层	高层	低层	多层	高层	低层	多层	高层
太阳能供暖系统类型	太阳能集热器	液体工质集热器	●	●	●	●	●	●	●	●	●
		空气集热	●	●	●	●	●	●	●	●	●
	集热系统换热方式	直接系统	－	－	－	－	－	－	●	●	●
		间接系统	●	●	●	●	●	●	●	●	●
	系统蓄热能力	短期蓄热	●	●	●	●	●	●	●	●	●
		季节蓄热	●	●	●	●	●	●	●	－	－
	末端供暖设施	低温热水辐射	●	●	●	●	●	●	●	●	●
		水—气处理设备	●	●	●	●	●	●	●	●	●
		散热器	●	●	●	●	●	●	●	●	●
		热风供暖	●	●	●	●	●	●	●	●	●

3. 太阳能集热系统设计

（1）设计原则

A. 除采用季节性储热外，系统太阳能保证率不宜选太高，否则经济性下降；

B. 系统应有较大的储热能力，保证夜间供热需求；

C. 储热水箱宜设计为分层水箱，以提高系统效率

D. 太阳能集热器应选用冬季高效集热器。

（2）供热负荷

太阳能集热系统设计负荷应选择其负担的供暖热负荷与生活热水供应负荷中的较大值。太阳能集热系统负担的供暖热负荷宜通过供暖季逐时热负荷计算确定；采用简化计算

方法时，该供暖热负荷应为供暖期室外平均气温条件下的建筑物耗热量，包括通过围护结构的传热耗热量与空气渗透耗热量之和，减去建筑物内部得热量（包括照明、电器、炊事、人体散热和被动太阳能集热部件得热等）。太阳能集热系统负担的生活热水供应负荷应为建筑物的生活热水平均日耗热量。

现行国家标准《民用建筑供暖通风与空气调节设计规范》GB 50736—2012 中规定可不设置集中供暖的地区或建筑，在计算建筑供暖设计热负荷时，宜根据当地的实际情况，降低室内空气计算温度。

（3）集热器面积

太阳能集热器总面积宜通过动态模拟计算确定，采用简化计算方法时，可符合下列规定：

短期蓄热直接系统集热器总面积计算

$$A_c = \frac{86400 Q_h f}{J_T \eta_{cd}(1 - \eta_L)} \tag{2-56}$$

式中　A_c——短期蓄热直接系统集热器总面积，m^2；

　　　Q_h——太阳能集热系统设计负荷，W；

　　　f——太阳能保证率，%，见表 2-16；

　　　J_T——当地集热器采光面上的 12 月平均日太阳辐照量，$J/(m^2 \cdot d)$；

　　　η_{cd}——基于总面积的集热器平均集热效率，%；

　　　η_L——贮水箱和管路的热损失率，%。

季节蓄热直接系统集热器总面积计算

$$A_{c,s} = \frac{86400 Q_h f D_s}{J_a \eta_{cd}(1 - \eta_L)(D_s + (365 - D_s)\eta_s)} \tag{2-57}$$

式中　$A_{c,s}$——季节蓄热直接系统集热器总面积，m^2；

　　　J_a——当地集热器采光面上的年平均日太阳辐照量，$J/(m^2 \cdot d)$；

　　　D_s——当地供暖期天数，d；

　　　η_s——季节蓄热系统效率，可取 0.7～0.9。

间接加热系统集热器面积计算

$$A_{IN} = A_c \left(1 + \frac{U_L \cdot A_c}{U_{hx} \cdot A_{hx}}\right) \tag{2-58}$$

式中　A_{IN}——间接加热系统集热器总面积，m^2；

　　　U_L——集热器总热损失系数，$W/(m^2 \cdot K)$；

　　　U_{hx}——换热器传热系数，$W/(m^2 \cdot K)$；

　　　A_{hx}——换热器换热面积，m^2。

不同地区太阳能供暖系统的太阳能保证率推荐值范围　　　　表 2-16

资源区划	短期蓄热系统太阳能保证率	季节蓄热系统太阳能保证率
Ⅰ资源极富区	≥50%	≥70%
Ⅱ资源丰富区	30%～50%	50%～60%
Ⅲ资源较富区	20%～40%	40%～50%
Ⅳ资源一般区	10%～30%	20%～40%

集热器面积的修正

1）当太阳能集热器朝向受限时，集热器法线投影方向与正南方向夹角计为 δ，则修正面积为集热器总面积的 $(1-\cos\delta)$ 倍。

2）当太阳能集热器在坡屋面上的安装倾角受限时，太阳能集热器倾角计为 θ，修正面积为集热器总面积的 $(1-\cos(\theta-31°12'))$ 倍。

（4）集热器水泵选型

单块太阳能集热器工质的设计流量：

$$G_s = gA \tag{2-59}$$

式中　G_s——单块太阳能集热器工质的设计流量，m^3/h；

A——单块集热器的总面积，m^2；

g——太阳能集热器工质的单位面积流量，$m^3/(h \cdot m^2)$；应根据太阳能集热器产品技术参数确定；当无相关技术参数时，宜根据不同的系统按表 2-17 取值。

太阳能集热器的单位面积流量　　　　　　　　　表 2-17

系统类型	太阳能集热器的单位面积流量[$m^3/(h \cdot m^2)$]
小型太阳能供热水系统	0.035～0.072
大型集中太阳能供热供暖系统（集热器总面积大于 100m^2）	0.021～0.06
小型直接式太阳能供热供暖系统	0.024～0.036
小型间接式太阳能供热供暖系统	0.009～0.012
太阳能空气集热器供热供暖系统	36

太阳能集热系统的设计流量应根据太阳能集热器阵列的串并联方式和每一阵列所包含的太阳能集热器数量、面积及太阳能集热器的热性能计算确定。在当地太阳辐照、大气压力等气象条件下，太阳能液体工质集热系统的设计流量应满足出口工质温度的设计要求且不致汽化；太阳能空气集热系统的设计流量应满足出口工质温度的设计要求且不致造成过热安全隐患。

循环泵的扬程：

1）太阳能集热循环泵扬程按照管路最不利环路的阻力确定，一般考虑 10% 的余量；

2）防冻液作为工质时，需要进行阻力修正；

25% 乙二醇水溶液在 5℃时管道阻力修正系数为 1.22；

30% 乙二醇水溶液在 5℃时管道阻力修正系数为 1.26。

4. 蓄热系统设计

（1）蓄热方式

针对不同的蓄热系统，蓄热方式也相应有不同的形式，液体工质集热器短期蓄热系统，主要采用贮热水箱或地下水池的方式蓄热；液体工质集热器季节蓄热系统，以地下水池或地埋管的形式实现蓄热；空气集热器太阳能供热系统，一般则采用卵石堆积床或相变材料进行蓄热。

（2）蓄热量

太阳能供热系统的蓄热量应根据供热负荷和蓄热供热保障时间确定。

（3）贮热水箱作用

A. 太阳能集热器系统、供热供暖系统和生活热水系统间热量交换功能；

B. 太阳能和辅助能源等多种热源匹配切换功能；

C. 满足不同温度供热需求；

D. 热能储存功能。

（4）容积确定

A. 日用热水小时变化曲线；

B. 太阳能集热系统的供热能力和运行规律；

C. 常规能源辅助加热装置的工作制度加热特性；

D. 自动温度控制装置等因素；

E. 控制系统设计。

主动式太阳能供暖系统的控制体系主要包括五部分内容：太阳能集热系统运行控制，辅助能源运行控制，供热系统运行控制，防冻保护控制和夏季防止过热控制。

1）集热系统运行控制

太阳能供热供暖系统的集热循环一般采用强制循环方式，运行控制主要有定温控制、温差控制、光电控制等循环控制方式。

温差循环的运行控制原理：集热系统出口和储热水箱底部分别设置温度传感器，当集热器出口端与水箱底部的温差大于设定温度时（5~10℃），控制器发出信号，循环泵开启，系统运行，将热量从集热器传输到储热水箱；当温差小于设定值时（2~5℃），循环泵停止运行。

太阳能集热系统变流量运行，通过监控集热器出口端与水箱底部的温差改变集热系统循环流量，实现系统优化运行。要求水泵为变频泵或多档位调节泵。

2）辅助热源和供热回路运行控制

辅助热源运行控制一般依据水箱上部设置的温度传感器启闭辅助热源，并同时设置辅助热源最小工作时间。

A. 供暖室温控制一般根据室内温度信号控制供暖回路循环泵，当传感器所检测到的室温达到或高于设定温度时关闭供暖循环泵；反之，当传感器检测到的温度低于设定温度时，开启循环泵，如此循环工作。

B. 带室外温度补偿的控制方式，则是根据室外环境温度，调整供暖回路供水温度。生活热水供水温度的控制主要根据储热水箱内部水温控制辅助热源实现，利用恒温混水阀可保证供水温度在较小范围内波动，以提高用水舒适度。

3）系统安全和防护的控制

系统安全防护控制主要有冬季系统防冻运行控制和非供暖季系统防过热控制。

A. 系统防冻技术：

（A）采用间接系统，以防冻液作为一次回路的传热工质；

（B）采用排空、排回系统，根据防冻需求排空集热器和室外管路中的水；

（C）贮水箱热水在夜间循环，防止集热器和管道结冰；

（D）敷设电热带。

太阳能供热供暖系统的防冻技术方案选型见表2-18。

太阳能供热供暖系统的防冻技术方案选型　　　表 2-18

建筑气候分区		严寒地区		寒冷地区		夏热冬冷地区		温和地区	
太阳能系统类型		直接系统	间接系统	直接系统	间接系统	直接系统	间接系统	直接系统	间接系统
防冻设计类型	排空系统	-	-	●	-	●	-	●	-
	排回系统	-	●	-	●	-	●	-	-
	防冻液系统	-	●	-	●	-	-	-	●
	循环防冻系统	-	-	-	-	●	-	●	-

注：表中"●"为可选用项。

B. 防过热技术：

（A）采用排空或回流系统排空集热器中的传热工质；

（B）采用空冷器或地埋管等散热装置进行散热；

（C）传热介质沸腾后从集热器排放到膨胀罐，实现集热器得热和散热平衡；

（D）遮盖集热器，降低系统的得热量；

防过热控制一般依据储热水箱上部温度，防过热执行温度应设定在 80℃。

（5）辅助热源设计选型

太阳能受天气影响具有很大的不确定性，为保证太阳能热水系统可靠供应热水，系统必须设置其他辅助热源。

1）辅助热源和换热设备设计选型涉及加热锅炉（或热泵）换热器等应因地制宜经济适用。

2）辅助加热或换热设备的设计负荷应按建筑供暖设计热负荷与建筑热水设计小时耗热量中的较大值确定。

2.3.3.5　主动式太阳能供暖问题及对策

1. 系统存在的问题

（1）冬夏热量平衡问题——冬季得热量不足而夏季过剩

根据对太阳能供暖项目的调查统计，目前北京安装的太阳能系统其集热器与建筑面积的配比范围在 1∶6～1∶8，即每平方米太阳能集热器为 6～8m² 建筑面积供暖提供热量。依据理论计算及实际运行数据表明，此种配比条件下太阳能的冬季供暖的保证率相对较低，与此形成鲜明对比的是，夏季太阳能系统的生活热水产热量较大，而实际耗热量远远小于产热量，即建筑物的冬夏用热负荷与太阳能冬夏产热负荷存在着巨大的反向差异性。因此，"非供暖季能源利用率低"成为制约太阳能供暖技术推广的一大技术瓶颈。目前，技术上可行的解决方案为"太阳能制冷技术"及"季节蓄热技术"两项。

（2）冬季集热系统效率较低

调研结果显示，目前太阳能系统冬季的系统效率较低，一般在 22%～35%。反映在实际应用上为太阳能的使用效果不理想。影响太阳能集热效率的主要因素除了与环境条件（辐照量、环境温度等）有关外，还与以下因素有关：

1）产品自身性能影响

太阳能供暖系统集热效率与产品本身性能存在较大关系，如集热器的涂层吸收率、发射率，集热器的保温性能、系统管线的长短、水箱及管路的保温状况等。

2）集热器安装角度对热效率的影响

冬季太阳高度角较低，北京地区太阳辐照度最高值出现在高度角 50°～60°之间，因此，按此倾角范围进行太阳能集热器安装是适宜的。而目前由于建筑物条件的限制，与建筑相结合的集热器安装倾角大多在 30°左右，部分工程集热器安装倾角还不到 20°，因此，造成效率过低。

2. 市场推广应用存在的问题

（1）初投资较大，回收期长

按目前的太阳能配比及保证率的设计条件下，单一形式的太阳能供暖工程增量投资在250～400 元/建筑平方米（根据建筑面积的不同而异），相对于用户讲，初期投资费用高于其他常规供暖设施，与后期可节约费用相比并不够理想。

（2）适用范围相对较小

由于太阳能供暖所需的集热面积相比远大于太阳能热水系统，对安装位置（建筑屋面等）要求较大。按上述设计集热器配比情况下，高于 3 层（不含）以上的建筑其屋面已不能满足全部太阳能集热器的安装条件，太阳能供暖系统对于高层建筑存在安装建设条件不足的缺陷，这一问题在居住密度较大的城区更加难以解决，限制了太阳能在此类地区建筑的应用。

3. 对策及改善措施

（1）加强建筑节能措施，有效降低供暖负荷

根据调查分析发现，影响太阳能保证率及集热器面积的最直接因素是建筑物的供暖负荷。设置太阳能供暖的建筑物，必须满足节能设计标准的规定。有效地改善建筑围护结构的保温措施，是提高系统的太阳能保证率、降低集热器面积进而降低投资、减少占地的最有效方法。

（2）提高系统得热量

1）合理配比太阳能集热器面积

太阳能供暖系统中，建筑面积与太阳能集热器面积的配比同太阳能保证率成正比。但由于目前国内太阳能制冷、季节蓄热技术不成熟的情况下，为避免夏季能量利用率低的问题，一味追求过高的保证率是不经济的。

太阳能系统集热面积应严格按国家标准进行设计，选择合理的太阳能保证率，达到太阳能系统的高性价比。

2）提高太阳能集热系统的效率

A. 提高现有产品质量及技术水平

在目前建设的太阳能供暖工程中，集热器及水箱等关键产品仍有较大的改进空间。如进一步提高平板集热器的密封性以增加集热效率，加强水箱的制造工艺以保证更加长期稳定的使用，不断改进系统的设计合理性以增加效率并降低投资等。

B. 与建筑设计相融合，达到太阳能与建筑功能、外观的整体协调，在不影响建筑物的情况下，达到太阳能集热性能的最佳。与目前安装的 30°左右相比，增大集热器安装倾角后，有利于冬季的太阳能集热，同时有效缓解夏季的能量利用率低，有利于平衡冬夏的热量失调问题。

（3）研发太阳能制冷、季节蓄热等新技术，提高太阳能的全年利用率

为了有效地进行太阳能供暖工程的推广，解决冬夏的平衡问题是关键因素。目前安装的系统中，多采用集热器停运空晒或遮挡等方式解决，夏季太阳能系统未能得到最充分利

用。要有效的解决夏季能源利用率低的问题，应着力发展季节蓄热技术及太阳能制冷技术。目前，德国、丹麦等国已建成了多项季节蓄热的供热工程，如汉堡 Bramfeld 区域供热工程、丹麦 Marstal 太阳能供热工程等。

（4）鼓励、支持等政策的制订

太阳能供暖系统具有较高社会效益，对于农村经济的发展起着极大地促进作用，但存在着投资相对较高、回收期较长的缺点，因此，根据目前的建设情况，可以选择有代表性的农村，如旅游区或待开发的旅游区域等作为推广示范的试点，建设太阳能供暖与生物质能等多种可再生能源综合利用工程，并且针对终端用户、生产厂商制订更加完善合理的鼓励支持政策，以促进太阳能供暖行业及市场的良性发展。

2.4　太阳能供暖系统应用案例

1. 设计施工说明

（1）工程概况

本工程为北京市新农村建设太阳能供热供暖工程，满足冬季供暖和非供暖季的热水需求。供暖末端采用地板辐射供暖，供回水温度为 45℃/40℃。房屋为单层住宅，总建筑面积 150m²，正南朝向，坡屋顶角度为 40°，用水人数为 4 人，供暖建筑耗热量指标按 16.1W/m² 计算。

太阳能供热系统选用的系统形式和产品应与当地的太阳能资源和气候条件、建筑物类型和投资规模相适应，在保证系统使用功能的前提下，使系统的性价比最优。

（2）设计依据

1）《太阳能供热采暖工程技术规范》GB 50495—2019

2）《民用建筑太阳能热水系统应用技术规范》GB 50364—2018

3）《严寒和寒冷地区居住建筑节能设计标准》JGJ 26—2010

4）《民用建筑供暖通风与空气调节设计规范》GB 50736—2012

5）《建筑给水排水设计标准》GB 50015—2019

（3）设计参数

1）气象参数

水平面年总辐照量：5570.48MJ/m²，当地纬度倾角平面年总辐照量：6281.993MJ/m²，水平面年平均日辐照量：14.180MJ/(m²·d)，当地纬度倾角平面年平均日辐照量：16.014MJ/(m²·d)。12月当地水平面月平均日太阳辐照量：7.889MJ/(m²·d)，12月当地纬度平面月平均日辐照量：13.709MJ/(m²·d)。非供暖季当地水平面月平均日太阳辐照量：18.0751MJ/(m²·d)，非供暖季当地纬度平面月平均日辐照量：18.195MJ/(m²·d)；年平均每日的日照小时数：7.5h；12月的月平均每日的日照小时数：6.0h；非供暖季的月平均每日的日照小时数：8.1h；年平均环境温度：12.9℃；计算供暖期平均环境温度：0.1℃；非供暖季的月平均环境温度：17.9℃；供暖期天数：114d。

2）供暖系统设计参数

根据《民用建筑供暖通风与空气调节设计规范》GB 50736—2012 的规定，住宅冬季室内设计温度为 18℃。

根据《严寒和寒冷地区居住建筑节能设计标准》JGJ 26—2010 的规定，本项目建筑耗热量指标为 16.1W/m²。

3）热水系统设计参数

热水用水定额：40L/（人·d）；

热水设计温度：55℃；

冷水设计温度：15℃。

4）常规能源费用

电价：0.488 元/kWh。

5）太阳能集热器选型

集热器类型：平板型太阳能集热器；

集热器规格：2000mm×1200mm；

集热器总面积：2.4 m²，采光面积：2.25m²；

集热器瞬时效率曲线方程为：$\eta = 0.8 - 4.7T_i^*$。

2. 太阳能供热供暖系统热负荷计算

根据《太阳能供热采暖工程技术规范》GB 50495—2019 规定，对供暖热负荷和生活热水负荷分别进行计算后，应选两者中较大的负荷确定为太阳能供热供暖系统的设计负荷。

（1）供暖耗热量计算

根据本手册的相关规定，太阳能供热供暖系统供暖耗热量按下式计算

$$Q_n = q_n \times A \tag{2-60}$$

式中　Q_n——供暖耗热量，W；

　　　q_n——建筑面积耗热量指标，W/m²；

　　　A——建筑面积，150m²。

太阳能供热供暖系统的供暖耗热量为

$$Q_n = 16.1 \times 150 = 2.415\text{kW}$$

（2）热水系统负荷计算

A. 用水人数为 4 人。

B. 生活热水日平均负荷计算。

$$Q_w = \frac{mq_{ar}c(t_r - t_1)\rho}{86400} \tag{2-61}$$

式中　Q_w——生活热水日平均负荷，W；

　　　m——用水人数，4 人；

　　　q_{ar}——热水用水定额，40L/（人·d）；

　　　c——水的比热，4187J/（kg·℃）；

　　　t_r——热水温度，55℃；

　　　t_1——冷水温度，15℃；

　　　ρ——热水密度，近似取 1kg/L。

计算得，$Q_w = 0.31$kW

经过比较，本项目太阳能供热供暖系统的设计负荷 Q_H 应取供暖耗热量 2.415kW。

3. 太阳能集热系统设计及选型

本项目为液体工质集热器、直接式、短期蓄热太阳能供热供暖系统。太阳能集热器阵列安装在建筑物坡屋面上，集热器连接方式采用并-串联连接；贮热水箱、循环水泵等设备安装在设备机房，当太阳能供热系统提供的热量不能满足供热供暖需求时，采用电热锅炉为辅助热源，日照不足及阴雨天气时保证供暖。

（1）太阳能集热器的定位：太阳能集热器正南放置；安装角度为坡屋面角度40°。

（2）确定太阳能集热器面积

A. 确定太阳能保证率：北京属于太阳能资源一般区，根据《太阳能供热采暖工程技术规范》GB 50495—2019 的规定，太阳能供暖保证率 $f=30\%$。

B. 确定管路及贮水箱热损失率 η：集热系统管路和贮热水箱等部件都在室外，环境温度低，根据《太阳能供热采暖技术规范》GB 50495—2019 规定，现取 0.10。

C. 集热器平均集热效率 η_{cd}。

年平均日辐照度计算公式

$$I = \frac{H_d}{3.6 S_d} \tag{2-62}$$

式中　H_d——当地12月集热器采光面上的太阳总辐射月平均日辐照量，13709kJ/($m^2 \cdot$ d)；

S_d——当地12月的月平均每日的日照小时数，6.0h。

则总太阳辐射照度 $I=634.7W/m^2$。

基于进口温度的归一化温差 T_i^*

$$T_i^* = \frac{t_i - t_a}{I} \tag{2-63}$$

式中　t_i——太阳能集热器入口温度，40℃；

t_a——北京市12月的月平均环境温度，-2.7℃。

计算得：归一化温差为 0.067。

根据归一化温差查集热器生产厂家提供的集热器瞬时效率曲线方程：

$\eta=0.8-4.7T_i^*$　得 η_{cd} 为 48.5%。

$$A_c = \frac{86400 Q_H f}{J_T \eta_{cd}(1-\eta_L)} \tag{2-64}$$

式中　A_c——直接系统集热器总面积，m^2；

Q_H——太阳能供热供暖系统的设计负荷，W；

f——太阳能保证率，%；

J_T——当地12月集热器采光面上的太阳总辐射月平均日辐照量，13709KJ/($m^2 \cdot$ d)；

η_{cd}——太阳能集热器平均集热效率，%；

η_L——管道及贮水箱的热损失率，%。

将上述数据代入公式得：$A_c=11.27m^2$ 共选择6块集热器，太阳能集热器总面积为12m^2，采光面积为11.25m^2。

（3）设备选型

1）贮热水箱

根据《太阳能供热采暖工程技术规范》GB 50495—2019 的规定，短期蓄热太阳能供热供暖系统贮热水箱容积对应每平方米太阳能集热器采光面积的贮热水箱容积范围选取 $50\sim150L/m^2$。考虑到当地实际情况，该项目按每平方米太阳能集热器采光面积对应 60L。贮热水箱容积确定，选定贮热水箱容积为 720L。

2）集热系统循环水泵

根据《太阳能供热采暖工程技术规范》GB 50495—2019 的规定，选定小型独户太阳能供热供暖系统中的单位面积流量为 $0.036m^3/(h\cdot m^2)$，则太阳能集热系统的设计流量为 $0.432m^3/h$，考虑到实际管网的水力阻力，选定供热系统的循环泵型号为 PH-254E，流量为 $0.75m^3/h$，$H=14mH_2O$。

4. 太阳能供热供暖系统工作原理

工作原理如图 2-73 所示。

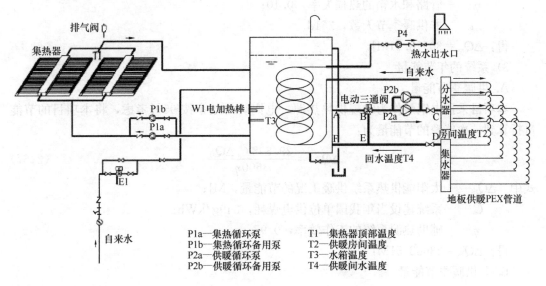

图 2-73 太阳能供热供暖系统原理图

5. 节能效益分析

1）基础参数

本项目初投资按 3000 元/m^2 集热器计算，则系统初投资增量为 3.6 万元。电价：0.488 元/kWh。

2）太阳能供热供暖系统的年节能量

A. 供暖季太阳能集热系统的有用得热量

$$\Delta Q_{al} = \sum_{i=1}^{l} J_{Ti} \times A_c \times (1-\eta_L) \times \eta_{cd} \tag{2-65}$$

式中 ΔQ_{al}——供暖季节太阳能集热系统提供的有用得热量，MJ；

A_c——太阳能集热器采光面积，$11.25m^2$；

J_{Ti}——当地 12 月集热器采光面积表面上的月平均日总太阳辐照量，$13.709MJ/m^2$；

η_{cd}——当地 12 月太阳集热器的日平均集热效率，50%；

η_L——管路和水箱的热损失率，0.10；

l——供暖季节天数，114d。

得：$\Delta Q_{a1} = 7911.8\text{MJ}$。

B. 非供暖季节太阳能供热供暖系统的有用热量

该系统为短期蓄热系统，无季节蓄热体蓄存的热量，即 $\Delta Q_{a2} = 0$ 太阳能集热系统提供的有用热量仅为热水或其他用热提供的热量 ΔQ_{a3}。

$$\Delta Q_{a3} = \sum_{i=1}^{l} J_{Ti} \times A_c \times (1 - \eta_L) \times \eta_{cd} \tag{2-66}$$

式中　ΔQ_{a3}——非供暖季节太阳能集热系统为热水或其他用热提供的热量，MJ；

　　　A_c——太阳能集热器采光面积，11.25m^2；

　　　J_{Ti}——非供暖季集热器采光面积表面上的月平均日总太阳辐照量，18.195MJ/m^2；

　　　η_{cd}——非供暖季，太阳集热器工作效率，66%；

　　　η_L——管路和水箱的热损失率，0.10；

　　　l——非供暖季节天数，251d。

得：$\Delta Q_{a3} = 30518.61\text{MJ}$。

3）系统的年节能量

A. 供暖季节能量

本项目采用电锅炉作为常规供热热源，电锅炉的效率按 95% 考虑，将本项目的节能量折算到一次能源的节能量为：

$$\Delta Q_{hs} = \frac{29.308 \, C_e \Delta Q_{a1}}{3600 \eta_s} \tag{2-67}$$

式中　ΔQ_{hs}——太阳能供热系统供暖工况的节能量，MJ；

　　　C_e——系统建设当年我国单位供电煤耗，349g/kWh；

　　　η_s——辅助热源系统的工作效率，0.95。

得：$\Delta Q_{hs} = 23662.51\text{MJ}$。

B. 非供暖季节能量

本项目非供暖季采用电锅炉作为常规供热热源，电锅炉的效率按 95% 考虑，将本项目的节能量折算到一次能源的节能量为

$$\Delta Q_{ws} = \frac{29.308 C_e \Delta Q_{a3}}{3600 \eta_{ds}} \tag{2-68}$$

式中　ΔQ_{ws}——太阳能供热供暖系统非供暖工况的节能量，MJ。

得：$\Delta Q_{ws} = 91274.67\text{MJ}$。

C. 全年节能量

$$\Delta Q_s = \Delta Q_{hs} + \Delta Q_{ws} \tag{2-69}$$

式中　ΔQ_s——太阳能供热供暖系统全年节能量，MJ。

得：$\Delta Q_s = 113990.69\text{MJ}$。

4）太阳能供热供暖系统的年节能费用

A. 太阳能供热供暖系统的简单年节能费用

$$C_s = \Delta Q_{hs} \times C_{hs} + \Delta Q_{ws} \times C_{ws} \tag{2-70}$$

式中　C_s——太阳能供热供暖系统节能费用，元；

　　　C_{hs}——太阳能供热供暖系统供暖工况时，辅助能源的价格，0.136 元/MJ；

　　　C_{ws}——太阳能供热供暖系统非供暖工况时，辅助能源的价格，0.136 元/MJ。

得：$C_s = 15002.73$ 元。

B. 太阳能供热供暖系统寿命期内的总节省费用

$$SAV = PI(C_s - A \times DJ) - A \tag{2-71}$$

式中　SAV——系统寿命期内总节省费用，元；

　　　PI——折现系数；

　　　A——太阳能供热供暖系统总增投资，36000 元；

　　　DJ——维修费用占总增投资的百分率，一般取 1%。

$$PI = \frac{1}{d-e}\left[1 - \left(\frac{1+e}{1+d}\right)^n\right] \tag{2-72}$$

式中　d——五年以上银行贷款利率 6.55%（2013 年执行利率）；

　　　e——年燃料价格上涨率，按 1% 考虑；

　　　n——分析节省费用的年限，取 15 年。

$PI = 30.627$

则 15 年内节省燃料费用 $SAV = 33.82$ 万元。

5）太阳能供热供暖系统的费效比和回收年限

A. 费效比

$$B = \frac{3.6A}{n\Delta Q_s} \tag{2-73}$$

式中　B——系统费效比，元/kWh。

得：$B = 0.09$ 元/kWh。

B. 回收年限

折现系数 $PI = \dfrac{A}{C_s - A \times DJ} = 2.99$

回收年限 $N_e = \dfrac{\ln[1 - PI(d-e)]}{\ln\left(\dfrac{1+e}{1+d}\right)} = 3.35$ 年

6. 太阳能供热供暖系统的环保效益

系统寿命期内的节能量折算成标准煤质量

$$C_e = \frac{n\Delta Q_s}{29.308} \tag{2-74}$$

式中　C_e——系统寿命期内节约标准煤的质量，kg。

得：$C_e = 58.34t$。

1）二氧化碳排放量

$$E_{CO_2} = C_e \times F_{CO_2} \tag{2-75}$$

式中　E_{CO_2}——系统寿命期内二氧化碳减排量，kg；

　　　F_{CO_2}——碳排放因子，2.662。

得：$E_{CO_2} = 155.30t$。

2) 烟尘排放量

$$Q_{ycp} = 0.01C_e \qquad (2-76)$$

得：$Q_{ycp} = 0.58t$。

3) 二氧化硫排放量

$$E_{SO_2} = 0.02C_e \qquad (2-77)$$

式中　E_{SO_2}——系统寿命期内二氧化硫减排量，kg。

得：$E_{SO_2} = 1.17t$。

4) 氮氧化物排放量

$$E_{NO_x} = 7.25C_e(1-P)/1000 \qquad (2-78)$$

式中　E_{NOx}——系统寿命期内氮氧化物减排量，kg；

　　　　P——氮氧化物脱除率，通常按 80% 考虑。

得：$E_{NOx} = 0.08t$。

7. Polysun 软件模拟分析

为了对该太阳能系统的运行性能有整体上的了解，利用 Polysun 软件对本项目建立模型，如图 2-74 所示，根据上述相关参数设置输入的参数值。

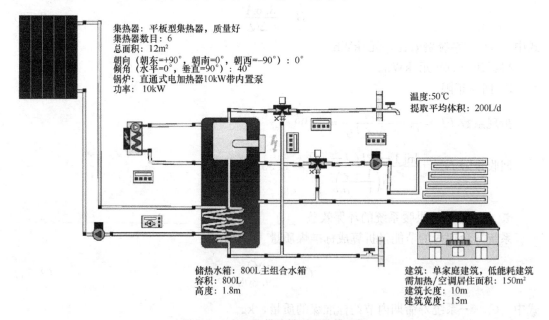

图 2-74　太阳能供热供暖系统模型图

模拟结果如图 2-75～图 2-77 所示。由于太阳能保证率设置为 30%，可以看出，11 月至次年 2 月的供暖期内，太阳能系统提供的热量比辅助热源少，12 月和 1 月的太阳能保证率为 31% 和 33%，11 月和 2 月的太阳能保证率为 63% 和 54%。在非供暖季，太阳能集热系统可以保证全部的生活热水负荷。全年平均太阳能保证率为 64%。

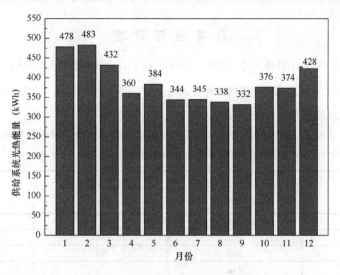

图 2-75 供给系统光热能量（kWh）

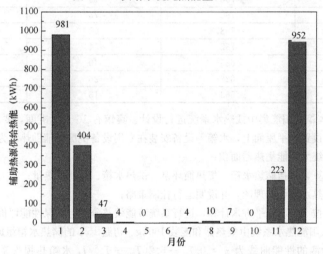

图 2-76 辅助热源供给热能（kWh）

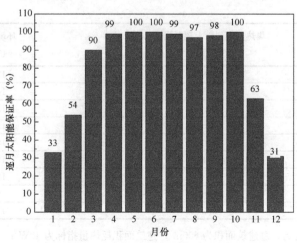

图 2-77 逐月太阳能保证率（%）

思 考 题 与 习 题

1. 计算北京地区 7 月 21 日晴天时，逐时（8：00～17：00）水平面的太阳总辐射强度。（当地纬度 39.8°，经度 116.47°，日地距离修正值的计算公式为 $1+0.034\cos\dfrac{2\pi n}{365}$，大气透明亮 P 取 0.65，7 月 21 日的时差 e 为 6 分 29 秒。）

2. 北京地区 7 月 21 日逐时水平面散射辐射、水平面总辐射、法向直射辐射如下表所示，某太阳能集热器与水平面倾斜 45°放置，试计算该倾斜面上的太阳辐射强度。

标准时间	法向直射辐射 （W/m²）	水平面散射辐射 （W/m²）	水平面总辐射 （W/m²）
7：00	685	40	437
8：00	732	54	588
9：00	768	65	713
10：00	790	73	797
11：00	798	75	826
12：00	790	73	797
13：00	768	65	714
14：00	732	54	588
15：00	685	40	438
16：00	628	26	282
17：00	563	13	139

3. 对北京市某宾馆太阳能集中式热水系统进行设计。宾馆有 16 个标准间，要求 24 小时全日供应热水，太阳能集热器设置在平屋面上，水箱等设备安装在专用设备机房，辅助热源为电加热。

（1）设计计算系统太阳能集热器面积；

（2）设备选型计算，包括储热水箱、集热循环泵、供热水箱、辅助加热量；

（3）画出太阳能热水系统原理图，并说明运行控制策略；

（4）系统初投资按 1400 元/平方米计算，进行系统节能效益分析与环保性能评价。

4. 某机械循环太阳能热水系统由集热器和能装 160kg、初温 15℃的储热水箱组成。已知集热器面积为 4m²，集热器经检测的性能曲线为 $\eta=0.75-5.2(T_{in}-T_a)/I$，水箱热损失系数和面积的乘积为 1.70W/℃，忽略管道系统的热损失，该日 8：00～16：00 太阳辐射强度及环境温度如下表所示，试计算该系统日得热量。

时间	集热器倾斜面上辐射强度 （W/m²）	环境温度 （℃）
8：00	218	13.0
9：00	269	14.1
10：00	303	15.0
11：00	315	15.7
12：00	800	16.1
13：00	731	16.3
14：00	608	16.3
15：00	158	16.1
16：00	282	15.8

5. 某 2 层楼职工公寓，总建筑面积为 600m²，建筑面积耗热量指标为 40W/m²，初步拟采用太阳能平板集热器技术提供采暖，该地太阳能保证率 0.5，当地集热器受热面年平均日太阳辐照量 14MJ/(m²·d)，

集热器平均集热效率为 65%，管路及贮水箱热损失率为 5%，单块平板集热器集热面积为 $2m^2$，请计算该热水系统需要安装多少块集热板？

6. 主动式太阳能供热供暖的包括哪些组成？简述温差循环的控制原理。

7. 对于近几年我国大力推进的煤改电项目，你认为怎样才能将太阳能有机结合到项目中？

8. 被动式太阳能供暖主要有哪些方式？

9. 太阳能系统防过热技术方案有哪些？

参 考 文 献

[1] 罗运俊，何梓年，王长贵. 太能利用技术[M]. 北京：化学工业出版社，2005.

[2] 邵理堂，刘学东，孟春站. 太阳能供热利用技术[M]. 江苏：江苏大学出版社，2014.

[3] 王慧，胡晓花，程洪智. 太阳能热利用概论[M]. 北京：清华大学出版社，2013.

[4] 郑瑞澄，路宾，李忠等. 太阳能供热采暖工程应用技术手册[M]. 北京：中国建筑工业出版社，2012.

[5] 叶丽影. 太阳能热水系统工程常见问题案例分析与应对[M]. 北京：机械工业出版社，2019.

[6] 朱宁，李继民，王新红等. 太阳能供热采暖技术[M]. 北京：中国电力出版社，2017.

[7] 赵耀华，赵文仲，朱滨等. 太阳能空气集热采暖系统和方法 CN201210536387.3[P]. 2012-12-12

[8] Tingting Zhu，Yanhua Diao，Yaohua Zhao et al.. Performance evaluation of a novel flat-plate solar air collector with micro-heat pipe arrays (MHPA). Applied Thermal Engineering [J]. 118 (2017) 1-16.

[9] 中华人民共和国住房和城乡建设部. GB 50364—2018 民用建筑太阳能热水系统应用技术标准[S].

[10] 中华人民共和国住房和城乡建设部. GB 50495—2019 太阳能供热采暖工程技术标准[S].

第3章 太阳能空调

3.1 太阳能空调概述

建筑能耗随着现代化生活水平的提高而逐步增长，人们对室内舒适性的要求也愈加迫切，制冷空调设备也在全国范围内逐步得到普及，从而使空调能耗快速增长。目前，大部分的制冷空调设备都是以电能驱动的，随着制冷空调领域的快速发展，传统的制冷空调设备消耗大量的电能（发达国家的空调能耗占全年民用能耗的 20%～40%）给能源、电力和环境带来了很大的压力，因此，利用太阳能空调替代常规能源驱动空调系统对节能和环保都具有十分重要的意义。

3.1.1 太阳能空调系统的特点

3.1.1.1 太阳能空调的优点

（1）太阳能空调的季节适应性好。一方面，夏季烈日当头，太阳辐射能量剧增，人们在炎热的天气迫切需要空调；另一方面，由于夏季太阳辐射能增加，使依靠太阳能驱动的空调系统可以产生更多的冷量，也就是说，太阳能空调的制冷能力是随着太阳辐射能量的增加而增大的，这正好与夏季人们对空调的迫切要求相匹配。

（2）同一套太阳能吸收式空调系统可以将夏季制冷、冬季供暖和其他季节提供热水三种功能结合起来，做到一机多用，四季常用，从而可以显著提高太阳能的利用率和经济性。

（3）太阳能制冷技术采用臭氧层破坏系数 ODP 和温室效应系数 GWP 均为零的非氯氟烃类物质作为制冷剂，而传统的压缩式制冷剂常用的氯氟烃类对大气臭氧层有破坏作用。因此，使用太阳能空调技术除了节约一次常规能源外还有利于保护环境。

（4）压缩式制冷机的主要部件是压缩机，无论采用任何措施，都仍会有一定噪声；而吸收式制冷机除了功率很小的屏蔽泵之外，无其他运动部件运转。

3.1.1.2 太阳能空调在现阶段的局限性

（1）虽然太阳能制冷空调可以显著减少常规能源的消耗，大幅度降低运行费用，但由于现有太阳能集热器的价格较高，造成了整个太阳能空调系统的初投资偏高，应当坚持不懈地降低现有太阳能集热器的成本。

（2）到达地球的太阳能辐照密度不高，收集满足制冷需求的太阳能一般需要安装较大规模的太阳能集热系统，使太阳能集热器采光面积与空调建筑面积的配比受到限制。因此，当今的太阳能空调只适用于楼层不多的建筑。加紧研制可产生水蒸气的中温太阳能集热器，以便与蒸汽型吸收式制冷机结合，是解决此矛盾的有力途径。

（3）目前用户较少。可以实现商品化的太阳能制冷系统一般匹配大制冷量的溴化锂吸收式制冷机，只适用于商用和公用的中央空调。所以，应开发各种小型的太阳能制冷空调机，以便与太阳能集热器配套，逐步进入千家万户。

3.1.2 太阳能空调系统及分类

3.1.2.1 制冷的基本概念与分类

所谓制冷，就是使某一系统的温度低于周围环境介质的温度并维持这个低温。此处所说的系统既可以是空间也可以是物体，环境介质可以是自然的空气或是水。为使这一系统达到并维持所需要的低温，就得不断地从它们中间取出热量将热量转移至环境介质中。这个不断从被冷却系统取出热量并转移热量的过程，就是制冷过程。制冷分类：液体汽化制冷（蒸汽制冷）、气体膨胀制冷、热电效应制冷以及涡流管制冷。

3.1.2.2 太阳能制冷、空调技术利用

目前，太阳能空调实现制冷的方式主要有两种，一是先利用太阳能，实现光电转化，再用电驱动常规压缩式制冷机实现制冷；另一种方式是利用太阳能热驱动制冷。传统意义上的太阳能空调技术一般指热能驱动的空调技术，也即是利用太阳能集热器收集的热量作为热源驱动制冷机组运行，是当下太阳能空调使用的最为普遍的模式。但随着光伏产业的兴起以及中国光伏政策扶持，如格力已推出的"光伏直驱变频离心机系统"及美的开发的"Q-HAP太阳能空调技术"，开创了太阳能光伏空调的新纪元。

常用的热驱动制冷技术主要有吸收式制冷和吸附式制冷等。而太阳能光电驱动制冷技术与常规的利用电能驱动制冷技术相似，主要有热电循环制冷、蒸气压缩制冷和斯特林循环制冷，以及新型光伏直驱制冷。另外，也可直接将太阳能光热所收集的热量应用于建筑物内的供暖，实现冬季供暖的目的。太阳能制冷、空调技术利用的具体分类如图3-1所示，这里主要对朗肯循环和斯特林循环运行原理进行简单阐述。

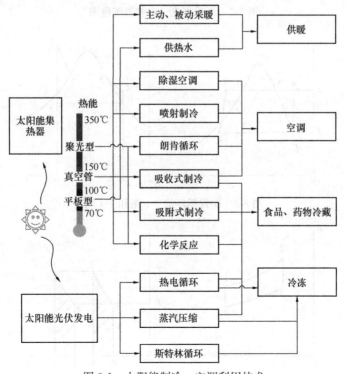

图 3-1　太阳能制冷、空调利用技术

太阳能光电驱动的制冷系统成本相对较高，目前尚难大范围推广应用，而太阳能光热转换驱动的太阳能制冷技术相较于太阳能光电驱动的太阳能制冷技术更加经济且易实现。

朗肯循环本身并不能实现制冷的目的，通常是将朗肯循环与其他制冷系统相结合。如喷射式制冷系统，由朗肯循环提供喷射式制冷系统所需的机械能，从而实现制冷的目的。制冷循环的运行原理基本相似，且在下述章节中有详细叙述，这里不再赘述，主要对朗肯循环运行原理进行简单阐述。以内可逆理想循环为例，图 3-2 为简单蒸汽动力装置流程示意图，水进入太阳能集热器，吸收太阳能热量，汽化成饱和蒸汽，之后进一步吸收热量成过热蒸汽，而后进入膨胀机中输出机械功，带动制冷机运行。从膨胀机排出的做过功的乏汽进入冷凝器，冷凝为饱和水，随后由给水泵输送至太阳能集热器，完成一个循环。图 3-3 为内可逆的理想循环—朗肯循环的 p-v 图和 T-s 图。水在太阳能集热器中定压吸热，由液态向饱和蒸汽、过热蒸汽转变，如过程 4-5-6-1。高温高压蒸汽在膨胀机中绝热膨胀，如 1-2 过程。从膨胀机中排出的乏汽在冷凝器中等压向冷却水放热，冷凝为饱和水，如 2-3 过程。凝结水在给水泵中绝热压缩，压力升高后的未饱和水进入太阳能集热器，完成循环，如 3-4 过程。

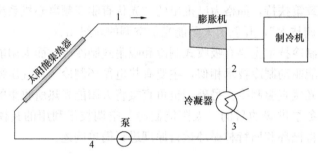

图 3-2　简单蒸汽动力装置流程图

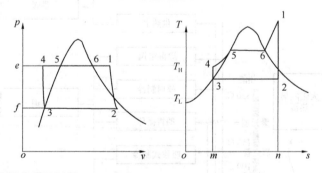

图 3-3　朗肯循环的 p-v 图和 T-s 图

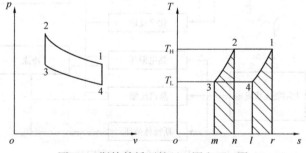

图 3-4　斯特林循环的 p-v 图和 T-s 图

斯特林循环是由两个定容过程和两个定温过程所组成的可逆过程。热机在定温膨胀过程中从高温热源吸热，在定温压缩过程中向低温热源放热，这是斯特林循环的正向循环，对外输出功。而由于其过程的可逆性，按逆向循环时可以作为热泵，即定温膨胀过程中从低温热源吸热，定温压缩过程向高温热源放热，其 p-v 图和 T-s 图如图 3-4 所示。简单的理想斯特林制冷循环主要由回热器、冷却器、换热器、两个气缸以及膨胀活塞和压缩活塞所组成。气缸和活塞之间形成工作腔，其中膨胀活塞与气缸之间的工作腔称为膨胀腔，压缩活塞与气缸之间形成的工作腔称为压缩腔，膨胀腔和压缩腔之间通过回热器相连通。当斯特林制冷循环工作时，其循环过程如下：

1-2 过程为定温压缩过程：该过程中，压缩活塞移动而膨胀活塞不动，此时工质被定温压缩。压缩时所释放的热量经冷却器传递给冷却介质，压力由 P_1 升高至 P_2；

2-3 过程为定容放热过程：该过程中，膨胀活塞和压缩活塞同时移动，气体的容积保持不变，直至压缩活塞达到左止点。当工质经过回热器时，释放热量，工质温度由 T_H 降至 T_L，压力从 P_2 降至 P_3；

3-4 过程为定温膨胀过程：该过程中，压缩活塞在左止点静止不动，膨胀活塞继续移动至左止点，此时工质进行定温膨胀，经换热器从低温热源吸收热量，容积从 v_3 升至 v_4，压力从 P_3 降至 P_4；

4-1 过程为定容吸热过程：该过程中，膨胀活塞和压缩活塞同时向右移动至右止点，工质容积保持不变，恢复至初始位置。工质经回热器吸热，温度从 T_4 升高至 T_1，压力从 P_4 升至 P_1。

3.1.2.3 太阳能空调系统的类型

太阳能空调按照制冷方式的不同分为太阳能光伏空调技术和太阳能热驱动空调技术。

光伏空调的种类很多，光伏空调的能量主要来源于光伏阵列，所产生的电能驱动压缩机工作。常见的空调种类较多，如家用小型空调（分体挂壁式及分体柜式等）、小型集中空调（风管式系统、冷/热水机组、变制冷剂流量系统等）以及商用大型集中空调（离心式冷水机组、螺杆式冷水机组等），这些空调形式均可与光伏阵列结合，形成不同类型的光伏空调。按照空调设备使用交流电还是直流电，光伏空调可以划分为交流型和全直流型两种。交流型光伏空调可以在传统空调的基础上改造而成，由逆变器将光伏所产生的直流电转换为交流电供空调使用，这种形式仍处于光伏空调发展的初级阶段。全直流型光伏空调（又称光伏直驱空调）中的空调设备直接利用光伏所发的直流电。目前的空调设备中，压缩机电机和室内外风机多使用永磁同步电机和直流无刷电机，电机工作过程中需要将电网的工频交流电转换为直流电，而全直流型光伏空调减少了"直流—交流—直流"的转换，能够提升能量的利用效率。此外，光伏直流电直驱变频离心机技术，可将光伏发电与变频离心机结合，从开源和节流两方面实现了建筑节能，将会促进分布式光伏发电应用领域的极大发展。

太阳能热驱动空调技术是目前太阳能空调使用最为常见的模式，太阳能热驱动空调系统的类型可分为太阳能吸收式制冷系统、太阳能吸附式制冷系统、太阳能除湿空调和其他太阳能空调，如表 3-1 所示。其中，太阳能吸收式制冷系统和太阳能吸附式制冷系统是目前研究和应用较多的太阳能光热驱动制冷方式，同时在该两种方式基础上延伸出来的新的制冷方式也是研究重点。此外，以太阳能作为除湿剂的太阳能除湿空调系统在建筑中也得到了越来越广泛的应用。

太阳能热驱动空调技术特征和参数的比较　　　　　　　　　　　　　表 3-1

空调类型	太阳能转轮式除湿空调	硅胶—水吸附空调机组	溶液除湿空调	太阳能氨水吸收式制冷	两级吸收式太阳能空调	单效吸收式太阳能空调	聚焦集热/燃气互补型太阳能空调
采用集热器类型	空气集热器	真空管或平板太阳能热水系统	真空管或平板太阳能热水系统	太阳能真空管或平板集热器	真空管或平板太阳能热水系统	真空管太阳能热水系统	槽式聚焦太阳能集热器
工作热源（℃）	50～100	55～85	55～85	80～160	＞65	≥88	150
额定空调COP	0.6～1.0	0.4	0.6～1.0	0.5～0.6	0.4	0.6	1.1
晴天太阳能空调时间（h）	约4	8	约4	2～3	＞3	2～3	—
空调方式	露点 8～12℃ 干空气	约 7～20℃ 冷水	露点 12～15℃ 的干空气	约—20～20℃	约 7～20℃ 冷水	约 7～20℃ 冷水	约 7～20℃ 冷水
处理空调负荷类型	潜热	显热与部分潜热	潜热	显热与部分潜热	显热与部分潜热	显热与部分潜热	显热与部分潜热
系统规模	≥5kW	≥5kW	≥30kW	≥5kW	≥100kW	≥5kW	≥20kW

太阳能热驱动空调系统由于太阳能自身特性，常加以辅助能源系统，以确保太阳能空调系统在实际建筑应用中正常运行。辅助能源系统提供热能，在太阳能不足时确保热力制冷机组运行，提供稳定的冷量输出以使供冷需求得到可靠保障。辅助能源系统也可以是备用的电制冷机组，在热力制冷机组不能满足冷负荷需求的前提下，电制冷机组启动提供系统所需的冷冻水。

3.2　太阳能吸收式制冷

3.2.1　吸收式制冷基本原理

吸收式制冷是通过液体吸收来吸收制冷剂蒸气，然后通过驱动热能加热液体，产生的高温高压制冷剂蒸气将从低温环境中吸收的热量释放到外界环境中。吸收式制冷循环示意图如图 3-5 所示。

吸收式制冷机由发生器、冷凝器、蒸发器、冷剂泵、溶液泵、吸收器及溶液热交换器等部件组成。工作介质除制取冷量的制冷剂外，还有吸收、解析制冷剂的吸收剂，二者组成工质对。在发生器中工质对被加热介质加热，解析出制冷剂蒸气。制冷剂蒸气在冷凝器中被冷却凝结成液体，然后降压进入蒸发器吸热蒸发，产生制冷效应。蒸发产生的制冷剂蒸气进入吸收器，被来自发生器的工质对

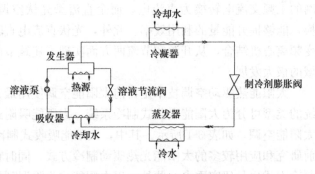

图 3-5　吸收式制冷原理图

吸收，再由溶液泵加压送入发生器。如此不断循环，在热源驱动下制取冷量。为提高机组的热效率，设有溶液热交换器；为增强蒸发器的传热效果设有冷剂泵。

吸收式制冷采用的工质对在同一压强下沸点值有较大差别，其中低沸点的工质称为制冷剂，高沸点的工质称为吸收剂。利用溶液的浓度随温度和压力变化而变化这一物理性质，通过吸收热源热量使制冷剂蒸发汽化与溶液分离，所产生的高温高压制冷剂蒸气向环境放热后经节流阀变为低温低压液态制冷剂，而后依靠低温低压液态制冷剂的蒸发汽化而实现制冷目的。汽化后的气态制冷剂被溶液所吸收，完成一个制冷循环。目前常用的制冷剂—吸收剂工质对主要有两种：一种是溴化锂—水工质对，其中水为制冷剂，溴化锂为吸收剂。由于以水作为制冷剂，因此溴化锂—水吸收式制冷温度不能低于0℃，多用于舒适性空调制冷中；另一种是氨—水工质对，其中氨是制冷剂，水是吸收剂。由于氨自身特性，可制取较低的温度，最低可低至−45℃，一般被用作冷库制冷机中。

对于溴化锂—水吸收式制冷，采用水作为制冷剂，通过水的蒸发汽化实现制冷目的。常压下水的沸点为100℃，而水作为制冷剂在此沸点下吸热蒸发无法达到制冷目的。水的沸点随压力的降低而逐渐降低，因此水作为制冷剂必须在低压下才能吸热气化实现制冷的目的。溴化锂吸收式制冷就是使水在接近真空的低压环境中蒸发汽化从而实现制冷，而后利用吸收剂溴化锂极易吸收制冷剂—水的性质，通过溴化锂—水溶液质量分数变化，使制冷剂—水在真空环境下不断循环，实现气液相变，完成制冷循环过程。

对于氨—水吸收式制冷，其工作原理与溴化锂—水吸收式制冷原理基本相似，以单级氨—水吸收式制冷循环为例，浓度较大的氨—水溶液在发生器被热源加热后，溶液中的氨被不断汽化蒸发为氨蒸汽，脱离原来的溶液，同时浓度降低的稀溶液进入吸收器。氨蒸气进入冷凝器后被冷凝成液态制冷剂—液态氨，再进入回热器被来自蒸发器的氨蒸气冷却，后经节流阀减压后进入蒸发器，低温低压的液态氨在蒸发器中蒸发汽化达到制冷效果。蒸发器中形成的氨蒸汽经回热器与来自冷凝器的液态氨发生热交换，被加热后进入吸收器，被稀溶液吸收，所形成的浓溶液再由溶液泵升压后经由溶液热交换器进入精馏塔，从精馏塔流出的氨溶液流入发生器，完成吸收式制冷循环。

3.2.2 太阳能吸收式制冷

太阳能吸收式制冷的研究最接近于实用化，其最常规的配置是：采用集热器来收集太阳能，用来驱动单效、双效或双级吸收式制冷剂，工质对主要采用溴化锂—水或者氨—水，当太阳能不足时可采用燃油或燃煤锅炉来进行辅助加热。系统主要构成与普通的吸收式制冷系统基本相同，唯一的区别就是在发生器处的热源是太阳能而不是通常的锅炉加热生产的高温蒸汽、热水或高温废气等热源。

3.2.2.1 太阳能吸收式空调系统组成

太阳能吸收式空调系统主要由太阳能集热器、吸收式制冷机、辅助加热器、水箱和自动控制系统组成，如图3-6所示；图3-7为太阳能吸收式制冷系统实物图。

3.2.2.2 太阳能吸收式空调系统的工作原理

所谓太阳能吸收式制冷就是利用太阳能集热器提供吸收式制冷循环所需要的热源，保证吸收式制冷机正常运行达到制冷目的。太阳能吸收式制冷包括两大部分，即太阳能热利用系统及吸收式制冷系统。如图3-7所示，该系统工况可以提供夏季制冷、冬季供暖和生活热水。

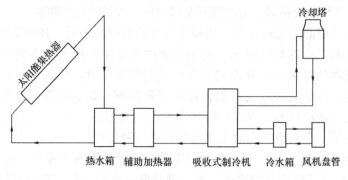

图 3-6　太阳能吸收式制冷原理图

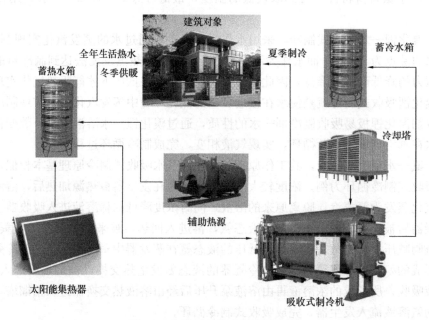

图 3-7　太阳能吸收式制冷示意图

夏季时,被太阳能集热器加热的热水首先进入储水箱,当热水温度达到一定值时,从储水箱向吸收式制冷机提供热水;从吸收式制冷机流出的已降温的热水流回到储水箱,再由太阳能集热器加热成高温热水;从吸收式制冷机流出的冷水通入空调房间实现制冷的目的。当太阳能集热器提供的热能不足以驱动吸收式制冷机时,可以由辅助热源提供热量。

冬季时,被太阳能集热器加热的热水流入储水箱,当热水温度达到一定值时,直接通入空调房间实现供暖。当太阳能集热器提供的热能不足以满足室内供暖负荷要求时,可以由辅助热源提供热量。

在非空调供暖季节,只要将太阳能集热器加热的热水直接通向生活热水储水箱中的换热器,通过换热器就可把储水箱中的冷水逐渐加热以供使用。正因为太阳能溴化锂吸收式制冷系统具有夏季制冷、冬季供暖、全年提供热水等多项功能,所以目前在世界各国应用较为广泛。

3.2.3 太阳能吸收式制冷应用案例

1. 工程概况

本工程为国家太阳能热水器质量监督检验中心（北京）顺义检测基地。工程总建筑面积为 1850 m^2，建筑类型分为办公室及实验室两种，其整体分布见图 3-8。该方案设计为太阳能溴化锂吸收式空调系统，满足夏季光照充足的情况下，办公室及实验室对冷负荷的需求，最终实现整个建筑物的节能目的。

图 3-8 办公楼实体

2. 建筑概况

本工程建筑物围护结构基本情况如下：

建筑面积：1850m^2，共两层，15 个房间；

平均窗墙比：0.14；

办公楼墙体保温层采用硬泡聚氨酯，平均厚度约为 30mm；

墙体平均传热系数：0.32W/(m^2·K)；

办公楼屋面采用挤塑聚苯板，平均厚度约为 60mm；

屋面平均传热系数：0.49W/(m^2·K)；

90 系列塑钢型材窗户（90 系列塑钢型材＋中空玻璃，LowE6＋9＋6），传热系数：2.2W/(m^2·K)；

利用 Trnsys 软件，对建筑物冷热负荷进行模拟计算，其计算程序如图 3-9 所示，根据软件模拟结果可知，该建筑夏季冷负荷为 99.8W/m^2，冬季热负荷为 50.3W/m^2。

3. 系统设计

经对比分析，本工程采用了系统性能较为稳定，经济性较好的 U 形管集热器（图 3-10），制冷机组选用了低温热源下即可驱动的溴化锂吸收式制冷机组（图 3-11），末端空调系统采用风机盘管形式。夏季，太阳能集热系统向吸收式制冷机组提供热量，由制冷机组转化为冷量供整个建筑所需的冷负荷；冬季，太阳能集热系统收集的热量通过板式换热器实现整个建筑的供暖。为了充分利用太阳能，本系统分别设计了贮热水箱和蓄冷水

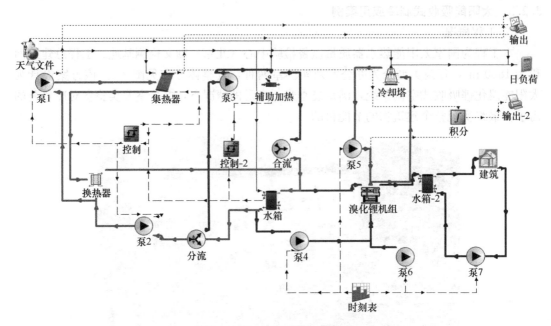

图 3-9　Trnsys 系统模拟流程图

图 3-10　U 形管太阳能集热器

箱。同时，为了验证不同辅助能源的经济性及可靠性，本工程设计了两种辅助能源：生物质锅炉和风冷冷水机组，如图 3-11 所示。

集热器效率性能指标：经国家太阳能热水器质量监督检验中心（北京）检测，所选用的集热器归一化温差为 $0.07m^2 \cdot K/W$。瞬时效率测试，当进口温度为 68℃ 时，集热器效率可达 38%。

储热水箱体积为 $15m^3$；蓄冷水箱体积为 $8m^3$；溴化锂吸收式制冷机组功率为 176kW；生物质锅炉功率为 232kW。

4. 控制系统

控制系统共分为两部分，即集热控制系统和空调控制系统。其中集热控制系统主要采

图 3-11　相关主要设备

用温差循环，且具有过热保护及防冻功能，同时兼具太阳能热水控制系统的其他控制功能，该部分已在第 2 章详细阐述，这里不再赘述。对于空调控制系统，为了达到太阳能热利用的最大化，系统分为四种运行工况，即制冷工况、制冷加蓄冷工况、蓄冷水箱运行工况及蓄冷工况。通过不同阀门的控制功能，实现四种运行模式之间的自由切换，以便更加充分利用太阳能所产生的热量。

5. 经济性分析

本工程的实际造价为 139.4 万元，折算到单位空调面积费用约为 753 元/m²；依据夏季实际测试数据，太阳能空调系统在空调工况下的运行费用为 4.2 元/m²，费效比为 0.15 元/kWh。

3.3　太阳能吸附式制冷

太阳能吸附式制冷系统的制冷原理是利用吸附床中的固体吸附剂对制冷剂的周期性吸附、解吸附过程实现制冷循环。太阳能吸附式制冷系统主要由太阳能吸附集热器、冷凝器、蒸发器、阀门等组成。常用的吸附剂工质对有活性炭—甲醇、活性炭—氨、硅胶—水等。太阳能吸附式制冷具有系统结构简单、无运动部件、噪声小、无须考虑腐蚀等优点，而且它的造价和运行费用都比较低。

3.3.1　吸附式制冷基本原理

如图 3-12 所示，为太阳能吸附式制冷机，它的组成部分主要有吸附器/发生器、冷凝器、蒸发器、阀门、贮液器，其中阀和贮液器对实际系统来说是不必要的。晚上当吸附床被冷却时，蒸发器内制冷剂被吸附而蒸发制冷，待吸附饱和后，白天太阳能加热吸附床，使吸附床解析，然后冷却吸附，如此反复完成循环制冷过程。该太阳能制冷机的工作过程简述如下：

（1）关闭阀门。循环从早晨开始，处于

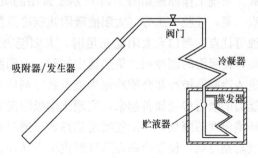

图 3-12　基本吸附式制冷系统

环境温度（如 $T_{a2}=30℃$）的吸附床被太阳能加热，此时只有少量工质脱附出来，吸附率近似常数。而吸附床内压力不断升高，直至制冷工质达到冷凝温度下的饱和压力，此时温度为 T_{g1}。

（2）打开阀门。在恒压条件下制冷工质气体不断脱附出来，并在冷凝器中冷凝，冷凝的液体进入蒸发器，与此同时，吸附床温度继续升高至最大值 T_{g2}。

（3）关闭阀门。此时已是傍晚，吸附床被冷却，内部压力下降直至相当于蒸发温度下工质的饱和压力，该过程中吸附率也近似不变，最终温度 T_{a1}。

（4）打开阀门。蒸发器中液体因压强骤减而沸腾起来，从而开始蒸发制冷过程。同时蒸发出来的气体进入吸附床被吸附。该过程一直进行到第二天早晨。吸附过程放出的大量热量，由冷水或外界空气带走，吸附床最终温度为 T_{a2}。

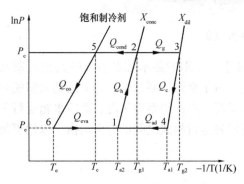

图 3-13　基本型太阳能吸附式制冷
循环热力图

图 3-13 为基本型太阳能吸附式制冷循环热力图，具体循环过程如下：

1-2 过程为工质和吸附床等容升压过程中所吸收的显热；

2-3 过程为脱附过程所吸收的热量，主要包括三部分：吸附床显热、留在吸附床内制冷工质的显热以及脱附所需热量；

3-4 过程为冷却吸附床所带走的热量，包括吸附床显热和留在吸附床内工质显热；

4-1 过程为吸附过程中带走的热量，主要包括整个吸附床的显热、吸附热以及蒸发的工质温升所吸收的显热；

2-5 过程为冷凝过程所放出的热量，包括汽化潜热和工质蒸气在冷凝过程中放出的显热；

5-6 过程为液态制冷剂从冷凝温度降至蒸发温度所放出的显热；

6-1 过程为蒸发过程中所吸收的热量。

3.3.2　太阳能吸附式制冷

太阳能吸附式空调系统的工作原理：是利用吸附床中的固体吸附剂对制冷剂的周期性吸附与脱附过程实现制冷循环。

太阳能吸附式空调系统由太阳能吸附集热器、冷凝器、贮液器、蒸发器和阀门等组成。系统工作原理如图 3-14 所示。常用的吸附剂—制冷剂工质对有活性炭—甲醇，活性炭—氨，硅胶—水等。太阳能吸附式制冷系统结构简单，无运动部件噪声小，无需考虑腐蚀等优点。当白天太阳能充足时，太阳能吸附集热器吸收太阳能辐射后，吸附床温度升高，使吸附的制冷剂在集热器中解附，太阳能吸附器内压力升高。解析出来的气态制冷剂进入冷凝器被冷却介质冷却为液态制冷剂后流入贮液器。这样，太阳能就转化为代表制冷能力的吸附势能储备起来，实现化学吸附潜能的储存。当夜间或太阳辐照度不足时，由于环境温度的降低，太阳能吸附集热器可通过自然冷却降温，吸附床温度下降后吸附剂开始吸附制冷剂，使制冷剂在蒸发器内蒸发从而达到制冷效果。其冷量一部分以冷媒水的形式向空调房间输出，另一部分储存在蒸发贮液器中，可在需要时进行冷量调节。

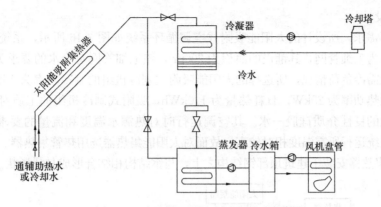

图 3-14　太阳能吸附式制冷系统原理图

对于太阳能吸附集热器，既可以采用平板型太阳集热器，也可采用真空管太阳集热器。通过对太阳能吸附集热器内进行埋管的设计，可利用辅助能源加热吸附床，以使制冷系统在合理的工况下工作；另外，若在太阳能吸附集热器的埋管内通冷却水，回收吸附床的显热和吸附热，以此改善吸附效果，还可为家庭或用户提供生活用热水。当然，由于吸附床内一般为真空系统或压力系统，因而要求有良好的密封性。蒸发储液器除了要求满足一般蒸发器的蒸发功能以外，还要求具有一定的储液功能，可以通过采用常规的管壳蒸发器并采取增加壳容积的方法来达到此目的。

3.3.3　太阳能吸附式制冷应用案例

1. 工程概况

零碳馆位于北京奥林匹克森林公园内，依水而建，绿树环绕，环境优美。单层复式建筑，建筑面积 $600m^2$，集办公、会议接待等功能于一体，外景图如图 3-15 所示，该零碳馆主要用作基金会办公室。该建筑综合利用太阳能热水，太阳能吸附式制冷，太阳能供暖等多项太阳能技术，力求达到建筑零碳排放，满足夏季冷负荷 60kW，冬季供暖负荷 47kW。其中建筑中已有地源热泵系统，以风机盘管作为末端，为建筑提供冷热负荷，地源热泵系统与太阳能系统制冷供暖功能相结合以满足全部建筑冷热负荷。该系统全年可分三种运行模式：夏季制冷、冬季供暖、春秋季热水及通风，实现了建筑热水、供暖、制冷三联供。

图 3-15　零碳馆外景图

2. 系统设计

根据实际需求，所设计的太阳能吸附式空调循环系统如图 3-16 所示，系统中制冷供暖末端系统设计为毛细管网，其铺设的面积为 200m²，该毛细管网对冷水的要求为 18℃左右。根据零碳馆所需冷负荷情况，所选择的太阳能吸附式制冷机组的制冷功率为 15kW，该空调系统的额定耗热功率为 20kW，日耗热量为 120kWh，吸附式制冷机组的工质对采用清洁无污染且无腐蚀的良性介质硅胶—水。其空调运行时对热源水温度和流量的要求如表 3-2 所示。因空调系统运行所需温度相对较高，故而对太阳能集热器选用热管集热器。所需采光面积为 90m²，集热器安装于建筑顶部钢结构之上，与钢结构相结合形成月牙形状。

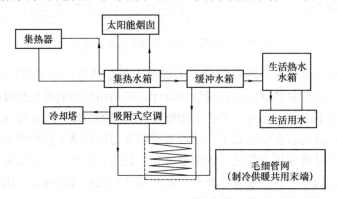

图 3-16 太阳能系统原理图

空调运行热源水温和流量 表 3-2

热水	进口温度(℃)	80
	出口温度(℃)	75
	流量(m³/h)	3.4

3. 系统运行分析

太阳能集热系统提供 70～88℃、流量为 5m³/h 的热水作为热源水驱动吸附式制冷机组运行，同时冷却塔提供 30℃左右 5.6m³/h 的冷却水，此时机组可输出 17～18℃，3m³/h 的冷水，通入末端毛细管网。该吸附式空调的热力 COP 为 0.45 左右，制冷功率为 15kW，而系统运行耗电量不到 3.0kW，电力 COP 达到 6.0 以上。

4. 节能性分析

由于吸附式制冷机组所需的热源驱动力为太阳能所提供的热水，且太阳能同时为零碳馆提供生活热水和供暖，因此对于太阳能系统，全年节约能量折合标准煤约为 2753kg，折合电约为 22409kWh。

3.4 太阳能除湿式制冷

3.4.1 太阳能除湿式制冷系统特点与分类

3.4.1.1 太阳能除湿式制冷系统特点

(1) 系统结构简单，无需复杂的部件；

(2) 利用太阳能而节约常规电能；

（3）无需氟利昂作为制冷剂，是一种真正的环保型制冷系统；

（4）噪声低，空气品质优良；

（5）在常压条件下工作。

3.4.1.2 太阳能除湿式制冷系统分类

（1）按工作介质划分：固体除湿系统和液体除湿系统；

（2）按制冷循环方式划分：开式循环系统和闭式循环系统；

（3）按结构形式划分：简单系统和复杂系统。

3.4.2 太阳能除湿式制冷系统工作原理

3.4.2.1 太阳能固体吸附式除湿

固体吸附式除湿装置主要分为两大类：一类是固定床式除湿器；另一类是转轮除湿器。转轮除湿器由于其运行维护方便，与太阳能系统结合简单，且可以实现连续除湿等优点而被作为除湿领域的重点。

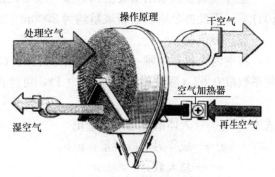

固体吸附式除湿工作原理如图 3-17 所示。转轮以 8～15r/h 的速度缓慢旋转，待处理的湿空气经过空气过滤器过滤后，进入 3/4 除湿区（吸附区），被处理的空气中的水分被吸附剂吸附，通过转轮的干燥空气即被送入室内。在转轮吸附的同时，再生空气经再生加热器逆向于被处理的空气，流向转轮 1/4 再生区，带走吸附剂上的水分。在再生通风机的作用下，这部分热湿空气便从另外一端排至室外。

图 3-17　转轮除湿机的工作原理和结构

3.4.2.2 太阳能溶液除湿空调

太阳能溶液除湿空调工作原理如图 3-18 所示。环境空气进入除湿器 7 与除湿溶液相接触，由于空气中水蒸气分压高于溶液表面水蒸气分压，水蒸气就会被吸附至溶液中，从而将空气中的部分水分除去；对干燥后的空气经气体换热器 8 冷却，再进入绝热加湿器 9，控制适宜的温度和湿度，从而达到空气调节的目的。另外，浓溶液自贮液箱 3 经换热

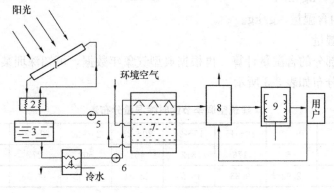

图 3-18　太阳能液体除湿空调系统原理图

1—太阳能再生器；2—换热器；3—浓溶液储液箱；4—换热器；5—稀溶液泵；

6—浓溶液泵；7—除湿器；8—气体换热器；9—绝热加湿器

器 4 由浓溶液泵 6 打入除湿器 7 中，在除湿器中浓溶液由于吸收了空气中的水分而变稀；同时除湿过程中释放出的汽化潜热使除湿溶液的温度有所升高。稀除湿溶液在失去除湿能力后被稀溶液泵输送至太阳能再生器 1 中，在太阳能的作用下除去部分水分而成为浓除湿溶液从而完成一个循环。

3.4.3　太阳能除湿式制冷系统应用案例

1. 工程概况

项目为深圳市区的办公建筑，建筑面积约为 700m²。按照办公室人均建筑面积为 10m²/人计算，可知该办公室可容纳 70 人。因深圳属于夏热冬暖地区的南区，因此空气调节不考虑冬季供暖，而仅考虑夏季空调，使用空调时间为 5~10 月。

2. 负荷计算

（1）室内设计参数：25℃，相对湿度 60%，含湿量 d_{in}=12.03g/kg

室外气象参数采用供暖空调典型气象年数据。新风量按办公室人均新风为 30m³/(h·p)计算，因此办公室所需新风量约为 2000m³/h。

（2）湿负荷

将室内人员作为唯一散湿源，根据公式（3-1），其中成年男子散湿量为 102g/h，群集系数取 0.92（假设男女比例为 1:1），可计算得知室内热源湿负荷为 6.6kg/h。

$$W_p = g \cdot n \cdot \beta \tag{3-1}$$

式中　W_p——人体散湿总量，g/h；

　　　g——成年男子散湿量，g/h；

　　　n——总人数；

　　　β——群集系数。

（3）送风含湿量

根据公式（3-2），经计算可知，送风含湿量 d_s 为 9.4g/kg。

$$d_s = d_{in} - \frac{W_p}{G \cdot \rho} \tag{3-2}$$

式中　G——新风量，m³/h；

　　　ρ——密度，kg/m³；

　　　d_{in}——室内含湿量，g/kg。

（4）逐时除湿量

根据前述各部分的含湿量计算，再根据典型气象年数据，可知深圳某一典型建筑空调季节逐时除湿量分布如表 3-3 所示。

建筑空调季节逐时除湿量分布表　　　　　　　　　　表 3-3

除湿量(kg/h)	0~10	10~15	15~20	20~25	25~30	30~35	35~40	>40
时数(h)	55	176	312	451	502	277	88	25
占总时数比例(%)	2.92	9.33	16.54	23.91	26.62	14.69	4.67	1.33

3. 系统设计

本项目采用闭式再生型太阳能溶液除湿空调，需对新风机组、太阳能集热面积、溶液总量、再生器和辅助热源等设备进行选型。

（1）新风机组的选型

根据所需新风量，考虑到余量等因素，本项目所需新风量为 2100m³，但由于目前机组的风量等级相对较少，仅有 2000m³/h，3000m³/h 和 4000m³/h 三种，故而选定额定风量为 2000m³/h 的新风机组，技术参数如表 3-4 所示。由表 3-4 可知，除湿量大于 40kg/h 的时数占总时数的 1.33%，因此该新风机组可满足要求。

新风机组技术参数表　　　　　　　　　　　　　表 3-4

电源	风量(m³/h)	除湿量(kg/h)
380V/50Hz	2000	40

（2）太阳能集热器面积和溶液总量

由于闭式再生型系统在再生过程中不能及时补热，所以其需要的再生温度相对较高，为保证系统的稳定可靠性，采用集热器的类型为热管集热器，通过计算可知太阳能集热器的平均集热效率约为 44%。目前，闭式再生器平均再生效率约为 0.8，浓溶液浓度 50%，稀溶液浓度 45%。系统的初投资与太阳能集热器面积和溶液质量有关。通过计算结果表明，不满足率与最优初投资具有良好的线性关系，如图 3-19 所示，对于本项目不满足率选择小于 0.1，则集热面积与溶液总量初投资为 52.5 万元，根据公式（3-3）可知初投资与集热面积和溶液总量的关系，经计算，最优的集热面积为 165m²，溶液总量为 5000kg。

$$C = 0.25A + 0.0025M_0 \tag{3-3}$$

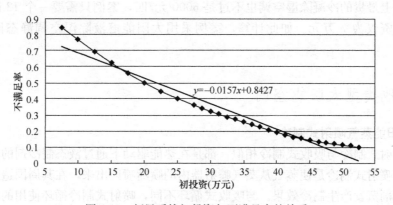

图 3-19　新风系统初投资与不满足率的关系

（3）再生器

集热面积为 165m²，根据平均集热效率为 44%，可知最大集热量为 532.7MJ/h，可产生 1600kg 浓溶液，因此选择再生器的相关参数如表 3-5 所示。

再生器技术参数　　　　　　　　　　　　　表 3-5

浓溶液产量	热水温度	供回温度
1600kg/h	70℃	15℃

（4）辅助热源

根据计算结果可知，最大辅助加热量应能生产 362.0kg/h 浓溶液，也即是辅助功率应大于 32.5kW。

4. 节能效果及经济性分析

(1) 初投资分析

表3-6为太阳能溶液除湿新风系统初投资明细表。可知溶液除湿新风系统的初投资较高,其中太阳能溶液再生所需集热器集热面积过大,集热器的价格过高,导致太阳能再生部分造价较高。并且此投资只是溶液除湿新风系统的,高温冷水系统投资仍未计入其中。

溶液除湿新风系统初投资明细表　　　　　　　　　　　　　　　　表3-6

设备名称	规格	数量	单价 (万元)	小计 (万元)
新风机组	2000m³/h 风量	1套	5	5
溶液再生系统	再生能力>1600kg/h	1套	8	8
溶液存储系统	储液罐 4m³	2	0.4	0.8
除湿溶液	55%浓度	5000kg	0.0025	12.5
太阳能热水集热器	热管出水 70~80℃	165m²	0.25	41.25
初投资	—	—	—	67.55

(2) 回收期分析

全空调季节的湿负荷总量为45371kg,如果采用传统冷凝除湿方式处理,那么将需要耗电11200度/年。按照目前深圳的商业用电电价0.8元/度,则一年可以节约0.9万元。而目前市场上最贵的冷凝除湿空调也不过是6000元/匹,案例只需要一个12匹的机组就够了,初投资仅为7万元。如此计算,案例采用太阳能溶液除湿空调静态回收期约为67年。

3.5 其他类型太阳能空调

3.5.1 太阳能蒸气喷射式制冷

蒸气喷射式制冷与吸收式制冷相似,都是在热能驱动下通过液态制冷剂的蒸发汽化而实现制冷。喷射式制冷是使蒸气从蒸气喷射器内的喷嘴喷射出来,在其周围造成低压状态使液态制冷剂蒸发产生制冷效果。与吸收式循环不同,喷射式制冷循环使用的制冷剂为单一工质,常用的制冷剂为水。

3.5.1.1 蒸气喷射式制冷

喷射式制冷机主要由蒸气喷射器、蒸发器、冷凝器和冷却塔等几部分组成,如图3-20所示。蒸气喷射器是一个关键设备,由喷管、吸入室、混合室和扩压室四部分组成。其中喷嘴可以是一个,也可以是多个,吸入室与蒸发器相连,扩压室出口与冷凝器连通。喷射式制冷原理如下:

当蒸气喷射式制冷机工作时,具有较高压力的蒸气通过渐缩渐扩喷嘴进行绝热

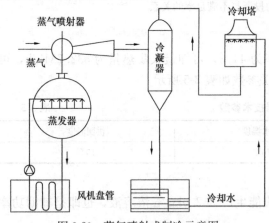

图 3-20 蒸气喷射式制冷示意图

膨胀，在喷嘴处达到较高的速度和动能，同时造成吸入室内很低的压力，故而可以将蒸发器内产生的低压气态制冷剂抽吸到喷射器的吸入室以维持蒸发器内的低压，实现持续制冷。高速工作蒸气与进入吸入室的低压冷蒸气一起进入混合室进行能量交换，待流速稳定后进入扩压室；在扩压室内，随流速的降低，气流动能逐渐转变为压力势能，使压力升高至冷凝压力，实现对气态制冷剂从低压到高压的压缩过程。高压气态制冷剂进入冷凝器后被冷凝为高压液态制冷剂后，其中一部分液体作为制冷剂通过膨胀阀后进入蒸发器蒸发制冷；另一部分液体则从冷凝器的底部排入冷凝水池，完成一个工况循环，随循环的不断进行，完成持续制冷过程。

3.5.1.2 太阳能蒸汽喷射式制冷

太阳能蒸汽喷射式制冷系统主要由太阳能集热器和蒸汽喷射式制冷机两大部分组成，它们分别依照太阳能集热器循环和蒸气喷射式制冷机循环的规律运行。如图 3-21 所示，太阳能集热器循环由太阳能集热器、锅炉、储热水箱等几部分组成；蒸汽喷射式制冷机循环由蒸汽喷射器、冷凝器、蒸发器、冷却塔等几部分组成。其相应工作原理如下：

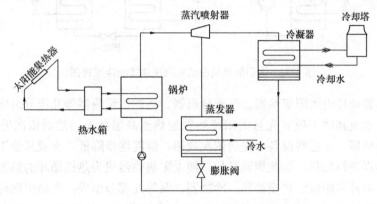

图 3-21　太阳能蒸汽喷射式制冷系统原理图

太阳能蒸汽喷射式制冷系统热源蒸汽由太阳能集热器提供。在太阳能集热器循环中，液态工质先后被太阳能集热器和锅炉加热，温度升高后再去加热低沸点液态工质至高压状态。低沸点工质的高压蒸汽进入蒸汽喷射式制冷机后放热，温度迅速降低后回到太阳能集热器和锅炉内再次被加热。在喷射式制冷机循环中，低沸点工质的高压蒸汽通过喷气喷射器的喷嘴，因流出速度高、压力低，就吸引蒸发器内生成的低压蒸汽，进入混合室。此混合蒸汽流经扩压室后，速度降低，压力增加，然后进入冷凝器被冷凝成液体。该液体的低沸点工质在蒸发器内蒸发，吸收冷媒水的热量，从而达到制冷的目的。如此循环，从而实现太阳能蒸汽喷射式制冷的目的。

3.5.2 太阳能热机驱动蒸汽压缩式制冷

系统组成：太阳能集热系统、太阳能热机（蒸汽轮机）和蒸汽压缩式制冷机三部分。

工作原理：常规的蒸汽压缩式制冷机中的压缩机是由电动机驱动的，太阳能蒸汽压缩式制冷系统中的压缩机是由热机驱动的。

太阳能蒸汽压缩式制冷系统主要由太阳能集热器、蒸气轮机和蒸气压缩式制冷机等三大部分组成，它们分别依照太阳能集热器循环、热机循环和蒸汽压缩式制冷机循环的规律运行。

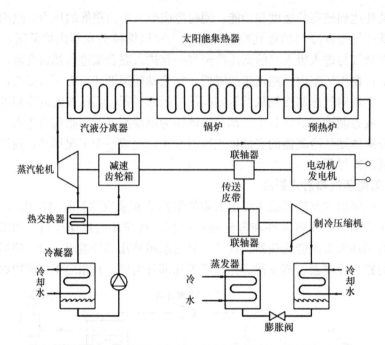

图 3-22　太阳能热机驱动蒸汽压缩式制冷原理图

太阳集热器循环由太阳集热器、气液分离器、锅炉、预热器等几部分组成。在太阳集热器循环中，水或其他工质首先被太阳集热器加热至高温状态，然后依次通过气液分离器、锅炉、预热器，在这些设备中先后依次放热，温度逐步降低，水或其他工质最后又进入太阳集热器再进行加热。如此周而复始，使太阳集热器成为热机循环的热源。

热机循环由蒸汽轮机、热交换器、冷凝器、泵等几部分组成。在热机循环中，低沸点工质从气液分离出来时，压力和温度升高，成为高压蒸气，推动蒸汽轮机旋转而对外做功，然后进入热交换器被冷却，再通过冷凝器而被冷凝成液体。该液态的低沸点工质又先后通过预热器、锅炉、气液分离器，再次被加热成高压蒸气。由此可见，热机循环是一个消耗热能而对外做功的过程。

蒸汽压缩式制冷机循环由制冷压缩机、蒸发器、冷凝器、膨胀阀等几部分组成。在蒸气压缩式制冷机循环中，蒸汽轮机的旋转带动了制冷压缩机的旋转，然后再经过上述蒸气压缩式制冷机中的压缩、冷凝、节流、汽化等过程，完成制冷机循环。在蒸发器外侧流过的空气被蒸发器吸收其热量，从较热的空气变为较冷的空气，随后被送入房间内从而达到空调降温的效果。

思 考 题 与 习 题

1. 暖通空调在太阳能制冷中的应用？利用太阳能实现制冷的途径主要有哪些？并简要介绍其特点。根据空调相关知识，如何提升太阳能空调系统的制冷效率？

2. 阐述太阳能空调的种类，并简单介绍其工作原理。并结合自己专业知识及对太阳能空调的了解，简述太阳能空调未来应用前景和可能的发展方向。

3. 太阳能空调系统与常规压缩式空调系统相比有哪些优缺点？工作介质有哪些区别？简要阐述两种形式空调系统适用场合。

4. 太阳能光伏直流空调系统与常规太阳能光伏空调系统的区别？二者在制冷效率和太阳利用效率方面有哪些不同？

5. 随生活水平的提升，家用或商用汽车数量逐年增多，车内空调系统必不可少，请简述太阳能空调系统在汽车领域应用的可能性。

参 考 文 献

[1] Faraz Afshari，Omer Comakli，Nesrin Adiguzel et al. . Influence of Refrigerant Properties and Charge Amount on Performance of Reciprocating Compressor in Air Source Heat Pump[J]. Journal of Energy Engineering，2017，Volume 143 Issue 1.

[2] 罗运俊，何梓年. 太能利用技术[M]. 北京：化学工业出版社，2005.

[3] 邵理堂，刘学东，孟春站. 太阳能供热利用技术[M]. 江苏：江苏大学出版社，2014.

[4] 王慧，胡晓花，程洪智. 太阳能热利用概论[M]. 北京：清华大学出版社，2013.

[5] 郭永聪. 深圳建筑太阳能利用技术研究[D]. 重庆大学，2006.

[6] 代彦军，葛天舒，李勇. 太阳能空调设计与工程实践[M]. 北京：中国建筑工业出版社，2017.

第4章 太阳能光伏发电与热电联供

4.1 太阳能光伏发电现状及前景

4.1.1 太阳能光伏发电现状

4.1.1.1 全球光伏产业发展状况

太阳能属于可再生能源的一种，具有储量大、永久性、清洁无污染、可再生、就地可取等特点，因此成为目前人类所知可利用的最佳能源选择。自20世纪50年代美国贝尔实验室三位科学家成功研制单晶硅电池以来，光伏电池技术经过不断的改进与发展，目前已经形成一套完整而成熟的技术。随着全球可持续发展战略的实施，该技术得到许多国家政府的大力支持，在全球范围内广泛使用。尤其在21世纪，光伏产业以令世人惊叹的速度向前发展，2000—2016年全球累计装机容量自1250MW增至304300MW，年复合增长率高达40.98%。

2000年，德国颁布《可再生能源法》，为德国光伏产业的快速发展奠定了坚实的法律基础。2004年，德国对《可再生能源法》进行首次修订，大幅提高了光伏电站标杆电价的水平，收益率的突升使得资本涌入，带动了德国光伏产业的快速发展，并引领全球光伏数十年。2000—2012年，以德国、意大利、西班牙三国为代表的欧洲区域成为全球光伏装机需求的核心地区。受2011年末欧债危机爆发的影响，以德国、意大利为代表的欧盟各国迅速削减补贴，欧洲需求迅速萎缩，全球光伏发电新增装机容量增速放缓，光伏产业陷入低谷。2013年，中国以国务院24号文为代表的光伏产业支持政策密集出台，配套措施迅速落实，中国因此掀起光伏装机热潮。日本也于2013年出台力度空前的光伏发电补贴政策。自2013年以后，中国、日本、美国三国接过了欧洲的接力棒，成为全球光伏装机的主要增长区域，市场份额持续攀升。2016年，全球光伏新增装机容量约73GW，其中中国34.54GW、美国14.1GW、日本8.6GW、欧洲6.9GW、印度4GW。欧洲等传统市场的份额逐步向中国、美国、印度等市场转移，一批新兴市场，如印度、南非、智利正在加速发展。

4.1.1.2 我国光伏产业的发展过程

中国光伏产业几经曲折，目前已经形成成熟且有竞争力的光伏产业链，在欧洲光伏装机量快速增长的背景下，中国光伏制造业迅速形成规模，并在国际上处于领先地位。2003—2007年，我国光伏产业的平均增长率达到190%，2007年中国超越日本成为全球最大的光伏发电设备生产国。中国光伏产业产能巨大，但"两头在外"，即太阳能级高纯度多晶硅原料依赖国外市场供应，而生产的太阳能电池及组件产品严重依赖国外消费市场，这种状况为行业快速发展埋下了巨大的隐患。2008年，全球金融危机爆发，光伏电站融资困难，欧洲需求减退，中国的光伏制造业遭到重挫，产品价格迅速下跌。2009—

2010 年，全球市场回暖，中国掀起了新一轮光伏产业投资热潮。2011 年末受欧债危机爆发的影响，欧洲需求迅速萎缩，全球光伏发电新增装机容量增速放缓，而上一阶段的投资热潮导致我国光伏制造业产能增长过快，中国光伏制造业陷入严重的阶段性产能过剩，产品价格大幅下滑，同时世界贸易保护主义兴起，我国光伏企业遭受欧美"双反"调查（指对来自某一个或几个国家或地区的同一种产品，同时进行反倾销和反补贴调查）。中国光伏制造业再次经历挫折，几乎陷入全行业亏损，中国光伏产业自 2011 年下半年开始陷入低谷。2013 年，受益于日本、中国相继出台的产业扶持政策，以及中欧光伏产品贸易纠纷的缓解，中国再次掀起光伏装机热潮，带动光伏产品价格开始回升，光伏产业在 2013 年下半年开始回暖。2013—2018 年，我国光伏累计装机容量如图 4-1 所示，自 2015 年超越德国之后持续保持世界第一。我国的光伏产业历经曲折，在各项政府扶持政策的推动下，通过不断的技术创新，产业结构调整，产品持续升级，重新发掘国内外市场，建立了完整的产业链，产业化水平不断提高，国际竞争力继续巩固和增强，确立了全球领先地位。

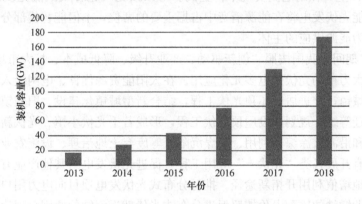

图 4-1　我国光伏累计装机容量（GW）

为促进光伏行业健康可持续发展，提高发展质量，加快补贴退坡，国家发展改革委、财政部、国家能源局联合印发了《关于 2018 年光伏发电有关事项的通知》（发改能源〔2018〕823 号），因于 2018 年 5 月 31 日发布，业内俗称"光伏 531 新政"。

自发文之日起，新投运的光伏电站标杆上网电价每千瓦时统一降低 0.05 元，I 类、II 类、III 类资源区标杆上网电价分别调整为每千瓦时 0.5 元、0.6 元、0.7 元（含税）；新投运的、采用"自发自用、余电上网"模式的分布式光伏发电项目，全电量度电补贴标准降低 0.05 元，即补贴标准调整为每千瓦时 0.32 元（含税）。采用"全额上网"模式的分布式光伏发电项目按所在资源区光伏电站价格执行。分布式光伏发电项目自用电量免收随电价征收的各类政府性基金及附加、系统备用容量费和其他相关并网服务费，但符合国家政策的村级光伏扶贫电站（0.5MW 及以下）标杆电价保持不变。

该通知既是落实供给侧结构性改革、推动经济高质量发展的重要举措，也是缓解光伏行业当前面临的补贴缺口和弃光限电等突出矛盾与突出问题的重要举措。这是光伏产业发展进入新阶段的必然要求，对实现光伏产业持续健康发展具有重要作用，一是有利于缓解财政补贴压力；二是有利于解决消纳问题；三是有利于激发企业发展内生动力；四是有利于促进地方降低非技术成本，改善营商环境。截至 2019 年 6 月底，全国光伏发电累计装机同比增长 20%，全国光伏发电量 1067.3 亿 kWh，同比增长 30%。在补贴新政落定后，我国光伏依然发展迅猛，今后的发展市场化导向更明显。

4.1.2　太阳能光伏发电前景

全球能源体系正加快向低碳化转型，可再生能源规模化利用与常规能源的清洁低碳化将是能源发展的基本趋势，加快发展可再生能源已成为全球能源转型的主流方向。未来能源需求将随着世界经济的发展而增长，化石能源仍将是为世界经济提供动力的主要能量来源，但能源结构将发生转变，其中可再生能源将以年均 6.6% 的速度迅速增长，使其在全球一次能源消费中的比重由 2015 年的 2.78% 升至 2035 年的 9%。

光伏发电成本是光伏能否获得持续发展、大规模发展的关键因素，光伏发电系统的价格和发电效率是决定发电成本的关键因素。目前在技术的推动下，光伏电池效率持续提升，2015 年我国单晶硅和多晶硅太阳能电池平均转换效率分别达到 19.5% 和 18.3%。光伏发电系统单位建设成本持续下降，到 2020 年，中国光伏发电电价水平在 2015 年的基础上下降了 50% 以上，在用电侧实现平价上网。可以预见，随着太阳能光伏发电成本的不断下降，太阳能光伏发电将在能源消费中占据重要的席位，不但能替代部分常规能源，而且有望发展成为能源供应的主体。

"十三五"期间，我国按照"创新驱动、产业升级、降低成本、扩大市场、完善体系"的总体思路，大力推动光伏发电多元化应用。在太阳能资源优良、电网接入消纳条件好的农村地区和小城镇，推进居民屋顶光伏工程，结合新型城镇化建设、旧城镇改造、新农村建设、易地搬迁等统一规划建设屋顶光伏工程，形成若干光伏小镇、光伏新村。国家鼓励结合荒山荒地和沿海滩涂综合利用、采煤沉陷区等废弃土地治理、设施农业、渔业养殖等方式，因地制宜开展各类"光伏+"应用工程，促进光伏发电与其他产业有机融合，通过光伏发电为土地增值利用开拓新途径。推行分布式光伏发电项目向电力用户市场化售电模式，向电网企业缴纳的输配电价按照促进分布式光伏就近消纳的原则合理确定。因此，太阳能光伏市场应用将呈现宽领域、多样化的趋势，适应各种需求的光伏产品将不断问世，除了大型并网光伏电站外，与建筑相结合的光伏发电系统、小型光伏系统、离网光伏系统等也将快速兴起。光伏发电具有广阔的前景并将最终占据重要的战略地位。

4.2　太阳能光伏发电基本知识

4.2.1　太阳能光伏发电原理

太阳能光伏发电的能量转换器是太阳能电池（Solar Cell），又称光伏电池。太阳能电池发电的原理是光生伏打效应（Photovoltaic Effect）。所谓光生伏打效应，就是当物体受到光照时，物体内的电荷分布状态发生变化而产生电动势和电流的一种效应。当太阳光或其他光照射半导体 p-n 结时，就会在 p-n 结的两边出现电压，叫作光生电压，使 p-n 结短路，就会产生电流。

如图 4-2 所示，当有入射光照到电池上，能量大于 p-n 结禁带宽度的光子进入半导体中，就会在 n 区、耗尽区和 p 区激发电子发生跃迁，形成电子—空穴对（光生载流子）。由于内建电场的存在，激发的光生电子会向着 n 区漂移，而空穴则被推进 p 区，最后造成在太阳能电池受光面有大量负电荷积累，而在电池背光面有大量的正电荷积累。这些由于光的照射而产生的载流子在 p-n 结的两侧形成一个与内建电场方向相反的电动势，叫作光

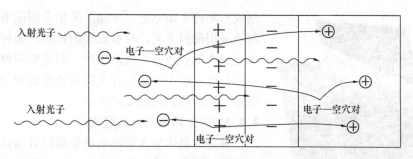

图 4-2 光生伏打效应原理图

生电压。光生电压破坏了原来的动态平衡，如果将 p-n 结接上一个外电路，电路中就出现了电流，称为光生伏打效应。在入射光照射下，太阳能电池输出电压的极性 p 型一侧为正，n 型一侧为负。

4.2.2 太阳能电池

4.2.2.1 太阳能电池分类

太阳能电池根据材料不同，可分为晶体硅太阳能电池、非晶硅薄膜太阳能电池、化合物太阳能电池、硒光太阳能电池等。

晶体硅太阳能电池分为单晶硅电池和多晶硅电池。目前单晶硅电池（图 4-3）的光电转化效率为 20% 左右，实验室实现的最高转化效率可达 24%，这是目前所有种类的太阳能电池中转化效率最高的，技术最成熟的。多晶硅电池（图 4-4）在制作时将高纯硅融化后浇铸成正方形的硅锭，再切成薄片进行加工，由于组成硅片的晶粒界面处光电转化易受到干扰，因而多晶硅的转换效率相对单晶硅较低。但多晶硅制作较简单，生产成本较低，因此得到了大量发展。

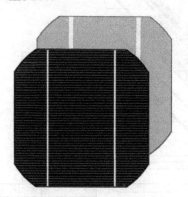

图 4-3 单晶硅电池片　　　　　　图 4-4 多晶硅电池片

1976 年出现的薄膜式太阳电池（图 4-5），基本组成成分是非晶硅化合物，又称为 a-Si 太阳能电池和无定型硅太阳能电池，以玻璃、不锈钢及特种塑料为衬底的薄膜太阳电池，为减少串联电阻，通常用激光器将透明导电 TCO 膜、非晶硅（A-si）膜和铝（Al）电极膜分别切割成条状，国际上采用的标准条宽约 1cm，称为一个子电池，用内部连接的方式将各子电池串联起来，因此集成型电池的输出电流为每个子电池的电流，总输出电压为各个子电池的串联电压。在实际应用中，可根据电流、电压的需要选择电池的结构和面积，

图 4-5　非晶硅薄膜电池

制成非晶硅太阳电池。非晶硅薄膜太阳能电池组件的制造采用薄膜工艺，具有较多的优点，如材料和制造工艺成本低、适合大批量生产、弱光响应好、受电池工作温度影响小等。但存在转换效率低和稳定性差等问题，从而使其发展受到影响。

4.2.2.2　太阳能电池的组成

常用的晶体硅太阳能电池是由高效晶体硅太阳能电池片、钢化玻璃、EVA（乙烯—醋酸乙烯共聚物）、透明 TPT 背板以及铝合金边框等组成，如图 4-6 所示，各部分功能简述如下。

电池片的主要作用就是发电，市场上主流的发电主体是晶体硅太阳电池片、薄膜太阳能电池片；钢化玻璃的作用为保护发电主体，其选用要求是较高的透光率以及超白钢化处理；EVA 用来黏结固定钢化玻璃和发电主体，透明 EVA 材质的优劣直接影响到组件的寿命；背板的作用是密封、绝缘、防水。铝合金边框是保护层压件，起到密封、支撑作用；接线盒能保护整个发电系统，起到电流中转站的作用；硅胶起到密封作用，用来密封组件与铝合金边框、组件与接线盒交界处。

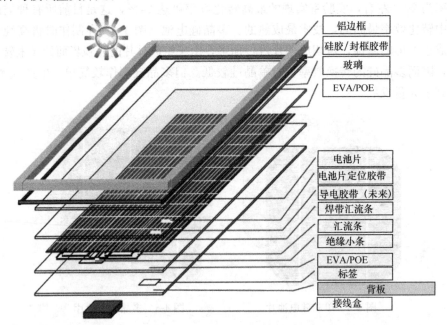

图 4-6　太阳能电池结构示意图

4.2.2.3　太阳能电池的优缺点

1. 太阳电池的优点

属于可再生能源，不必担心能源枯竭；运行过程清洁、安全、平稳无噪声；维护简单，使用方便，寿命可达 20 年；所产生的电力既可供家庭单独使用，也可并入电网；用途广泛。

2. 太阳电池的缺点

受地域及天气影响较大；由于太阳能分散、密度低，需要占用较大面积；光电转化效率低，致使发电成本比传统方式偏高。

4.2.2.4 太阳能电池性能

太阳能电池实际上就是一个大面积平面二极管，在阳光照射下就可产生直流电。实际应用中，太阳电池可处于四种不同的状态：

（1）无光照：无电压、无电流；

（2）有光照但短路：短路电流；

（3）有光照但开路：开路电压；

（4）有光照和有负载：有电压、有电流。

其中只有第四种状态为有效的工作状态。太阳能电池的能量转换可用理想化等效电路模型来说明。图 4-7 中 I_L 是入射光产生的恒流源的强度，恒流源来自太阳辐射所激发的过量载流子，I_S 是二极管饱和电流，R_L 是负载电阻。

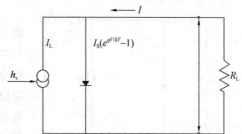

图 4-7　太阳电池的理想等效电路模型

该器件的理想 I-V 特性为

$$I = I_s(e^{qV/kT} - 1) - I_L \qquad (4\text{-}1)$$

式中　q——电子电荷；

　　　k——玻尔兹曼常数；

　　　T——绝对温度。

由此可以导出饱和电流密度：

$$J_S = \frac{I_S}{A_C} = qN_CN_V\left[\frac{1}{N_A}\left(\frac{D_n}{\tau_n}\right)^{1/2} + \frac{1}{N_D}\left(\frac{D_p}{\tau_p}\right)^{1/2}\right]\exp\left(-\frac{E_g}{kT}\right) \qquad (4\text{-}2)$$

式中　A_C——p-n 结的面积；

　　　q——电子电荷；

N_C、N_V——导带和价带的有效态密度；

N_A、N_D——受主杂质和施主杂质的浓度；

D_n、D_p——电子和空穴的扩散系数；

τ_n、τ_p——电子和空穴的少子寿命；

　　　E_g——半导体材料的禁带宽度。

当开路时，$I=0$，由式（4-3）得到开路电压（open circuit voltage）

$$V_{OC} = V_{max} = \frac{kT}{q}\ln\left(\frac{I_L}{I_S} + 1\right) \approx \frac{kT}{q}\ln\left(\frac{I_L}{I_S}\right) \qquad (4\text{-}3)$$

输出功率为

$$P = IV = I_s V(e^{qV/kT} - 1) - I_L V \qquad (4\text{-}4)$$

最大功率的条件为

$$V_m = \frac{kT}{q}\ln\left[\frac{1 + (I_L/I_S)}{1 + qV_m/(kT)}\right] \approx V_{OC} - \frac{kT}{q}\ln\left(1 + \frac{qV_m}{kT}\right) \qquad (4\text{-}5)$$

$$I_m = I_S\left(\frac{qV_m}{kT}\right)e^{qV/kT} \approx I_L\left[1 - \frac{1}{qV_m/(kT)}\right] \qquad (4\text{-}6)$$

最大输出功率 P_m 则为

$$P_m = I_m V_m \approx I_L \left[V_{OC} - \frac{kT}{q} \ln\left(1 + \frac{qV_m}{kT}\right) - \frac{kT}{q} \right] \tag{4-7}$$

太阳能电池的理想转换效率为

$$\eta = \frac{I_m V_m}{P_{in}} = \frac{I_L \left[V_{OC} - \frac{kT}{q} \ln\left(1 + \frac{qV_m}{kT}\right) - \frac{kT}{q} \right]}{P_{in}} \quad \text{或} \quad \eta = \frac{FF I_L V_{OC}}{P_{in}} \tag{4-8}$$

式中　P_{in}——太阳能入射功率，对于地面应用的太阳电池，太阳功率密度数值为 $1000 \mathrm{W/m^2}$；

FF——为填充因子（fill factor），定义为：

$$FF = \frac{I_m V_m}{I_L V_{OC}} = 1 - \frac{kT}{qV_{OC}} \ln\left(1 + \frac{qV_m}{kT}\right) - \frac{kT}{qV_{OC}} \tag{4-9}$$

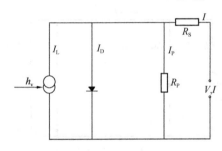

图 4-8　实际太阳电池的单二极管
等效电路模型

对于实际太阳电池，影响转换效率的主要因素：一个是串联电阻 R_S，主要包括正面金属电极与半导体材料的接触电阻、半导体材料的体电阻和电极电阻三部分；另外一个是并联电阻 R_P，主要原因是电池边缘漏电或耗尽区内的复合电流引起的。由于光生电动势使 p-n 结正向偏置，因此存在一个流经二极管的漏电流，该电流与光生电流的方向相反，会抵消部分光生电流，被称为暗电流 I_D。图 4-8 中给出了实际太阳电池的单二极管等效电路模型。

当负载被短路时，$V = 0$，$I = I_{sc}$，I_{sc} 即为太阳电池的短路电流（short circuit current）。由于此时流经二极管的暗电流非常小，可以忽略，根据式

$$I = I_L - I_D - I_P = I_L - I_S \left[e^{\frac{q(V+IR_S)}{kT}} - 1 \right] - \frac{V + IR_S}{R_P} \tag{4-10}$$

$$I_{sc} = I_L - I_{sc} R_S / R_P \quad \text{因此} \quad I_{sc} = I_L / [1 + R_S / R_P] \tag{4-11}$$

由此可知，短路电流 I_{sc} 总小于光生电流 I_L。

在对太阳电池暗 $I\text{-}V$ 特性曲线拟合的过程中，人们发现仅使用单二极管模型无法获得满意的结果。为此，人们使用两个二极管叠加的办法来拟合电池的暗特性。即将基区、发射区和空间电荷区的载流子复合电流区分开来。用 I_{01} 表示体区或表面通过陷阱能级复合的饱和电流，所对应的二极管理想因子为 $n=1$；用 I_{02} 表示 p-n 结或晶界耗尽区内复合的饱和电流，所对应的二极管理想因子为 $n=2$。此时，太阳能电池的 $I\text{-}V$ 特性方程可写为

$$I = I_L - I_{01} \left[e^{\frac{q(V+IR_S)}{kT}} - 1 \right] - I_{02} \left[e^{\frac{q(V+IR_S)}{2kT}} - 1 \right] - \frac{V + IR_S}{R_P} \tag{4-12}$$

由公式可见，I_{01} 和 I_{02} 项主要决定太阳电池暗特性曲线中间部分的形状。

综上所述，太阳电池最重要的基本参数包括：短路电流 I_{sc}、开路电压 V_{oc}、最大工作电压 V_m、最大工作电流 I_m、填充系数 FF、转换效率 η、串联电阻 R_s 和并联电阻 R_p。常用的性能参数，填充系数和转换效率关系式为：

$$FF = I_{m}V_{m}/V_{oc}I_{sc} \tag{4-13}$$
$$\eta = I_{m}V_{m}/P = FFI_{SC}V_{OC}/P \tag{4-14}$$

式中 P 为太阳辐射功率。对于太阳电池来说，填充系数 FF 是一个重要的参数，它可反映太阳能电池的质量。太阳能电池的串联电阻越小，并联电阻越大，填充系数越大，反映到太阳能电池的电流—电压特性曲线上是曲线接近正方形，此时太阳能电池可以实现很高的转换效率。

图 4-9 为常用的光照太阳能电池的 $I\text{-}V$ 特性曲线。$I\text{-}V$ 特性曲线是指受光照的太阳能电池在一定的辐照度和温度以及不同的外电路负载下，流入负载的电流 I 和电池端电压 V 的关系曲线。

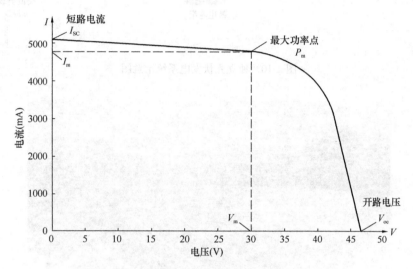

图 4-9　太阳能电池的 $I\text{-}V$（电流—电压）特性曲线

4.3　太阳能光伏发电系统

光伏系统应用非常广泛，其基本形式主要可以分为独立光伏发电系统，并网光伏发电系统，风力、光伏和柴油机混合发电系统以及太阳能热、电混合系统四大类。应用领域主要是太空航天器、通信系统、微波中继站、电视转播台、光伏水泵以及为边远偏僻农村、牧区、海岛、高原、沙漠的农牧渔民提供照明、电视等基本的生活用电。随着光伏技术的发展和世界经济可持续发展的需要，发达国家已经开始有计划地推广城市光伏并网发电，主要是建设户用屋顶光伏发电系统和兆瓦级集中大型并网发电系统等，同时在交通工具和城市照明等方面大力推广太阳能光伏系统。

4.3.1　独立光伏发电系统

独立发电系统（也称离网光伏发电系统）是与常规电力系统相连而独立运行的发电系统。其基本工作原理就是在太阳光照射下，将光伏电池板产生的电能通过控制器直接给负载供电（对于含有交流负载的光伏系统而言，还需要增加逆变器，将直流电转换成交流电），或者在满足负载需求的情况下将多余的电力经蓄电池充电进行能量储存。当日照不足或者在夜间时，则由蓄电池直接给直流负载供电或者通过逆变器给交流负载供电。独立光伏发电系统的分类及应用见表 4-1，示意图与实际图如图 4-10 和图 4-11 所示。

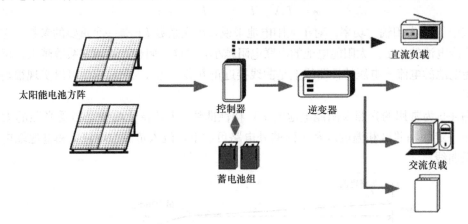

图 4-10 独立光伏发电系统示意图

图 4-11 独立光伏发电系统的实际图

独立光伏发电系统的分类及应用 表 4-1

分类	应用
无蓄电池的直流光伏发电系统	直流光伏水泵，充电器等
有蓄电池的直流光伏发电系统	太阳能草坪灯、庭院灯、航标灯、农村小型发电站
交流及交、直流混合光伏发电系统	交流太阳能户用系统、无电地区小型发电站等
市政互补型光伏发电系统	城市太阳能路灯改造、电网覆盖地区一般光伏电站

4.3.2 并网光伏发电系统

并网光伏发电系统是与电力系统连接在一起的光伏发电系统，工作原理如图 4-12 所示。并网光伏发电系统是太阳能光伏发电进入大规模商业化发电阶段、成为电力工业组成部分之一的主要方向，是当今世界太阳能光伏发电技术发展的主流趋势。特别是其中的光伏阵列与建筑物相结合的并网光伏屋顶系统，是众多发达国家竞相发展的热点。光伏并网发电系统分集中式和分散式两种，集中式容量一般较大，通常在几百千瓦到兆瓦级，而分

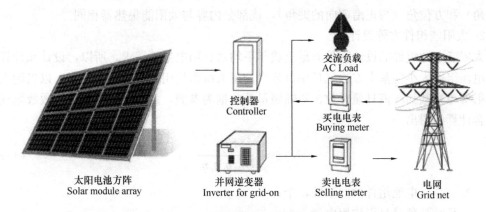

图 4-12 并网光伏发电系统示意图

散式并网系统一般容量较小，在几千瓦到几十千瓦之间，目前并网光伏系统大多为分散式的并网系统。并网光伏系统由光伏阵列、逆变器和控制器组成，光伏电池所产生的直流电经逆变器逆变成与电网相同频率和电压的交流电能，以电压源或电流源的方式送入电力系统。并网系统不需要蓄电池，减少了蓄电池的投资与损耗，也间接地减少工厂处理废旧蓄电池产生的污染，降低了系统运行成本，提高了系统运行和供电的稳定性。

系统组成：太阳能电池组件、接线箱、组件支架、并网逆变器、直流配电系统、交流配电系统、线缆配件、数据采集及数显系统、防雷接地系统。

4.3.3 太阳能光伏发电系统主要部件

4.3.3.1 太阳能电池方阵

1. 太阳能电池组件

单体太阳电池的输出电压、电流和功率都很小，一般来说，输出电压只有 0.5V 左右，输出功率也只有 1～2W，不能满足作为电源应用的要求。为了提高输出功率，需要将多个单体电池合理地连接起来，并封装成组件，如图 4-13 所示。在需要更大功率的场合，则需要将多个组件连接成方阵，以提供数值更大的电流、电压输出，如图 4-14 所示。

图 4-13　光伏组件示意图　　　　　图 4-14　光伏阵列实例图

光伏阵列的放置形式和放置角度对光伏系统接收到的太阳辐射有很大的影响，从而影响到系统的发电能力。放置形式有固定安装式和自动跟踪式两种形式，其中自动跟踪装置包括单轴跟踪装置和双轴跟踪装置。组件放置角度包括组件的安装倾角（与水平地面之间的夹角）和方位角（与正南朝向的夹角），该部分内容与太阳能集热器相同。

2. 太阳能组件方阵设计

太阳能电池组件的设计就是满足负载年平均每日用电量的需求，所以，设计和计算太阳能电池组件大小的基本方法就是用负载平均每天所需的用电量为基本数据，以当地太阳能辐射资源参数如峰值日照时数、年辐照量等数据为参照，并结合一些相关因数数据或系数综合计算而得出。

$$N_{s,pv} = \frac{E}{E_{ave}\eta_1\eta_2\eta_3} \tag{4-15}$$

式中　　$N_{s,pv}$——电池组件的并联数，个；

$\quad\quad\quad E$——负载日平均用电量，Ah；

$\quad\quad\quad E_{ave}$——组件日平均发电量，Ah；

$\quad\quad\quad \eta_1$——充电效率系数；

$\quad\quad\quad \eta_2$——组件损耗系数；

$\quad\quad\quad \eta_3$——逆变效率系数。

$$E_{ave} = I_m h_m \tag{4-16}$$

式中　　h_m——为峰值日照时数，h。

$$N_{p,pv} = \frac{1.43 \times U_s}{U_m} \tag{4-17}$$

式中　　$N_{p,pv}$——电池组件的串联数，个；

$\quad\quad\quad U_s$——系统工作电压，V。

则电池方阵总功率 P_z 为

$$P_z = N_{s,pv} \times N_{p,pv} \times P_m \tag{4-18}$$

4.3.3.2　蓄电池

1. 蓄电池原理

由于太阳辐射总是处在不断变化的过程中，不同时段的辐射值差异很大，易造成光伏发电系统的输出功率波动频繁，电力生产量与电力负载之间无法匹配，负载无法获得持续而稳定的电能供应。因此，可以使用蓄电池将光伏发电系统日间发出的电能储存起来，并随时向负载供电。

对于长期运行的蓄电池系统而言，主要需要满足以下要求：寿命长，自放电率低，具有深循环放电性能，充放电循环寿命长，对过充电、过放电耐受能力强，具有较高的充放电效率，低运行维护费用。

常用的铅酸蓄电池放电的外电路连接原理如图 4-15 所示。当电池与负载连接好后，电子将源源不断地自电池负极流出，经过负载后再流回至电池正极。放电过程是电池释放化学能并转变为电能的过程，当放电电流不变时，外观特征是电池端电压渐渐地落至设定值，此时若中断负载，由于电池电流为零而使开路电压在数值上接近等于电池电动势。

在外电源作用下，电子源源不断地从外电源正极定向运动至外电源负极，即充电电流由外电源正极流出经过电池而后流回外电源负极。充电过程是电池吸收电能转变为化学能的过程，当充电电流不变时，外观特征是电池端电压的逐渐升高，最终达到设定值，此时若中断充电，由于电池电流为零而使开路电压接近于电池电动势。原理如图 4-16 所示。

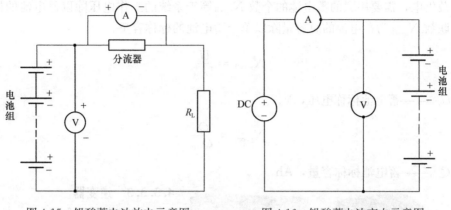

图 4-15　铅酸蓄电池放电示意图　　　　图 4-16　铅酸蓄电池充电示意图

2. 蓄电池设计

蓄电池的设计思想是系统没有任何外来能源的情况下保证在太阳光连续低于平均值时负载仍然可以正常工作，一般考虑光伏系统安装地点的气象条件，即最大连续阴雨天数。光伏系统中使用的蓄电池有镍氢、镍铬电池和铅酸蓄电池，考虑技术成熟度及经济因素，工程中常用铅酸蓄电池。蓄电池的设计过程包括蓄电池容量的设计计算和蓄电池组的串并联设计。

每天负载需要的用电量乘以连续阴雨天数可以得到初步的蓄电池容量。此外，还需要考虑：①最大放电深度。需要考虑所选择的蓄电池的性能参数，可以从蓄电池供应商处得到具体的资料，通常情况下，深循环型蓄电池推荐使用 80％放电深度，浅循环型蓄电池推荐使用 50％放电深度。②放电率。指蓄电池放电快慢的参数，通常情况下，生产厂家提供的是蓄电池额定容量是 10h 放电率下的容量，但在光伏系统中，蓄电池的放电率与阴雨天负载耗电情况有关，通常较慢，因此可以通过光伏系统实际的平均放电率，根据生产商提供该型号电池在不同放电速率下的蓄电池容量，对蓄电池的容量进行修正。③温度修正系数。蓄电池的容量会随着蓄电池温度的下降而降低，通常，铅酸蓄电池的容量是在25℃时标定的。一般 0℃时电池容量约为额定容量的 90％，在−20℃时约为额定容量的80％，所以，当系统安装位置的气温较低时，会造成电池实际使用容量降低，可根据蓄电池生产商提供的温度—容量修正曲线对初步结果进行修正。

综上，在考虑到各种因素的影响后，将相关因素纳入公式中，即：

$$Q_c = \frac{E \times D \times \eta_4}{\eta_5 \times \eta_6} \tag{4-19}$$

式中　Q_c——蓄电池容量，Ah；

　　　E——负载日平均用电量，Ah；

　　　D——连续阴雨天数；

　　　η_4——放电率修正系数；

　　　η_5——最大放电深度；

η_6——低温修正系数。

每个蓄电池都有它的标称电压，为了达到负载工作的标称电压，我们将蓄电池串联起来给负载供电，需要串联的蓄电池的个数 $N_{s,cell}$ 等于系统的工作电压除以蓄电池的标称电压。并联数 $N_{p,cell}$ 为蓄电池的总容量除以单个蓄电池的标称容量。

$$N_{s,cell} = \frac{U_s}{U_{c,0}} \tag{4-20}$$

式中　$U_{c,0}$——蓄电池标称电压，V。

$$N_{p,cell} = \frac{Q_c}{Q_{c,0}} \tag{4-21}$$

式中　$Q_{c,0}$——蓄电池标称容量，Ah。

图 4-17　逆变器

4.3.3.3　逆变器

1. 逆变器简介

太阳能电池所产生的电为直流电，交流逆变器是把太阳能电池组件或者蓄电池输出的直流电转化成交流电供应给交流负载使用的设备，如图 4-17 所示。

逆变器的种类很多，可以按照不同的方法分类，例如，按照逆变器输出交流电压的相数可分为单相逆变器、三相逆变器和多相逆变器；按照逆变器使用的开关器件类型不同，又可分为晶体管逆变器、晶闸管逆变器及可关断晶闸管逆变器等；按照逆变器线路原理的不同，还可分为自激振荡型逆变器、阶梯波叠加型逆变器、脉宽调制型逆变器和谐振型逆变器等；按换方式可分为工频变换和高频变换。根据逆变器的输出波形，又可以把逆变器分为方波逆变器、阶梯波逆变器和正弦波逆变器，如图 4-18 所示。

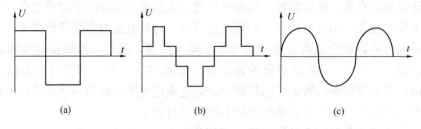

图 4-18　不同逆变器的输出波形
（a）方波逆变器；（b）阶梯波逆变器；（c）正弦波逆变器

2. 逆变器重要指标

逆变器的指标是逆变器设计和选型的主要依据。

（1）逆变效率：逆变器的整机效率是指逆变器将输入的直流功率转换为交流功率的比值。然而逆变器的这种转换效率永远都小于1，也就说明逆变器内部的逆变电路以及相关器件都有一定的损耗，需要消耗部分能量，所以输出功率都会比输入功率要小。逆变器内部电路的设计与器件的选择以及系统负载的匹配性均对逆变效率有较大的影响，大功率逆变器在满载时，效率必须在 90% 或 95% 以上。

（2）可靠性和可恢复性：光伏发电系统多用于边远地区，无人值守运行，这就要求逆变器具备一定的抗干扰能力、环境适应能力、瞬时过载能力以及各种保护功能。

（3）直流输入电压的范围：由于光伏电池的端电压随着负载和太阳辐照度而变化，蓄电池虽然对光伏电池的电压有钳位作用，但由于蓄电池的电压随着蓄电池剩余容量和内阻的变化而波动，特别是当蓄电池老化时其端电压的变化范围很大，这就要求逆变电源必须在较大的直流输入电压范围内保证正常工作，并保证交流输出电压的稳定。

（4）逆变器的输出：在中、大容量的光伏发电系统中，逆变电源的输出应为失真度较小的正弦波，可以避免对公共电网的电力污染，同时可靠性好。

4.3.3.4 控制器

光伏控制器是用于太阳能发电系统中，控制多路太阳能电池方阵对蓄电池充电以及蓄电池给太阳能逆变器负载供电的自动控制设备，如图 4-19 所示。即当蓄电池已完成充电时，充电控制器就不再允许电流继续流入蓄电池内。同样，当蓄电池的电力输出到一定程度，剩余电量不足时，控制器就不再允许更多的电流由蓄电池输出，直到它再被充电为止。在温差较大的地方，合格的控制器还应具备温度补偿的功能。

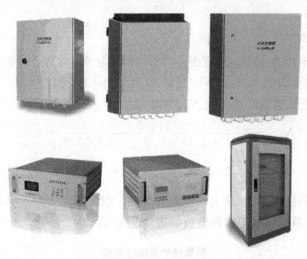

图 4-19　不同规格的控制器

对光伏系统的充、放电进行调节控制是光伏应用系统的一个重要功能。对于小型系统，可以采用由简单的控制器组成的系统来实现，对于中、大型光伏系统，则需要采用功能更为复杂的控制设备组来实现。在光伏电站系统中使用的充、放电控制器必须具备以下几项基本功能：

（1）防电池过充、过放的功能；

（2）提供负载控制的功能；

（3）提供系统工作状态信息给使用者和操作者的功能；

（4）提供备份能源控制接口功能；

（5）将光伏系统富余电能给负载消耗的功能；

（6）提供各种接口（如监控）的功能。

4.3.4　太阳能光伏发电系统设计实例

4.3.4.1　项目概况

江苏省江阴市某建筑需要建设独立型光伏供电系统，交流负载平均每天用电量为 5.5kWh。江阴市位于北纬 31°，东经 119°，气象参数如表 4-2 江阴市全年气象参数所示。

江阴市全年气象参数　　　　　　　　　　　　　表 4-2

月份	温度	日均太阳辐射量	月份	温度	日均太阳辐射量
	℃	kWh/(m² · d)		℃	kWh/(m² · d)
一月	3.9	2.69	七月	26.1	5.05
二月	5.4	3.14	八月	25.6	4.71
三月	9.1	3.33	九月	22.1	3.99
四月	14.7	4.25	十月	17	3.4
五月	19.2	4.78	十一月	11.6	2.81
六月	22.9	4.58	十二月	6	2.68
年平均	15.3	3.78			

4.3.4.2　系统方案

1. 太阳能光伏阵列

初定系统工作电压为 48V，选定组件类型为峰值功率 160W，峰值电压 43.7 V，峰值电流 5.1A。日平均负载 E 为 5.5kWh/48V＝114.5Ah/天。根据 4.3.3.1 中式（4-15）和式（4-17）可知，光伏电池的并联数 $N_{p,pv}$ 和串联数 $N_{s,pv}$ 计算如下：

$$N_{p,pv} = \frac{114.5}{5.1 \times 3.78 \times 0.9 \times 0.85 \times 0.9} = 8.63$$

$$N_{s,pv} = \frac{48 \times 1.43}{43.7} = 1.57$$

因此，本系统共使用了 18 块太阳能电池组件，组件每 2 块为一串，并联 9 组后输出。占地面积约 22m²，单晶硅电池组件参数如表 4-3 所示。

单晶硅电池组件参数　　　　　　　　　　　　　表 4-3

最大输出功率	160Wp*	重量	15kg
开路电压	43.7V	外形尺寸	1580mm×808mm×45mm
短路电流	5.10A	最佳电流的温度系数	+0.04%/℃
最大输出电压	35.8V	最佳电压的温度系数	−0.38%/℃
最大输出电流	4.61A		

注：* 为太阳能峰值单位，Wp＝Wpeak。

2. 充电控制器

根据系统的工作电压和工作电流，选用 48V/50A 的直流控制器，在系统运行时，它能对蓄电池的荷电状况和环境温度自动、连续地进行监测，按照用户设置的参数对其充、放电过程进行控制，起到有效管理光伏系统能量、保护蓄电池及保证整个光伏系统正常工作的作用，控制器的相关参数如表 4-4 光伏控制器性能参数所示。

光伏控制器性能参数　　　　　　　　　　表 4-4

额定电压	48V	太阳能电池与蓄电池之间电压落差	0.7V
额定电流 I_p	50 A	蓄电池与负载之间电压落差	0.1V
最大太阳能电池组件功率	3kWp	深×宽×高	421mm×488mm×177mm
每路太阳能电池电流 I_b	$I_b=I_p/N$	防护等级	IP20
环境温度	−20～+50℃	海拔高度	≤5500m

注：kWp=kWpeak

3. 逆变器

根据系统的工作电压和工作电流，选用的规格为 48V/3kVA 的逆变器。输出电压为 220VAC，它的作用是将蓄电池的直流电压转变为适合负载使用的正弦波交流电压。在本系统中采用的正弦波逆变器具有波形失真小、保护功能全、转换效率高、可靠性高的特点，具体性能参数见表 4-5。

逆变器性能参数　　　　　　　　　　表 4-5

直流输入	输入额定电压	48VDC
	输入额定电流	73A
	输入直流电压允许范围	42～64VDC
交流输出	额定容量	3kVA
	输出额定功率	3kW
	输出额定电压及频率	220VAC，50Hz
	输出额定电流	13.6A
	输出电压精度	220V±3%
	输出频率精度	50Hz±0.05
	波形失真率(THD)(线性负载)	≤5%
	动态响应(负载0～100%)	5%
	功率因数(PF)	0.8
	过载能力	150%，10s
	峰值系数(CF)	3:1
	逆变效率(80%阻性负载)	93%
工作环境	绝缘强度(输入和输出)	1500VAC，1min
	噪声(1m)	≤50dB
	使用环境温度	−20～+55℃
	湿度	0～90%，不结露
	使用海拔	≤6000m
机械尺寸	立式深×宽×高	442mm×482mm×267mm
	重量	42kg

4. 蓄电池

由于系统采用 48V 电压，取连续阴雨天数为 4 天，放电率修正系数为 1，最大放电深

度为 0.8，低温修正系数为 0.8，根据 4.3.3.2 中公式（4-19）可知，蓄电池容量 Q_c 计算为

$$Q_c = \frac{114.5 \times 4 \times 1}{0.8 \times 0.8} = 715.6\text{Ah}$$

取蓄电池容量为 800Ah，选择 2V 800Ah 的蓄电池，因此蓄电池组由 24 节 2V 800Ah 的蓄电池串联而成，具体参数见表 4-6 蓄电池参数表。

蓄电池参数表	表 4-6
标准电压	2V
单格个数	1 个
参考质量	27.6kg
长	211mm
宽	175mm
高	334mm
容量(25℃)	
10hr(40.0A，1.80V)	400Ah
3hr(101A，1.80V)	303Ah
1hr(221A，1.80V)	221Ah

4.3.4.3 系统模拟

采用 Polysun 太阳能系统模拟计算软件对设计方案进行验证。针对本项目建立模型（图 4-20），模拟输入参照上述设备选型 。

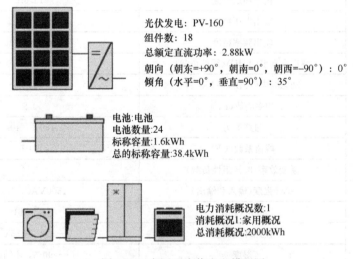

图 4-20　离网型光伏发电模型图

模拟逐月光伏系统提供的电量如图 4-21 所示。系统每月发电量（交流）均在 170kWh 以上，全年光伏总产出为 2223kWh，可以满足用户每天 5.5kWh 的用电需求，系统设计合理。全年照射在组件上的太阳辐射能量为 32350kWh，直流电量产出 2466kWh，全年平均发电效率为 7.62%。

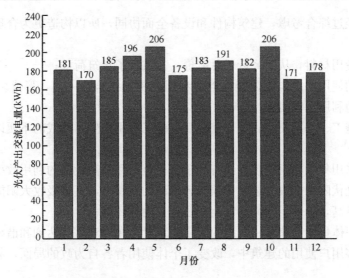

图 4-21　光伏产出交流电量（kWh）

4.4　太阳能光伏建筑一体化

4.4.1　太阳能光伏建筑一体化及发展趋势

4.4.1.1　太阳能光伏建筑一体化的含义

　　光伏建筑一体化（如图 4-22 所示）是将太阳能光伏产品集成到建筑上的技术，即通过建筑物，主要是屋顶和墙面与光伏发电集成起来，使建筑物自身利用绿色、环保的太阳能资源生产电力。既消除了太阳能对建筑物形象的影响，又避免了重复投资，降低了成本。太阳能光伏建筑一体化是未来太阳能技术发展的重要方向。

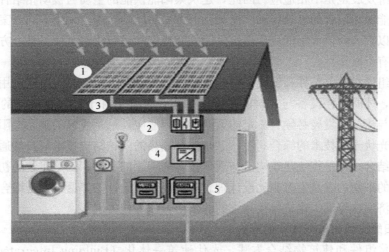

图 4-22　太阳能光伏建筑一体化示意图

1—光伏组件；2—控制器；3—建筑屋顶；4—逆变器；5—买电电表和卖电电表

4.4.1.2　太阳能光伏建筑一体化的优点

　　经过一体化设计利用光伏的建筑方案，具有以下优点：

（1）由于经过综合考虑，建筑构件和设备全面协同，所以构造更为合理，有利于保证整体质量；

（2）综合使用材料，从而降低了总造价，并减轻了建筑荷载；

（3）建筑的使用功能与太阳能电池的利用有机地结合在一起，形成多功能的建筑构件，巧妙高效地利用了空间；

（4）同步施工、一次安装到位，避免后期施工对用户生活造成的不便以及对建筑已有结构的损害；

（5）如果采用集中使用安装，还有利于平衡负荷和提高设备的利用效率；

（6）由于光伏阵列一般安装在屋顶或者朝南的外墙上，直接吸收太阳能，避免屋顶或外墙表面温度过高，降低了空调冷负荷，改善室内热环境；

（7）经过一体化设计和统一安装的太阳能装置，在外观上可达到和谐统一，特别是在集合住宅这类多用户使用的建筑中，改变了个体使用者各自为政的局面，易于形成良好的建筑视觉形象。

4.4.1.3　太阳能光伏建筑一体化的意义

太阳能作为一种清洁能源具有取材方便、成本低廉的优势，因此越来越受到人们的广泛关注。近年来，随着人们对环境问题认识的深入和能源问题的进一步恶化，越来越多的建筑开始使用清洁、节能的太阳能装置。但由于各种原因，太阳能光伏在安装使用上存在着诸多问题，特别体现在太阳能光伏装置没有与建筑完美结合。因此，太阳能与建筑一体化设计的研究有着重要的现实意义。

4.4.1.4　太阳能光伏建筑一体化发展趋势

目前，建筑物供暖空调消耗着大量的能量。在太阳能用于供暖方面，除造价较高的被动式太阳房有一些示范建筑外，还没有大规模地采用。主动式太阳能供能由于成本较高，与我国的经济发展也是不相适应。因此，建筑太阳能供能的主动与被动相结合的思想及太阳能与常规能源相结合的思想得到广泛关注。按照房间的功能，采用不同方案的配合及交叉，这样可以大大降低太阳能用于建筑供能的初投资和运行成本，使得整个方案在商业化的意义下具有可操作性。

太阳能组件对气象条件和辐照条件的依赖性等特点要求我们必须对建筑用能负荷进行准确的预测，才能够在设备与建筑的匹配上做出设备投资和节能效益最佳的选择。在当代，太阳能与建筑的发展必须有一定的策略与之相适应，一是成熟的被动太阳能技术与现代的太阳能光伏光热技术的综合利用；二是保温隔热的围护结构技术与自然通风采光遮阳技术的有机结合；三是传统建筑构造与现代技术和理念的融合；四是建筑的初投资与生命周期内投资的平衡；五是生态驱动设计理念向常规建筑设计的渗透；六是综合考虑区域气候特征、经济发达程度、建筑特征和人们的生活习惯等相关因素。

4.4.2　太阳能光伏建筑一体化的形式

按照光伏组件和建筑物结合方式，光伏建筑一体化（Building Integrated PV，简称BIPV）可分为两大类：一为"结合"，一为"集成"。所谓"结合"是指将光伏方阵依附于建筑物上，建筑物作为光伏方阵载体，起支承作用；所谓"集成"是指光伏组件以一种建筑材料的形式出现，光伏方阵成为建筑不可分割的一部分。从光伏方阵与建筑的结合来看，主要分为屋顶与光伏结合、外墙与光伏结合的安装方式。从光伏组件与建筑的集成来讲，主要有光伏屋顶、光伏幕墙及光伏作为建筑构件等形式。

1. 光伏与建筑结合型

指在平屋顶上安装、坡屋面上顺坡架空安装以及在墙面上与墙面平行安装等形式，光伏组件只是通过简单的支撑结构附着在建筑上，取下光伏组件后，建筑功能仍然完整。

（1）光伏与屋顶结合安装型

光伏组件做成屋面板或瓦的形式覆盖平屋顶或坡屋顶整个屋面，可以兼做屋顶的遮阳板或者做成通风隔热屋面，减少屋顶夏天的空调冷负荷。光伏组件与屋顶的构造做法有两种方式，一种是兼为屋顶防水构造层次的部分，这时必须要求光伏系统具有良好的防水性能，另外一种是单独作为构造层次位于防水层之上，后者对于屋顶防水具有保护功能，可以延长防水层的使用寿命。图 4-23 为江苏省常州市某工厂屋面光伏电站系统，总建设规模 3.337MW，以 400V 电压低压并网，所发电量优先满足厂区用电需求。每年能满足用电大户十分之一的用电需求，最大限度的节省电费，实现收益的最大化。图 4-24 为浙江省义乌市国际商贸城屋顶光伏项目，总装机容量 20MW，于 2017 年 9 月投入运行，所发电量在供给商贸城自用之后，富余电量并入国家电网。

图 4-23　常州市某厂房光伏屋顶图　　　　图 4-24　浙江义乌国际商贸城光伏屋顶图

（2）光伏与外墙结合安装型

现代建筑支撑系统和围护系统的分离使光伏组件能像木材、金属、石材、混凝土等预制板一样成为建筑外围护系统的贴面材料。现在光伏组件的价格和某些天然石材已经没有差别，随着光伏组件的发展，成本只会越来越低，这就为光伏组件在建筑的广泛应用创造了良好条件。图 4-25 为某办公楼光伏外墙。图 4-26 为位于英国曼彻斯特的 CIS 太阳能大厦（CIS Solar Tower），她是在拥有 40 多年历史的原有大楼基础上翻新而成的，最突出的亮点在于它所拥有欧洲最大的垂直太阳板阵列——大楼外部装有 7000 余块太阳能板。

2. 光伏与构件集成型

指将太阳能电池与瓦、砖、卷材、玻璃等建筑材料复合在一起成为不可分割的建筑构件

图 4-25　光伏墙体结合安装

或建筑材料，如光伏瓦、光伏砖、光伏屋面卷材、玻璃光伏幕墙、光伏采光顶等，以标准普通光伏组件或根据建筑要求定制的光伏组件构成雨篷构件、遮阳构件、栏杆构件等；

（1）屋顶一体化方式。光伏组件与屋顶整合一体化不仅可以满足建筑的基本功能需求，还可以最大限度地接受太阳光的照射，起到了发电的作用。图 4-27 和图 4-28 分别为非晶硅光伏组件和单晶硅光伏组件构成的屋顶示意图。

图 4-26　CIS 大厦光伏外墙

图 4-27　非晶硅太阳能光伏屋顶示意图

图 4-28　单晶硅太阳能光伏屋顶示意图

（2）光伏幕墙与建筑幕墙相结合。光伏组件玻璃幕墙是指透光型光伏组件和玻璃集成制成的光电幕墙。该组件是由太阳电池芯片和双层玻璃板构成，芯片夹在玻璃板之间，芯片之间和芯片与玻璃边缘之间留有一定的间隙，以便透光，芯片面积占总面积的 70%，也即透光率为 30%，可以有效地解决幕墙的遮阳，在夏天就像把巨大的遮阳伞有效地降低了建筑的空调负荷，同时为室内提供特殊的光照气氛，更因其特殊的颜色和肌理拓展了建筑的表现空间。它突破了传统幕墙单一的围护功能，把传统幕墙试图屏蔽在外的太阳能转化为可利用的电能。光伏幕墙集发电、隔声、保温、安全、装饰等功能于一体，充分利用了建筑物的表面和空间，赋予了建筑鲜明的现代科技和时代特色。不同类型的太阳能电池均可应用于光伏幕墙，如晶体硅太阳能电池和非晶硅薄膜太阳能电池等。随着薄膜太阳能电池技术的日渐成熟，非晶硅薄膜太阳能电池在光伏幕墙领域显示出了独特的优势。非晶硅薄膜可以大面积沉积，本身呈棕色透明，色调温和，衬底可以为刚性的导电玻璃或柔性不锈钢、聚合物等，可满足不同造型的需要。图 4-29 和图 4-30 分别为非晶硅光伏组件和晶硅光伏组件构成的幕墙示意图。

图 4-29　非晶硅太阳能光伏幕墙示意图

图 4-30　单晶硅太阳能光伏幕墙示意图

（3）建筑构件一体化方式。光伏组件与建筑的雨篷、遮阳板、阳台、天窗等构件有机整合，在提供电力的同时可以为建筑增加美观的细部。光伏组件和遮阳板（图4-31）的结合不仅可以为建筑在夏天提供遮阳，还可以使入射光线变得柔和，避免眩光，改善室内的光环境，而且可以使窗户保持清洁。但同时应该注意到高效率的光伏系统并非一定是高效率的一体化系统，一体化建筑具有美观性之外，还要求进行科学的计算和设计，满足建筑构件所要

图 4-31 光伏雨篷

求的强度、防雨、热工、防雷、防火等技术要求。图4-32和图4-33分别为光伏雨篷和光伏栏杆示意图。

图 4-32 光伏遮阳

图 4-33 光伏栏杆

4.5 太阳能光伏电池冷却与光伏光热系统

4.5.1 太阳能光伏电池冷却

4.5.1.1 温度对太阳能光伏电池的影响

1. 太阳能电池热量的产生途径

在光电转换过程中，太阳能电池板的温度会由于热量的积累而逐渐上升，电池热量由以下几个途径产生：

（1）入射到太阳电池的光子波长 $\lambda > \lambda_0$ 时，不能产生电子—空穴对，所以也不能起到发电的作用，这部分光子的能量完全转化成电池的热量。

（2）入射到太阳电池的波长 $\lambda < \lambda_0$ 的那部分光子，产生光生载流子后，还有一部分多余的能量也转化为了热量。

（3）太阳电池电子、空穴对的复合损失。

（4）焦耳热。因为实际太阳电池中，串联电阻不可能做得很小，并联电阻也不能做得无穷大。当太阳电池工作时，工作电流流过串联电阻以及流过并联电阻的寄生电流都将产

生焦耳热。因此，在生产太阳电池的时候在工艺上应该尽量减小太阳电池的串联电阻和增大电池的并联电阻。

2. 温度对太阳能电池的影响

太阳电池的光电转化效率是人们关注的重点，也是决定太阳电池应用前景的关键因素。太阳能电池性能的主要影响因素有晶体结构、辐照度、温度、光谱、负载阻抗、阴影等方面。而温度是其中最主要的一个因素。

（1）温度对短路电流的影响

因为禁带宽度 E_g 随着温度升高而缩小，这意味着可以有更多光子可以有足够能量产生电子-空穴对跨过带隙而贡献给光生电流，当太阳能电池的温度升高时，电池的短路电流将有所增加。

（2）温度对开路电压的影响

对于太阳能电池电压与温度的关系：

$$\frac{dV_{OC}}{dT} = \frac{1}{q}\frac{dE_g}{dT} - \frac{1}{T}\left(\frac{E_g}{q} - V_{OC}\right) \tag{4-22}$$

在上式中，dE_g/dT 通常可忽略不计，从而从已知的任一给定电池的 E_g 和 V_{OC} 就可以确定温度对太阳能电池开路电压的影响。当太阳能电池的温度升高时，电池的开路电压将下降。

（3）温度对填充因子的影响

填充因子 FF 可由下列经验公式给出：

$$FF = \frac{V_{OC} - \ln(V_{OC} + 0.72)}{V_{OC} + 1} \tag{4-23}$$

由此可见，V_{OC} 随温度升高而减小将会导致填充因子 FF 下降。

（4）温度对峰值功率的影响

$$\frac{1}{P_{max}}\frac{d_{P_{max}}}{d_T} = -0.4\%/K \sim -0.65\%/K \tag{4-24}$$

式中　P_{max}——电池最高输出功率。

可见，温度的升高会导致电池功率的下降。在没有特别考虑电池冷却的情况下，太阳能电池的工作温度可达到70℃或更高，此时电池的实际功率将比标准条件下的功率减少18 %～29 %。

4.5.1.2　太阳能光伏电池的冷却方式

为降低太阳能电池温度，提高发电效率，可以在电池背面加上肋片、通道等结构，利用水或者空气自然循环、强制循环带走热量，图 4-34 为珠海市某产业园内建筑光伏风冷幕墙，夏季通过开启风机，幕墙下部风口进风，上部出风，冷却电池。此外，一些新型冷却技术的应用，如热管冷却技术、微通道冷却技术、液体射流冲击冷却技术、相变材料冷却技术等也应用在光伏电池的冷却上，图 4-35 为微热管阵列加翅片应用于聚光电池的散热。

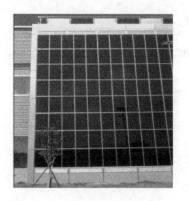

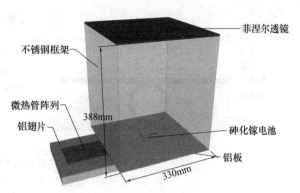

图 4-34　珠海某产业园非晶硅
光伏风冷幕墙

图 4-35　微热管阵列应用于聚光
发电散热

4.5.2　太阳能光伏光热系统

4.5.2.1　太阳能光伏光热系统简介

太阳能光伏光热（Photovoltaic/Thermal，以下简称 PV/T）组件是将太阳电池组件和太阳能集热器结合起来，电池组件作为集热器的吸热体，同时将太阳能转化为电能和热能，以提高太阳能的综合利用效率。

自从 1978 年，美国麻省理工学院 Kern 和 Russell 首次提出使用水或空气作为载热介质的光伏光热一体化的主要概念后，国内外学者对此进行了较多的研究。目前 PV/T 组件主要分为水冷型和空冷型两大类。

（1）空冷型 PV/T 组件是以空气作为载热介质收集热量。图 4-36 为一种光伏空气集热器。图 4-37 为伊朗塔比阿特莫达勒斯大学开发的基于菲涅耳反射器和以空气为冷却设计的 PV/T 收集器的系统。

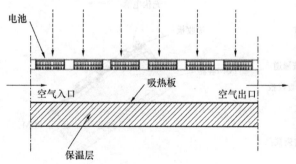

图 4-36　单通道和双通道的
光伏空气集热器

图 4-37　基于菲涅耳反射器的
PV/T 空气集热器

（2）水冷型 PV/T 集热器是以水为集热工质进行工作，从结构形式上看，水冷型 PV/T 组件按通道结构可分为管板式、流道式、渠槽式和热管式。荷兰埃因霍芬工业大学 Zondag 等人利用类似模型对 9 种不同设计的 PV/T 集热器进行模拟研究，可以分为 4 组，即：管板式 PV/T（Sheet-and-tube PV/T-collectors）、流道式 PV/T（Channel PV/T-collectors）、自然流动 PV/T（Free flow PV/T-collectors）、双吸热体 PV/T（Two-ab-

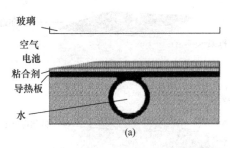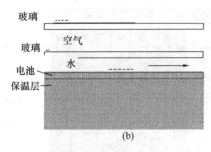

图 4-38　两种不同形式的 PV/T 组件

（a）管板式；（b）流道式

sorber PV/T-collectors），见图 4-38。中国科学
技术大学的季杰教授提出了扁盒式铝合金及热
管式 PV/T 一体化组件，见图 4-39。此外，挪
威奥斯陆大学 Sandnes 和 Rekstad 制作了含有填
充陶瓷颗粒的壁间通道的聚合物吸收体板的混
合光伏/热系统，见图 4-40，光伏板的热量被颗
粒吸收，再被通道中的水吸收，据报道，采用
聚合物吸收体的光伏/热力系统的温度保持在
45℃以下。阿拉伯联合酋长国大学的 Sarwar 等
制造了一种基于石蜡的 PV-PCM 系统应用于阿
联酋极端炎热环境中，如图 4-41 所示，测试结
果表明，在炎热的气候条件下，PV-PCM 系统
使 PV 年发电量提高了 5.9%。

图 4-39　扁盒式 PV/T 组件

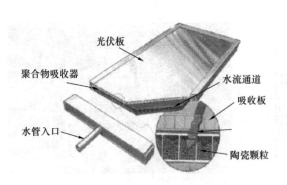

图 4-40　聚合物吸收体板的 PV/T 组件

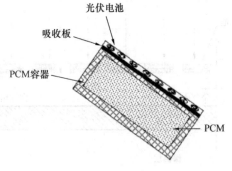

图 4-41　一种基于石蜡的 PV-PCM 组件

4.5.2.2　太阳能光伏光热系统的评价方式

评价 PV/T 系统的整体性能可以采用不同的方法。

1. 总效率 η_z

使用光热效率 η_{th} 与光电效率 η_e 之和来评价光伏光热组件的综合性能。

$$\eta_z = \eta_{th} + \eta_e \tag{4-25}$$

2. 综合性能效率 E_f

由于热能和电能属于两种品位不同的能源，为了更加合理地评价能量利用的特性，Huang 提出的综合性能效率 E_f 来进行系统的综合性能评价，即：

$$E_f = \eta_{th} + \eta_e / \eta_{power} \qquad (4\text{-}26)$$

其中，η_{power} 为常规发电厂的平均发电效率，取 $\eta_{power} = 0.38$。

3. 考虑到系统效率受太阳能辐照度 I、环境温度 t_a 和组件循环工质进口温度的影响，Huang 提出了一种系统性能评价方法，以便对其长期性能进行评估：

$$\eta_{th} = \eta - U \frac{t_i - t_a}{I} \qquad (4\text{-}27)$$

式中　α——效率回归直线方程的截距，当系统初始水温等于环境平均温度时的系统集热效率；

U——效率回归线性方程的斜率，可理解为系统的热损系数，W/m^2。

4.5.2.3 基于微热管阵列的太阳能光伏光热系统

国内外已有很多学者开展了太阳能电池散热与热电综合利用方面的研究，但是相关技术目前仍处于研发阶段，离大规模的推广应用还有诸多问题没有解决，比如集成难度大、难以维护以及费用昂贵等。因此，要寻求一种合理、高效、成本较低的高效传热与散热技术将光伏电池热量带走并得以有效利用，使光伏光热系统能够持续稳定运行。基于平板微热管阵列的光伏光热组件可以较好地解决上述问题，并能实现大规模应用的生产工艺。

1. 基于微热管阵列的太阳能光伏光热（MHPA-PV/T）组件

MHPA-PV/T 组件（图 4-42、图 4-43）主要由光伏电池组件、微热管阵列、水管换热器及保温材料等组成。微热管阵列贴合在光伏电池背板上，其冷凝端与水管换热器通过导热硅胶干式连接。基于微热管阵列的超强导热性能，将电池板上的热量在微热管阵列的蒸发段快速而有效吸

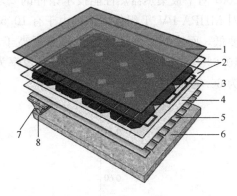

图 4-42　MHPA-PV/T 组件示意图
1—玻璃盖板；2—EVA；3—电池片；4—TPT；
5—MHPA；6—保温材料；7—水管换热器；
8—水流通道

收并传输到其冷凝端，再通过与冷凝端贴合的特制水管换热器将热释放于管内的液体介质，而液体介质通过自然对流或强制对流的方式将热存储于回路中的水箱中，从而达到快速高效散热的目的，实现了对电池降温和余热利用一举两得的效果。

图 4-43　MHPA-PV/T 组件实物图

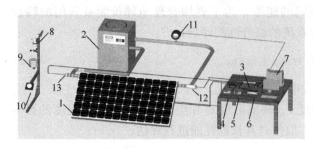

图 4-44 MHPA-PV/T 组件瞬时效率测试实验台

1—光伏光热组件；2—恒温水浴；3—滑动变阻器；4—电流表；
5—电压表；6—安捷伦 34970A；7—计算机；8—风速、风向传
感器；9—温、湿度传感器；10—总辐射表；11—涡轮流量计；
12、13—入口、出口温度传感器

2. MHPA-PV/T 组件性能实验

参考国家标准《平板型太阳能集热器》GB/T 6424—2007 中太阳能集热器的测试方法，对 MHPA-PV/T 组件的瞬时热效率及发电效率进行了测试。MHPA-PV/T 组件的瞬时效率测试系统主要包括光电系统与光热系统两部分，实验所用的太阳能光伏组件峰值功率为 $180W_p$。如图 4-44 所示。

瞬时效率的测试结果如图 4-45 所示。归一化温差 T_i^* 公式中 t_i 为入口温度(K)，t_a 为环境温度(K)，I 为太阳辐照度(W/m^2)。T_i^* 为 0 时的效率 $\eta_0 = 41.8\%$，总热损系数 U 为 4.56 $W/(m^2 \cdot K)$。根据《平板型太阳能集热器》GB/T 6424—2007 对平板集热器热性能技术条件的要求：η_0 不低于 0.68，U 不高于 6.0 $W/(m^2 \cdot K)$，对 MHPA-PV/T 组件而言，由于有 10.5% 以上的光电效率，因此集热效率比传统集热器要低，而热损系数则满足集热器不高于 6 的要求。整个测试过程中，光电转化效率为 10.6%~12.2%，光伏光热组件总效率为 42.7%~53.3%，光伏光热组件综合性能系数为 60.0%~73.2%。

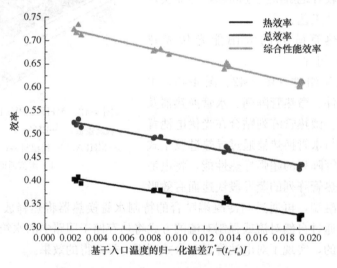

图 4-45 MHPA-PV/T 组件瞬时效率测试结果

4.5.2.4 户用 MHPA-PV/T 系统案例

1. 项目概况

北京市某家庭需要设置 MHPA-PVT 系统，要求满足日平均用电 1kWh，春夏秋三季晴天每天提供 100L 45℃的生活热水。

2. 系统设计

（1）MHPA-PVT 组件及集热系统设计

由于 MHPA-PVT 组件兼具发电和集热功能，当日平均发电量与日平均产热水量均能与实际需求相匹配是较为理想的状况。因此设计时，可以分别根据日平均发电量与日平均产热水量计算需要的组件装机容量。当两种计算结果相差不大时，可以取较大值；当两种计算结果相差较大时，可以取较小值，发电或热水量不足的部分可以通过加装光伏组件或太阳能集热器或辅助热源来解决，这样可以减小初投资，保证组件产能的最大利用。

1）根据日平均发电量设计：北京市纬度倾斜面上年平均 16.014 MJ/（m²·d），折合 4.448 kWh/（m²·d）。初定系统工作电压为 24V，选定组件类型为峰值功率 $185W_p$，峰值电压 35.8 V，峰值电流 5.17A，见表 4-7。则日平均负载为 1kWh/24V＝41.67 Ah/天。根据式（4-15）和式（4-17）可知，光伏电池的并联数 $N_{p,pv}$ 和串联数 $N_{s,pv}$ 计算如下，因此选择 1 串 2 并，2 块组件。

$$N_{p,pv} = \frac{41.67}{4.448 \times 5.17 \times 0.95 \times 0.95} = 2.01$$

$$N_{s,pv} = \frac{24 \times 1.43}{35.8} = 0.96$$

单晶硅电池组件参数 表 4-7

最大输出功率	$185W_p$	重　量	15kg
最大输出电压	35.8V	最大输出电流	5.17A
		外形尺寸	1580mm×808mm×50mm

2）根据热水需求量设计：参考太阳能热水系统设计计算公式，太阳能保证率 f 取 0.6，平均集热效率取 30%，管路热损失取 20%，由此可以计算组件面积，也选择两块该型号组件。

$$A_c = \frac{Q_w c\rho(t_{end} - t_L)f}{J_T \eta_{cd}(1 - \eta_L)} = \frac{100 \times 4.187 \times 1 \times (45 - 10) \times 0.6}{16014 \times 0.3 \times (1 - 0.2)} = 2.29 m^2$$

由上述两种需求计算结果，日平均发电量与日平均产热水量基本匹配，因此，本系统由两块集热串联、发电并联的 MHPA-PV/T 组件、集热水箱（100L）、循环水泵（3 档可调）及管路组成，如图 4-46 所示。

（2）蓄电池设计

对于本系统，采用交流负载 LED 灯，工作电压 220V，功率约为 100W，则工作电流 0.455A，每天工作 10h，则：

图 4-46　MHPA-PVT 系统实物图

$$Q_c = \frac{0.455 \times 10 \times 7 \times 1}{0.5 \times 0.8 \times 0.95} = 83.82 Ah$$

$$N_{s,cell} = \frac{U_s}{U_{c,0}} = \frac{24V}{12V} = 2 \text{个}$$

$$N_{p,cell} = \frac{Q_c}{Q_{c,0}} = 1 \text{个}$$

根据上述计算结果，选用两个 12V，100Ah 铅酸蓄蓄电池串联。

（3）光伏控制逆变一体机

根据光伏发电侧的电压、电流及负载侧的用电特点，选用直流额定电压为 24VDC，输出额定功率 400W 的控制逆变一体机，选用控制逆变一体机如图 4-47 所示，具体参数见表 4-8 控制逆变一体机相关。

控制逆变一体机相关参数　　　　　　　　表 4-8

技术指标	参数	技术指标	参数
直流额定电压	24VDC	功率因数（PF）	0.8
直流电压允许范围	21.6～35VDC	逆变效率（80%负载）	≥82%
额定容量	500VA	过载能力	120%，10s
输出额定功率	400W	噪声	≤ 45 dB
输出电压	220V±3%（正弦波）	绝缘强度	1500VAC
输出电流	2.3A	使用环境温度	−25～+50℃
输出频率	50Hz±3%	湿度	0～90%，不结露
波形失真率（THD）	≤3%（线性负载）	使用海拔	≤6000m
允许太阳能电池开路电压	50VDC	过充恢复	27.6V
允许太阳能电池充电电流	15A	欠压	21.6V
控制器的额定效率	≥95%	欠压恢复	24.8V
过充	28.8V	过压	35V

图 4-47　逆变控制一体机实物图

3. 系统模拟

采用 Polysun 太阳能系统模拟计算软件对设计方案进行验证。针对本项目建立模型（图 4-48），模拟输入部分参照上述设备选型。

系统模拟每月发电量（交流）均在 43kWh 以上，逐月发电量见图 4-49，全年光伏总产出为 580kWh，可以满足用户每天 1kWh 的用电需求；用户每天 100L、45℃热水需求的加热量为 3.74kWh，系统提供的逐月加热量见图 4-50，逐月太阳能保证率见图 4-51，年平均太阳能保证率为 45%，系统设计合理。全年照射在组件上的太阳辐射能量为 4493kWh，直流电量产出 580kWh，全年平均发电效率为 13.9%；全年收集热量为 736 kWh，全年平均集热效率为 16.4%。

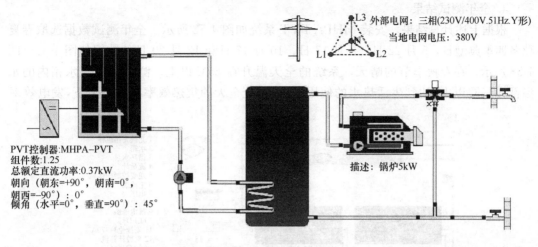

图 4-48 PVT 系统模型图

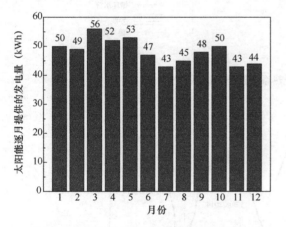

图 4-49 太阳能逐月提供的发电量（kWh）

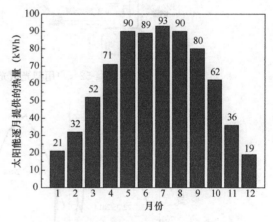

图 4-50 太阳能逐月提供的热量（kWh）

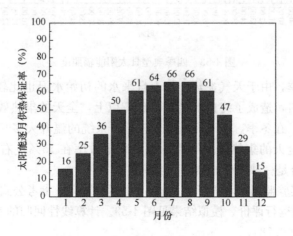

图 4-51 太阳能逐月供热保证率（％）

4. 全年测试结果

根据上述计算结果，安装 MHPA-PVT 系统如图 4-52 所示。全年测试数据选取春夏秋冬四季典型日，5 月 22 日、8 月 17 日、10 月 17 日和 12 月 20 日的数据如图 4-53～图 4-58 所示。在春秋季节的晴天，系统的全天温升在 25℃ 以上，测试结束时水箱内的水温都在45℃以上，达到生活热水的使用要求；系统全天的集热效率在30％上下，发电效率

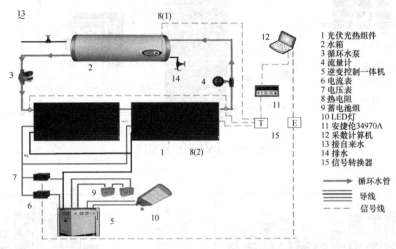

图 4-52 户用型光伏光热系统性能测试示意图

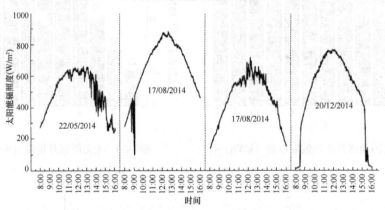

图 4-53 四季典型日太阳能辐照度

在 13％左右；在夏季，由于天气炎热，加上自来水的初始水温也比较高，晴天水箱内水的温升都在 35℃左右，造成了终止水温都在 60℃以上，全天的集热效率在 34％以上，发电效率在 13％左右；在冬季，由于环境温度较低，系统的温升大多只有 13℃左右，终止水温也低于 30℃，全天的集热效率约为 20％，发电效率在 15％左右，因此，冬季 MHPA-PVT 与热泵结合是一种很好的热电联供模式。

通过一整年的实验监测，获得了该系统 51 组运行数据，参考公式（4-27）对 MHPA-PV/T 系统进行长期运行评价，模拟结果见图 4-59。计算线性回归的实验结果见下式，线性回归的相关系数为 0.784。

$$\eta_{th} = 0.31 - 0.11(T_{in} - \overline{T}_a)/H$$

5. 结论

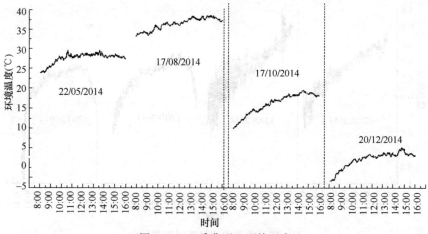

图 4-54　四季典型日环境温度

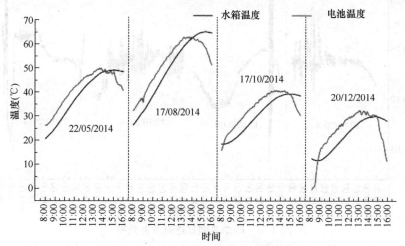

图 4-55　四季典型日电池温度和水箱温度

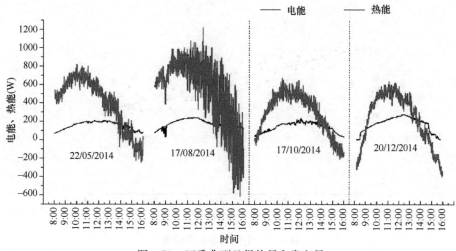

图 4-56　四季典型日得热量和发电量

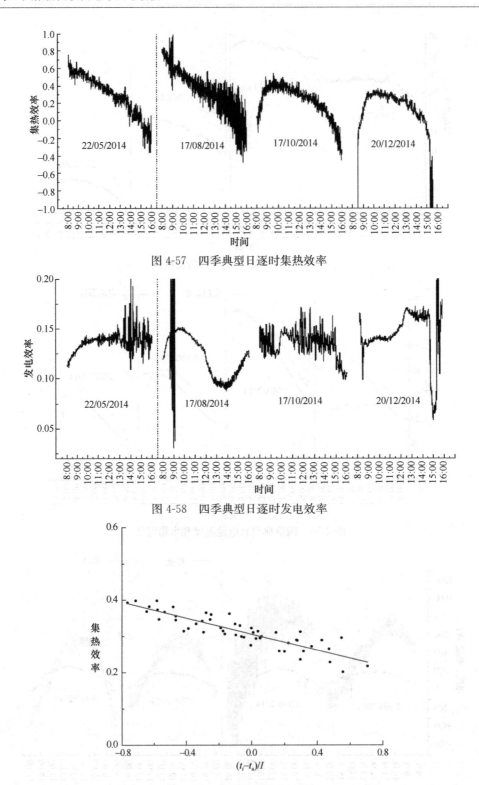

图 4-57　四季典型日逐时集热效率

图 4-58　四季典型日逐时发电效率

图 4-59　集热效率拟合结果

从上述实验及模拟计算结果可以看出，基于 MHPA-PVT 系统可以在全年大部分时候解决家庭用电和生活热水需求，极大地提高了太阳能利用效率，具有较好的经济效益。

思 考 题 与 习 题

1. 如何有效地对光伏电池进行冷却？

2. 光伏光热利用有哪些方式？并分析其优缺点。

3. 太阳能光伏光热系统的性能评价为什么要分为总效率和综合性能效率？

4. 太阳能光伏建筑一体化主要有哪些形式？

5. 结合自己所在城市，给一栋 $100m^2$ 的独栋建筑设计一套户用 PVT 联供系统，满足该建筑的日常用电和生活热水需求，并计算经济效益。

参 考 文 献

[1] 国务院关于促进光伏产业健康发展的若干意见，国发〔2013〕24 号，国务院. 2013 年 7 月 4 日 http: //www. gov. cn/zwgk/2013-07/15/content_2447814. htm.

[2] 国家发展改革委 财政部 国家能源局关于 2018 年光伏发电有关事项的通知，发改能源〔2018〕823 号. http: //www. nea. gov. cn/2018-06/01/c_137223460. htm.

[3] 卢智恒，姚强. 平板式太阳能电热联用面板[J]. 太阳能学报，2006(06)：545-553.

[4] 翁政军，杨洪海. 应用于聚光型太阳能电池的几种冷却技术[J]. 能源技术，2008(01)：16-18.

[5] 沈辉，曾祖勤. 太阳能光伏发电技术(可再生能源丛书)[M]. 北京：化学工业出版社，2009.

[6] Zondag H A, de Vries D W, van Helden W G J, et al. The thermal and electrical yield of a PV-thermal collector[J]. Solar Energy. 2002，72(2)：113-128.

[7] Chow T T, He W, Ji J. Hybrid photovoltaic-thermosyphon water heating system for residential application[J]. Solar Energy. 2006，80：298-306.

[8] B. J. Huang, T. H. Lin, W. C. Hung, F. S. Sun. Performance evaluation of solar photovoltaic/thermal systems[J]. Solar Energy, 70 (5) (2001), pp. 443-448.

[9] Swapnil Dubey, S. C. Solanki, Arvind Tiwari. Energy and exergy analysis of PV/T air collectors connected in series[J]. Energy and buildings, 2009, 41 (8)：863-870.

第5章 空 气 能

空气能是指空气中所蕴含的低品位能源，又称空气源，而低品位能源由于自身局限性很难被收集且加以利用，一般是通过某种装置或设备将空气能收集起来，通常这种装置或设备被称为空气源热泵技术。低品位空气能通过热泵技术提升至高品位能源后可用于热水、供暖和烘干等各个领域。除此之外，当环境温度较高时，空气能也可直接应用于干燥食品、药材等，但其效率相对较低。本章主要对空气源热泵技术及其关键问题进行阐述。

5.1 空气能概述

空气时时刻刻存在，取之不尽用之不竭，可作为建筑冷热资源而利用。夏季可将建筑内多余的热量排向室外空气，冬季可从室外空气中提取热量输送至建筑物内，过渡季可直接把室外新鲜空气输送至室内，从而为生产及生活创造一个舒适健康的室内环境。能源和环保是社会实现可持续发展的必备要素，空气作为一种环保的可再生能源，其应用符合社会可持续发展的要求。

室外空气实质上是指湿空气，由空气和一定的水蒸气混合而成。水蒸气在湿空气中含量较少，但会随季节和地区而变化，将会直接影响湿空气的物理性质。

空气能主要具有以下优势：

（1）可靠性和稳定性：可靠性是指冷热源存在的时间，可以分为三类：第一类是任何时间都存在；第二类是在确定的时间存在；第三类是存在的时间不确定。空气能的可靠性属于第一类，具有较高的可靠性。稳定性是指冷热源的容量和品位随使用时间的变化情况，可以分为两类：第一类是不随使用时间变化，保持定值；第二类是随使用时间变化。空气作为冷热源时其容量不随使用时间而变化，但是品位会随使用时间而变化，且大部分使用时间是负品位，因此，空气作为冷热源的稳定性属于第一类，稳定性较好。

（2）持续性和可再生能力：持续性是指在建筑全寿命周期内，冷热源的容量和品位是否持续满足要求，可以分为两类：第一类是建筑全寿命周期内可满足要求；第二类是不能保证全寿命周期内满足要求。空气作为冷热源，其容量和品位在建筑全寿命周期均可满足要求，因此，持续性好。可再生性是指冷热源的容量和品位衰竭后，自我恢复的能力。空气无时无刻无地方不存在，且具有流动性，因此，空气作为冷热源的可再生性好。

（3）环境友好性：环境友好性是指冷热源对环境的影响程度。空气作为建筑冷热源，对室外环境影响主要表现为空气源设备运行时产生的噪声问题及夏季的冷凝热排放问题。噪声问题随着设备技术水平的提高及安装的规范化，基本可以解决。众多文献表明，夏季空气源空调冷凝热的排放是造成城市热岛效应的一个原因，但冷凝热究竟对城市热岛效应有多大影响，目前国内外没有这方面的实测研究。要想从根本上解决空气源空调冷凝热对室外环境的不利影响，最有效的办法是对冷凝热进行回收利用，尽量减少其向环境中的排放量。总的来说，空气作为建筑冷热源，对室外环境不会产生除热以外的其他污染，其噪声水平也可以进行有效地控制，因此，其环境友好性良好。

5.2 空气源热泵技术

空气能与太阳能、水能、风能等同属于清洁能源。热泵作为收集空气能并进行利用的装置，主要应用在空气能热泵热水、空气能热泵供暖、空气能热泵烘干等领域。

空气源热泵是一种利用高品位能使热量从低品位热源流向高品位热源的节能装置，空气作为热泵的低品位热源，直接转换为可以利用的高品位热能。与传统的供能系统相比，空气源热泵系统采用清洁能源，对环境污染较小，不会产生二次污染；其不受供应燃料的限制，在夜晚、阴天等天气也能够进行制热工作；同时具有较高的制热效率与能源利用率等优点。但同时也存在在室外环境温度过低时，由于系统能量来源为空气，可能会出现结霜风险，影响系统正常运行的缺点。

5.2.1 热泵简介

5.2.1.1 热泵基本概念

热泵理论由来已久，最初起源于 1824 年卡诺发表的关于"卡诺循环"的论文，30 年后，在 1850 年初开尔文提出冷冻装置可以用于加热，之后许多科学家及工程师对热泵进行了大量研究。1912 年瑞士的苏黎世成功安装一套以河水作为低位热源的热泵设备用于供暖，这是早期的水源热泵系统，也是世界上第一套热泵系统。19 世纪 50 年代，美国已经批量生产空气源热泵，到 20 世纪 80 年代，日本已经大规模生产各种空气源热泵式空调器。我国在改革开放以后，引进日本技术和生产线为基础，到 20 世纪 90 年代，各种热泵式空调器在中国的产量增加很快；进入 21 世纪以来，空气源热泵在我国市场占很大份额。

近年来，随着我国人民居住条件的改善，环境保护意识的增强，政府相关政策的实施，空气源热泵得到了极大的发展与应用，对解决能源消耗过大、能源短缺的问题有着重要的作用。但同时其推广度仍有待提高，系统仍具有很大的发展与改进空间，具有极大的潜力。

热泵（Heat Pump）是一种将低品位热源的热能转移到高品位热源的装置，也是全世界备受关注的新能源技术。通常是先从自然界的空气、水或土壤中获取低品位热能，经过电力做功，然后再向人们提供可被利用的高品位热能。利用低品位可再生能源的热泵技术在暖通空调领域的应用中充分显示出如下的特点：

（1）热泵空调系统用能遵循了能量的循环利用原则，避免了常规空调系统用能的单向性。所谓用能的单向性是指"热源消耗高位能（电、燃气、油与煤等）向建筑物内提供低温的热量同时向环境排放废物（废热、废气、废渣等）"的单向性用能模式。热泵空调系统用能是一种仿效自然生态过程物质循环模式的部分热量循环使用的用能模式，实现热能的级别提升。

（2）热泵空调系统是合理利用高位能的模范。热泵空调系统利用高位能作为驱动能源，推动动力机（如电机、燃气机、燃油机等），然后再由动力机驱动工作机（如制冷机、喷射器）运行。工作机像泵一样，把低位热能输送至高位以向用户供暖，实现了科学配置能源。

（3）热泵空调系统用大量的低温再生能源替代常规空调中的高位能。通过热泵技术，将贮存在土壤、地下水、地表水或空气中的自然低品位能源，以及生活和生产排放的废热用于建筑物的供暖和热水供应。

（4）暖通空调用热一般来说都是低温热源。如风机盘管只需要 50～60℃热水，地板辐射供暖一般要求提供的热水温度低于 50℃。这为使用热泵创造了提高性能系数的条件。也就是说，在暖通空调工程中采用热泵，有利于提高它的制热性能系数。因此，暖通空调是热泵应用的理想用户之一。

5.2.1.2 卡诺循环

热泵理论上是一种热机，热泵实现制冷的热力循环实际上是卡诺循环的逆向循环，即逆卡诺循环，其 p-v 图和 T-s 图如图 5-1 所示。逆向卡诺循环由两个可逆定温过程和两个可逆绝热过程组成，过程 a-d 为绝热膨胀过程，过程 d-c 为定温吸热过程，过程 c-b 为绝热压缩过程，过程 b-a 为定温放热过程。热泵循环通常是以环境大气作为低温热源从中吸热，也即是后续所提到的空气源热泵技术。逆向卡诺循环是理想的、经济性最高的制冷循环和热泵循环，但是由于种种原因，实际的制冷机和热泵难以按逆向卡诺循环工作，但逆向卡诺循环有着极为重要的理论价值，它为提高制冷机和热泵的经济性指出了方向。

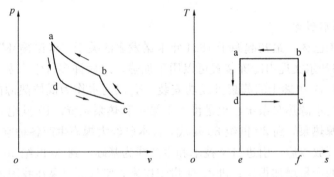

图 5-1 逆卡诺循环

5.2.2 空气源热泵基本概述

以室外空气为热源（或热汇）的热泵机组，称为空气源热泵机组，其工作原理，如图 5-2 所示，是使制冷剂从液体变成气体，同时使气体变成液体，往复循环实现连续制冷

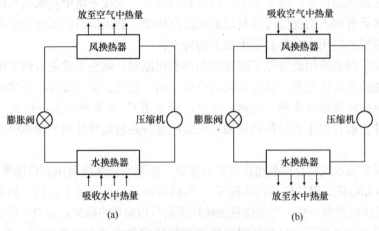

图 5-2 空气源热泵工作原理

(a) 制冷工况；(b) 制热工况

制热，由压缩机、空气换热器、膨胀阀、水换热器四个基本部件构成。

在制冷时，如图 5-2（a）所示，液态制冷剂在水换热器中汽化，使水温降低。低温低压的气态制冷剂经压缩机压缩，变为高温高压气体，进入空气换热器，由于制冷剂温度高于空气温度，制冷剂向空气传热，制冷剂经气体冷凝为高压液体，高压液态制冷剂经膨胀阀节流后进入水换热器，低压液体制冷剂再次汽化，完成一个循环。在这个循环过程中，随着制冷剂状态的变动，实现了热量从水侧向空气侧的转移。

在制热时，如图 5-2（b）所示，液态制冷剂在空气换热器中汽化，吸收空气中的热量，低温低压的气态制冷剂经压缩机压缩后变为高温高压气体送至水换热器。由于制冷剂的温度高于水的温度。制冷剂从气态冷却为液态，液体制冷剂经膨胀阀节流后，在压力作用下进入空气换热器，低压气体制冷剂再次汽化，完成一次循环。在这个循环中，随着制冷剂状态的变动，实现了热量从空气侧向水侧的转移。

国内常见的热泵机组形式主要有：分体壁挂式热泵型空调器、分体柜式热泵型空调器、热泵型窗式空调器、风冷变制冷剂流量热泵式多联机、空气源热泵热水器、空气源热泵冷热水机组。

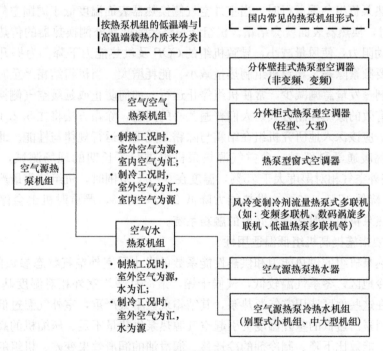

图 5-3 空气源热泵形式框图

5.2.3 空气源热泵特点

空气源热泵机组同其他形式热泵相比，具有以下特点：

1. 以室外空气为热源

空气是空气源热泵机组的理想热源，其热量主要来源于太阳对地球表面的直接或间接辐射。空气起到太阳能贮存的作用，又称环境热。其表现有三点：

（1）在空间上，处处存在；

（2）在时间上，时时可得；

（3）在数量上，随需而取。

正是由于以上良好的热源特性，使得空气源热泵机组的安装和使用都比较简单和方便，应用也最为普遍。

2. 适用于中小规模工程

众所周知，在大中型水源热泵机组中，无论是冬季还是夏季，只改变热泵工质流动方向，而系统中的蒸发器、冷凝器位置不变，通过流体介质管路上阀门的开启与关闭来改变流入蒸发器和冷凝器的流体介质，以此实现机组的制冷工况和制热工况的转换。而空气源热泵机组由于难以实现空气流动方向的改变，因此为实现空气源热泵机组的制冷工况和制热工况转换，只能通过四通换向阀改变热泵工质的流动方向来实现。基于此，空气源热泵机组必须设置四通换向阀，同时，由于机组的供热能力又受四通换向阀大小的限制，所以很难生产大型机组。据不完全统计，大型空气源热泵机组供热能力在 1000～1400kW，而大型水源热泵机组供热能力通常在 1000～3000kW，供大型热泵站用的水源热泵机组供热能力可达到 15、20、25、30MW。

3. 室外侧换热器冬季易于结霜

空气源热泵机组冬季运行时，当室外空气侧换热器表面温度低于周围空气的露点温度且低于 0℃时，换热器表面就会结霜。机组结霜将会降低室外侧换热器的传热系数，增加空气侧的流动阻力，使风量减小，导致机组的 COP 及供热能力下降。为提升系统制热性能，机组需要频繁除霜，导致机组制热量减小、能耗增大。当机组结霜严重时，蒸发压力过低，制冷剂蒸发量急剧减少，常使机组停止运行。如何防止或延缓空气侧换热器结霜以及如何选取有效的除霜控制方式是人们普遍关心的问题，除霜方法将在 5.2.4 小节中详细介绍。为此，应该深入地研究机组在结霜与除霜工况下的运行规律与性能。北京工业大学建筑工程学院暖通学科部对一台空气源热泵机组进行了长期的现场测试，测试结果显示[3,4]，当室外空气相对湿度大于 75%，温度在 0～6℃范围时，机组结霜最严重，结霜将使机组 COP 降低 17%～60%，供热能力降低 29%～57%，严重时机组会停止运行。因此，空气源热泵机组一般都具有必要的融霜系统。

4. 需必要措施提高机组低温适用性

空气源热泵机组的供热能力和供热性能系数的大小受室外空气状态参数的影响很大。对于我国寒冷地区，冬季气温较低，气候干燥，最冷月平均室外相对湿度基本在 45%～65%之间。在这些地区选用空气源热泵，其结霜现象不太严重，室外气温过低是影响供热能力的主要因素。过低的室外温度会引起空气源热泵供热量不足、压缩机的高压缩比、排气温度过高、能效比下降、制冷剂的冷迁移、润滑油的润滑效果变差、机组的热损失加大等问题。因此，在应用空气源热泵机组时，应正确合理地选择平衡点温度，以此来设置辅助热源或第二热源。另外，在北方寒冷地区应采取必要的特殊技术措施提高空气源热泵机组的低温适用性。

5. 实验室检验和现场测试易于实现

国家标准《房间空气调节器》GB/T 7725—2004 与《空气源单元式空调（热泵）热水机组》GB/T 29031—2012 等规定，空气源热泵机组销售前必须进行实验室检验。而焓差实验室作为房间空调器主要性能参数和能效检测最为常见的试验设备，从 20 世纪 60 年代发展至今，其制造企业已达 50 余家，空调器生产企业、检测机构都有一套至多套这种设备[6]，一些市场主流厂家甚至已具有开发及测试大马力机组的焓差实验室[7]，从而使空气源热泵机组的实验室检验易于实现。此外，得益于机组的热源特性，空气源热泵系统的现场测试同样易于实现。而《地源热泵系统工程技术规范》GB/T 50366—2009 中规定，地源热泵系统的现场测试则须在安装后，接上低位热源的载热介质（如地下水、地表水，地埋管内的循环介质等）单独进行热源侧的检测。

6. 需要考虑地域气象特点评价机组综合性能

由于制热季节室外空气温度波动范围大，约为 $-25\sim+15℃$。因此，空气源热泵机组必须适应较宽的温度范围。同时，根据《单元式空气调节机》GB/T 17758—2010，在应用空气源热泵机组时，仅知道应用场合室外空气最低的设计温度和温度波动范围是不够的，还要考虑制热季节能效比，这才能科学评价空气源热泵机组运行的经济性。

7. 室外机组运行噪声较大

由于空气的热容量比水小得多，空气源热泵机组制热量相对较慢，在同样的供热能力时，空气源机组所需要空气量比水多得多，需增大风机容量和转速。这样，所选用的风机较大，导致空气源热泵机组的噪声增大。

8. 全寿命周期维护可操作性强

空气源热泵机组报废时，作为废弃物处理要优于地埋管地源热泵空调系统。众所周知，地埋管报废（50 年）后如何处理，始终是个难题。塑料管又难于分解，若干年后，建筑物周围大量报废的地埋管埋在浅层岩土层中会引起什么样的问题，目前难于给出答案。而空气源热泵系统报废后，可将其废金属回收利用，变废为宝。因此说，空气源热泵空调系统能更好地服务于绿色建筑，更能实现"与自然和谐共生"的理想目标。

上述对空气源热泵机组特性进行了介绍，无论是空气源热泵供暖系统，抑或是空气源热泵热水系统都存在以下优势：

（1）高效节能，利用空气中的热源来供暖，制热量大于输入功率，机组性能系数可达到 3.5 以上。

（2）绿色环保，采用空气作为冷热源，避免了对水源、土壤环境造成污染，不存在用化石燃料供暖导致的有害气体和温室气体的排放。

（3）系统安装方便灵活，便于分户计量控制。

（4）系统相对较简单，初投资较低，运行的附加费用少。

5.2.4　空气源热泵除霜技术

随着空气源热泵技术的广泛应用和推广，无论对于空气源热泵供暖，还是供热水或干燥，其在寒冷季节或区域工作时均很难正常运行，尤其是在低温高湿环境工况的区域更加明显，造成这一现象的主要原因是蒸发器表面结霜。低温表面的结霜过程是不可避免的物理现象，当表面温度低于局部空气的露点温度时，其冷表面与空气中的水蒸气接触，水蒸气将会在冷表面凝结形成霜，且霜层的厚度会逐渐增大，而霜层的对流换热系数明显比金属差了几个数量级，且霜层厚度会减小翅片间的间距，导致空气的流动变弱，相当于增加了流动阻力，导致制冷剂与空气之间的传热减小，使换热效果不断降低至霜层厚度增加到一定值时，可能会导致换热无效果的结果。因此如何高效节能地解决空气源热泵结霜问题，以保证空气源热泵在低温下稳定高效运行，使空气源热泵技术能够在更广泛的地区应用，对我国清洁能源政策的进一步推进有着重大作用。

5.2.4.1　除霜方法

目前常用的除霜方法主要有五种，分别为自然除霜法、电加热除霜法、逆循环除霜法、热气旁通除霜法和相变蓄能除霜法。

（1）自然除霜：该方法在除霜开始时，需要整个热泵机组停止工作，不依靠任何辅助措施，仅依靠室外空气中的热量来融化翅片表面霜层，以达到除霜的目的。机组停止工作时，将会引起室内温度的波动，很难保证室内环境的舒适度，尤其是长时间的停机，将会造成室内温度过低。停机除霜耗时相对较长，由于仅依靠空气中的热量来进行除霜，因此对室外环境具有较强的依赖性，环境温度越低，除霜所需时间越长，不能满足人们在寒冷季节的连续取暖需求。此种除霜方式应用具有较大的局限性，一般只有当环境温度比蒸发器翅片表面霜层温度高 2～3℃时才具有一定可行性，但实际效果仍然较差。自然除霜由于停机除霜的效果过于依赖环境工况，目前已经很少采用该方法进行除霜。

（2）电加热除霜：电加热除霜是通过某一方法将电热元件贴附于翅片之上或与蒸发器集成一体化，需进行除霜时开启电加热设备，此时可实现有效除霜。电加热除霜主要有以下优点：原理相对简单致使系统简单及操作方便、控制也相对较易。该种方法多用于小型制冷系统的冷风机除霜系统。传统的电加热方式多是以布置电热带在室外换热器部分，但电热元件电阻较大，发热效率相对较低，导致能量损耗较大，需寻求新的电加热除霜方法。

（3）逆循环除霜：逆循环除霜是通过热泵系统自带的四通换向阀切换功能，改变压缩机出口的制冷剂蒸气的流向，此时热源由室内空气提供，同时向环境中散热，也即是从高温热源吸收热量，同时向低温热源释放热量，是以牺牲部分室内热量来提供除霜所需的热量，从而实现除霜的目的。当除霜完成后，再次切换四通换向阀，因此整个除霜过程中四通换向阀需转换两次，由于转换前后，热泵系统所实现的功能不同，将会导致热泵机组系统的压力出现较大的波动，对系统造成较大的机械冲击，从而减少机组的使用寿命。

（4）热气旁通除霜：热气旁通除霜技术是在支路上加一旁通回路，即在压缩机排气口处加一回路直接与蒸发器相连，利用部分高温排气实现除霜功能，因此压缩机做功提供热气旁通除霜所需要的能量。在除霜过程中，若风机一直工作，那么其中一部分热量会被散入室内，另一部分能量用于除霜，这将会导致除霜时间的延长；而且如果要提高除霜效率，势必要加大压缩机的输出功率，过高的频率会导致室外机的噪声过大及能耗增加。对于热气旁通除霜技术，其除霜时间相对较长，化霜频率高是主要的缺陷；同时因除霜过程所需的能量仅由压缩机提供，引起除霜时间较长，进而导致热泵机组 COP 的降低。

（5）相变蓄能除霜：在逆循环除霜的基础上，将蓄热器作为热泵循环系统中的某一部件，将热泵系统所产生的热量储存于蓄热器中，除霜时，将蓄热器中的热量通入蒸发器中以实现除霜的目的。该种除霜方式解决了除霜时热源不足的问题，但是也需通过四通阀换向来实现。同时蓄能相变材料具有价格昂贵和再生问题等缺点，并且蓄热设备体积较大，大量推广应用仍有一定难度。

5.2.4.2　除霜控制方法

有效的除霜控制方法可以在一定程度上减少能源的浪费，可以避免无霜除霜、有霜不除以及未达到除霜条件却进行除霜等操作，造成不必要的能源浪费，从而降低机组的整体能效。因此灵活和准确的除霜控制策略对机组有效的除霜起重要作用。目前为止，有效且已应用的除霜控制方法主要有以下几种：

（1）定时除霜控制方法：该方法以固定的时间间隔作为机组两次除霜之间的时间间隔，当机组运行时长达到设定的时间时，系统将会进入除霜模式，其控制流程相对简单，具有较高的可靠性。但是此种方法由于仅以时间长短作为除霜的基本控制条件，缺乏对室外环境工况变化的监测与调整，如果环境发生变化，将会直接影响蒸发器的结霜过程，从而可能会因所设定的特定时间与除霜时间不匹配而出现误除霜操作。定时除霜控制方法的实用性相对较低，目前已很少被使用。

（2）时间—温度除霜控制方法：该方案是在定时除霜控制方法基础之上，将单片机技术和温度传感器技术应用到热泵机组中，通过监测温度变化情况及结合机组的运行时间，从而对蒸发器表面结霜做出准确判断，以免出现误除霜和有霜不除的现象。根据温度监测方式的不同，可以分为室外单传感器除霜模式、室外双传感器除霜模式和室内双传感器除霜模式。

室外单传感器除霜模式是通过监测室外翅片管的温度变化作为结霜判定条件，从而判断是否进行除霜。蒸发器翅片管的表面温度会随结霜过程逐渐降低，当温度降低至设定值时，单片机程序将会判定表面已结霜，此时机组开启除霜模式，该方法较定时除霜方案有所提升，但当室外温度较低时，易出现误除霜情况。室外双传感器除霜模式是通过监测室外温度和室外翅片管表面温度的变化并结合两者之差作为结霜判定条件，大大降低了室外低温状况时的结霜误判率，但是此方案无法监测室外空气相对湿度，仍存在着误判的情形。室内双传感器除霜模式通过监测室内温度及室内冷凝器表面温度变化情况并结合二者之差作为除霜判定依据，此种方案技术相对完善，可精准地判断室外蒸发器结霜的相关情况。在时间—温度除霜控制方法基础之上，添加湿度控制，从而使除霜的判定依据更加准确。

（3）空气压差除霜控制方法：此方法以表面霜层会堵塞翅片管中间的气流通道，导致翅片管两侧空气压差增大的原理作为结霜判定依据从而进行除霜，可实现按需除霜。由于是根据翅片管两侧空气压差作为除霜判定依据，所以当蒸发器表面积灰较重或者被异物覆盖等情况下，极易出现误除霜情况。

（4）最佳除霜时间控制方法：根据热泵机组的最佳除霜时间，并将机组实际除霜时间与最佳除霜时间作对比，判定系统是否需要除霜。因为每台机组的最佳除霜时间和具体气候条件有很大的关系，并且该方法难以应对环境突变的状况，因此，很难在实际应用中推广普及。

（5）最大平均供热量控制方法：以热泵机组的最大平均供热量作为除霜判定依据，从而控制机组除霜。此法仅具有一定的理论意义，具体实施效果尚待商榷。

（6）霜层传感控制法：该方法通过光传感与电容传感来监测室外换热器结霜动态，当霜层生长到介电常数与光信号发生改变时该信号会被电路传递并发出除霜指令，但因技术和成本方面有许多问题，在实际应用中难以得到推广。

（7）模糊控制除霜：随着智能控制技术在制冷制热系统中的逐渐发展与应用，模糊控制除霜法随后被提出。根据蒸发器结霜时系统各部件运行参数的变化，与系统的工作环境相结合，采用模糊控制算法模式，来决定除霜信号的发出。并在周期性的除霜循环过程中，利用模糊数学模型不断地修正参数，以使除霜信号控制能够适应环境工况的变化，以达到准确有效除霜的效果。

5.3　空气源热泵应用与案例

5.3.1　空气源热泵空调器

我国从 1982 年开始引进国外分体式空调热泵样机和技术。由于它是由独立分开的室内机和室外机两部分组成，一般情况下，压缩机、冷凝器和轴流风机设置在室外机内，而室内机内又常设置贯流风机，因此，分体式热泵空调器的室内噪声小，同时分体机外形美观，易于同建筑室内装饰协调，深受用户欢迎。正是基于此，目前国内几乎所有空调器生产厂家都生产分体式热泵空调器，代替了热泵型窗式空调器。

家用分体式热泵空调器的功能十分完善，除了具有制冷和制热功能外，还具有除湿、静电过滤、自动送风、睡眠运行、定时启动与停机的功能。其结构形式也十分繁多，如：壁挂式、落地式、吊顶式与立柜式等形式的空调器。

图 5-4 给出分体挂壁式热泵空调器的典型流程图，其制冷剂的流程如下所述。夏季制冷工况运行（图中实线所示）时：压缩机 1→四通换向阀 2（a-c 连通）→室外侧换热器 3（作冷凝器用，释放冷凝热）→过滤器 8→主毛细管 5→单向阀 10→过滤器 9→连接管 13→室内侧换热器 4（作蒸发器用，室内空气被冷却与除湿）→连接管 14→四通换向阀 2（d-b 连通）→气液分离器 7→压缩机 1。冬季制热工况运行（图中虚线所示）时：压缩机 1→四通换向阀 2（a-d 连通）→室内侧换热器 4（作冷凝器用，加热室内空气）→连接管 13→过滤器 9→副毛细管 6→主毛细管 5→过滤器 8→室外侧换热器 4（作蒸发器用，从室外空气中吸热）→四通换向阀 2（c-b 连通）→气液分离器 7→压缩机 1。

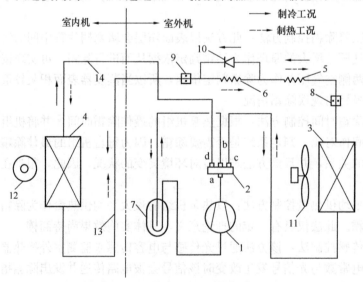

图 5-4　分体挂壁式热泵空调器的流程图

1—压缩机；2—四通换向阀；3—室外侧换热器；4—室内侧换热器；5—主毛细管；
6—副毛细管；7—气液分离器；8、9—过滤器；10—单向阀；11—轴流风机；
12—贯流风机；13、14—室内机与室外机连接管

5.3.2 空气源热泵热水系统

空气源热泵热水系统主要是通过换热器将制冷剂从环境中所吸收的热量与冷却介质——水进行热量交换，使水的温度升高至一定值，为用户提供生活热水，满足用户对热水的需求。

1. 空气源热泵热水器

热泵热水器是基于热泵技术的一种高效节能热水供应设备，国内企业于 2004 年之后相继进入热泵热水器行业。热泵热水器根据热源的不同可以分为：水源热泵、地源热泵、空气源热泵、太阳能辅助热泵和热电热泵五种。其中空气源热泵热水器由于采用空气作为低温热源，而空气是一种普遍的存在且基本不受太阳能辐照度限制的低品位能源，因此热泵热水器的形式一般为空气源热泵热水器。随着国家"节能减排"计划提出后，《热泵热水机（器）能效限定值及能效等级》GB 29541—2013 于 2013 年 10 月 1 号正式实施，标志着我国空气源热泵热水器行业走向成熟。

空气源热泵热水器按结构形式分为自带水箱和不带水箱两种。图 5-5 所示为常用的自带水箱的空气源热泵热水器系统原理图，主要由蒸气压缩式热泵循环系统和蓄热水箱两部分组成。目前，商用空气源热泵热水器一般配置涡旋式压缩机或螺杆式压缩机，家用空气源热泵热水器一般配置转子式压缩机或涡旋式压缩机，少部分企业采用热泵热水器专用压缩机。水/制冷剂换热器通常采用套管式冷凝器、板式冷凝器、壳管式冷凝器、沉浸式冷凝器（蓄热水箱＋盘管）。空气/制冷剂换热器采用铜管铝片翅片管换热器。空气源热泵热水器通常为分体式结构，其热水箱有立式和卧式之分。为了融霜，系统设四通换向阀 2 和气液分离器 9，或在排气管上设电磁阀，融霜时通往室内换热器的电磁阀关闭，通往室外换热器的电磁阀打开。

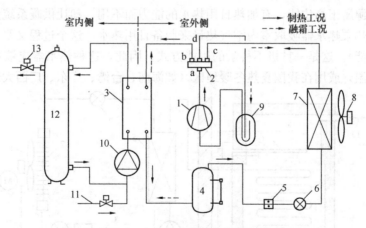

图 5-5　空气源热泵热水器原理图

1—压缩机；2—四通换向阀；3—水/制冷剂换热器；4—高压贮液器；5—过滤器；
6—电子膨胀阀；7—空气/制冷剂换热器；8—轴流风机；9—气液分离器；
10—热水循环泵；11—补水加压系统；12—热水箱；13—热水出口

我国国家标准《家用和类似用途热泵热水器》GB/T 23137—2020 中，将热泵热水器定义为"一种利用电机驱动的蒸气压缩循环，将空气或水中的热量转移到被加热的水中来制取生活热水的设备"。空气源热泵热水器是以环境空气为热源的热泵热水器。空气源热泵热水器主要用于家用,用来制取生活热水(55℃、60℃)。目前市场上的热水器产品主要有燃气热水器、电热水器、太阳能热水器三种类型。而被称为第四代热水器的空气源热泵热水器因环保、节能、运行安全等优点,正在引起广泛重视。

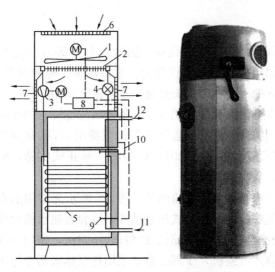

图5-6 整体式空气源热泵热水器结构示意图
1—风机;2—蒸发器;3—压缩机;4—膨胀元件;5—冷凝器;
6—空气进口;7—空气出口;8—调节器;9—热泵恒温控制器;
10—电加热设备;11—冷水进口;12—热水出口

空气源热泵热水器按结构形式分为整体式和分体式,两种空气源热泵热水器原理图如图5-6和图5-7所示。

(1)整体式空气源热泵热水器。其结构如图5-6所示。压缩机、蒸发器(空气/制冷剂换热器)、风机、空气进、出口等设置在热水箱上部,而冷凝器(水/制冷剂换热器)直接设置在热水箱内。空气温差 $\Delta t = 5 \sim 10℃$,冷凝温度 $t_c = 60 \sim 65℃$,日用热水温度为 $50 \sim 55℃$,将300L水由10℃加热至50℃,所需时间5~8h,通常可利用廉价的夜间电来加热日用热水。为了解决热水供应,高峰用水(节日前夕)的紧张问题,设置电加热器10,其电功率至少为18kW。这种空气源热泵热水器经常设置在温度较高的供暖地下室中。应该说,此设备布置在供暖房间内是错误的做法,是违背利用热泵热水器科学用能的原则,其原因是供暖热源属于高位能,有加热日用热水的能力而不用,却让供暖系统先加热室内空气,然后再由热泵热水器吸取室内空气热量来制备日用热水,这个过程又要重新消耗一定的电能(高位能)。这是一种极不科学的用能方式。因此,这种热水器应该放在室外,做好热水箱的保温,或用在我国夏热冬暖地区(如海南、台湾、广东、广西大部、云南西南

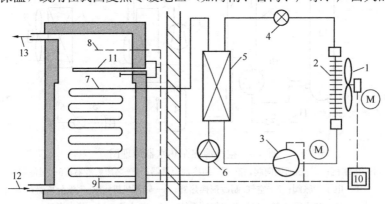

图5-7 分离式空气源热泵热水器
1—风机;2—蒸发器;3—压缩机;4—膨胀元件;5—冷凝器;6—循环泵;7—加热盘管;
8—水加热器温度传感器;9—热水贮存加热器;10—控制调节设备;11—电加热设备;
12—冷水进口;13—热水出口

部等）建筑物内（不供暖情况下室温较高）。在炎热天气时，其设备设置在室外，在制备日用热水的同时，还能起到辅助降温的作用。

（2）分体式空气源热泵热水器。分体式空气源热泵热水器的结构如图 5-7 所示，它与图 5-6 基本相同，其差异为：第一，图 5-6 无除霜功能，因此这种热泵热水器只能在环境温度为 7℃ 以上时才能投入运行。在空气温度较低（如 3℃）时，空气源热泵热水器应设有除霜功能。第二，图 5-7 系统中有高压贮液器，以适应热泵热水器加热过程中制冷剂质量流量的动态变化特征。

2. 空气源热泵热水系统优势

（1）高效节能。空气在自然界中广泛存在，与太阳能资源一样取之不尽、用之不竭。对于空气源热泵机组，可利用空气中的低品位能源作为热泵机组的低温热源，通过热力循环，提升能源的品位，供人们加以利用，最终实现节能的目的。空气源热泵机组的热力循环系统为逆向循环，不同于正向循环的热力系统，其效率明显大于 1。目前所采用的空气源热泵机组年均 COP 高于 3.5，达到节能的目的。

（2）安全可靠、绿色环保。空气源热泵机组在运行过程中不需要额外的燃料输入，是一个封闭的热力循环系统，不存在工质的泄漏等危险隐患。同时由于使用的工质均为环保工质，不会排放任何有害气体以及温室气体等，可实现对环境的零污染。

（3）运维成本低。空气源热泵机组运行成本相对较低，管理方便，机组全是露天放置，便于吸收空气中所蕴含的能量，无需人员实时看守。

虽然空气源热泵热水机组有许多优点，但仍存在一些缺点，使其在推广和应用方面存在一些难题：

（1）初投资较高。空气源热泵热水机组的初投资明显高于常规的热水系统，一般不适用于单户家庭的消费，主要用于商用。

（2）机组制热量受环境影响较大。空气源热泵热水机组能效比受环境影响较大，冬季与夏季制热量明显存在较大差异。

（3）应用局限性。某些场合，由于热水需求量很小或者热水使用极不规律，即使使用能效比较大的热泵热水机组，由于其运行时间短以及热损失大等原因，不能在运行中有效地将初投资弥补过来。

（4）冬季结霜问题。空气源热泵热水机组在冬季运行时，蒸发器表面产生结霜对热泵机组正常运行产生不利影响：一方面增加了空气和换热器之间的热阻；另一方面，霜层的增厚使空气流动阻力增加，空气流量减小，换热器的换热量降低，因此除霜的判断条件、除霜方法和除霜控制方式的优化需要进一步研究，从而提高除霜效率。

（5）由于热水机组制热水温度为 50～55℃，而水质恰恰在这个温度区间内易出现结垢现象，其结垢部分作为热阻会阻碍制冷剂通过换热器与水进行热量交换。因此，需定期对换热器内部进行除垢处理，以此提升空气源热泵热水机组换热效率。

以上仅仅对空气源热泵热水机组的优缺点进行了简单阐述，在空气源热泵热水机组的安装中仍有许多未曾涉及，如机组的摆放位置、水泵的布置与选择、机组的噪声处理以及系统节能措施等，这些问题在热泵机组实际安装中需要进一步设计及规划。

5.3.3 空气源热泵冷热水机组

空气源热泵冷热水机组是我国空气—水热泵机组中最常见的一种机组形式，目前主要作为民用建筑空调系统的冷热源。

1. 空气源热泵冷热水机组分类

空气源热泵冷热水机组形式很多，分类方法各不相同，通常如下：

（1）按采用的压缩机类型分：往复式压缩机空气源热泵冷热水机组、涡旋式压缩机空气源热泵冷热水机组、螺杆式压缩机空气源热泵冷热水机组。

（2）按机组的结构形式分：整体式空气源热泵冷热水机组、模块式空气源热泵冷热水机组。

（3）按机组容量大小分：小型别墅式空气源热泵冷热水机组、中大型空气源热泵冷热水机组。

（4）按水侧供水温度的高低分：空气源热泵热水机组、空气源高温热泵冷热水机组、空气源恒温泳池热泵机组。

（5）按空气侧温度分：常温空气源热泵冷热水机组、低温空气源热泵冷热水机组。

2. 空气源热泵冷热水机组工作原理

空气源热泵冷热水机组运行流程，如图5-8所示。机组冬季运行时，其制冷剂流程为：螺杆式压缩机1→止回阀16→四通换向阀2→水/制冷剂换热器8→止回阀11（电磁阀12关闭）→贮液器4→液体分离器9中的换热盘管→干燥器5→电磁阀6→热力膨胀阀（或电子膨胀阀）7→空气/制冷剂换热器3→四通换向阀2→液体分离器9→螺杆式压缩机1。此循环制备出45℃热冷水，送入空调系统。

机组夏季运行时，四通换向阀换向，电磁阀12开启，关闭电磁阀6，其制冷剂流程为：压缩机1→止回阀16→四通换向阀2→空气/制冷剂换热器3→止回阀10→贮液器4→液体分离器9中的换热盘管→干燥器5→电磁阀12→热力式膨胀阀（或电子式膨胀阀）13→水/制冷剂换热器8→四通换向阀2→液体分离器9→螺杆式压缩机1。此循环制备出7℃

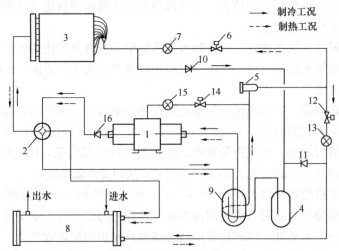

图5-8 采用螺杆压缩机的空气源热泵冷热水机组的制冷机流程图
1—螺杆压缩机；2—四通换向阀；3—空气—制冷剂换热器；4—贮液器；
5—干燥过滤器；6—电磁阀；7—制热膨胀阀；8—水—制冷剂换热器；
9—气液分离器；10、11、16—止回阀；12—电磁阀；13—制冷膨胀阀；
14—电磁阀；15—膨胀阀

冷水，送入空调系统。经电磁阀 14，膨胀阀 15 降为低压、低温的 R22 液体喷入螺杆式压缩机腔内，供冷却用。

5.3.4 应用案例

1. 工程概况

项目位于北京市昌平区马池口镇，试验对象为一户农村住宅，房屋为平房结构，如图 5-9 所示，住宅的建筑面积约为 171.82 m²，6 个供暖房间，实际供暖面积为 96.8 m²。该建筑在北京市新农村建设中，已进行节能保温改造，维护结构外墙贴有约 50 mm 的保温板，墙体厚度约 370mm，门窗皆为铝合金材料，建筑整体保温性能良好，且建筑顶部装有玻璃顶棚，将 8 间房组合成一个建筑整体，既能保温，又可保证采光。

图 5-9 房屋外形和部分室内照片

2. 负荷计算

测试用户最早采用的是燃煤锅炉，在第一批煤改电示范时，改为电锅炉供暖，功率为 4kW，换热介质为水。原热源配置明显偏小，无法满足冬季用户对热负荷的需求。1980 年北京通用的供暖设计热负荷为 80 W/m²，目前城区所设计的供热指标为 52W/m²，参考北京地区的普遍数据可知，对系统进行改造时的热负荷按不低于 60 W/m² 进行计算。

3. 系统设计

改造方案为空气源热泵替代燃煤锅炉，目的是以最小的改造成本替代原有的燃煤锅炉，因此，保留了原有的循环系统和散热器。对于空气源热泵机组，选用型号为 HSNR-D-12C（D）E 的分体式低温空气源热泵机组，该机组具有灵活性安装等优点，改造后系统原理图如图 5-10 所示，其中散热器类型为四柱 760 型铸铁散热器。在该项目中，当要求室内温度达到 18 ℃ 时，在当前围护结构条件下，室内散热器片数必须适当增加，但是若适当提高机组供回水温度，散热器片数不必增加一倍；当室内温度要求达到 15℃ 时，室内散热器片数在合适的供回水温度下，最多增加 50%；当室内温度要求达到 12℃，室内散热器片数几乎不用进行改造就能实现。

4. 运行工况分析

根据实际所配置的热量表显示，测试期间机组累计的供热量为 6830.18 kWh，仅为测试期间 68 天的累计热量，建筑总供暖面积为 96.8m²，因此单位面积热负荷为 43.24W/m²。测试时间内室外平均温度为 1.28℃。如果按北京供暖室外计算温度 -7.6℃ 计算，可

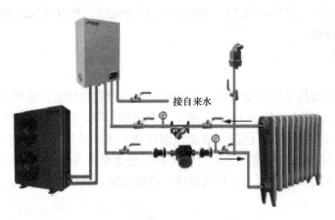

图 5-10　改造后系统原理图

知累计供暖最大热负荷为 10458.12kWh，最大单位面积热负荷也即是所说的热指标为 66.20W/m²。其他实测数据汇总表如表 5-1 所示。

实测数据汇总表　　　　　　　　　　　　　表 5-1

累计热量（kWh）	室内平均温度（℃）	出口水温（℃）	进口水温（℃）	温差（℃）
6830.18	17.86	37.94	36.33	1.61

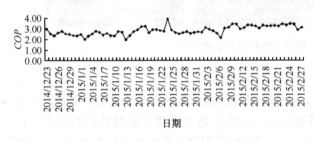

图 5-11　测试期间 COP 变化

热泵 COP 值的高低决定了系统性能的优劣，同时也决定了能耗节约的程度，图 5-11 为测试期间 COP 的变化，可知空气源热泵系统供暖时的 COP 基本稳定，未出现较大的波动。在 2015 年 1 月 13 日和 2 月 7 日前后出现的温度的陡降，系统 COP 出现了相应的下降，降至 2 左右，在 2 月 13 日之后随着室外温度的提升，系统 COP 呈现上升趋势，并达到 3 以上。整个测试期间系统的综合 COP 平均达到 2.83，最冷天 COP 为 2.55。其中，综合 COP 是指总供热量除以总耗电量，总耗电量为热泵耗电、水泵耗电及极端天气时少量电加热辅助耗电的总和。可见，采用空气源热泵供暖系统综合 COP 值相对较高，更易实现能耗的节约和环境的保护。

5. 节能性分析

实际测试期间耗电量为 2633kWh，经计算，一个供暖季的折合耗电量为 4157kWh，而用电锅炉供暖时，满负荷运行情况下，一个供暖季折合耗电量为 11639kWh。1kWh 折合标准煤 0.33kg，空气源热泵折合煤量为 1497kg，电锅炉折合煤量为 4190kg，可见采用空气源热泵系统进行供暖，明显降低耗煤量，更能实现能源的节约及在一定意义上实现了减少 CO_2 等污染物的排放，起到环境保护的作用。

6. 经济性分析

对于该北京农村住宅供暖项目，保证室内温度为 12℃ 左右（设计温度）即可（适应农村供暖的特点，不宜按照城市供暖标准计算），分别分析和比较采用空气源热泵、电锅炉、燃气壁挂炉，以及燃煤小锅炉等四种热源条件下的年运行费用，如表 5-2 所示。可知采用空气源热泵进行供暖年供暖能耗费用明显低于其他三种供暖形式，其中小型电锅炉能耗最高，不利于实现节能的要求；而采用小型燃煤炉，虽然年供暖能耗费用低于小型电锅炉，但其污染物的排放较大，不利于环保；而采用空气源热泵，可明显实现节能环保的目标，且年运行费用单位供暖面积最低，仅为 20.58 元/m²。

不同设备年运行费用 表 5-2

设备	空气源热泵	小型电锅炉	燃气壁挂炉	小型燃煤炉
供暖面积（m²）	96.8			
室内温度（℃）	12			
年供暖负荷（kWh）	9612.8			
年供暖效率	2.5	0.95	0.90	0.4
供暖能耗量（kWh）	3485.12	10118.7	10681	24032
燃料热值	—	—	36MJ/m³	23MJ/kg
燃料价格	0.5 元/kWh	0.5 元/kWh	2.28 元/m³	1.15 元/kg
年供暖能耗费用（元）	1922.9	5059.35	2435.27	4337.65
年运行费用（元/m²）	20.58	52.26	25.16	44.81

思 考 题 与 习 题

1. 简述空气源热泵系统组成、工作原理及运行特点，并结合我国实际情况，阐述空气源热泵技术的发展趋势及在我国应用的背景和条件。

2. 空气源热泵在低温区域或湿度比较大的区域运行时，容易出现结霜的现象，简要阐述蒸发器霜层厚度的增加对空气源热泵性能的影响，并简述空气源热泵除霜技术的种类有哪些？

3. 空气源热泵在实际应用中具有一定的局限性，主要体现在哪些方面？结合所学相关专业知识，如何提升空气源热泵制热效率？

4. 空气源热泵用于建筑供暖时，如何解决其供热能力与建筑物耗热量之间矛盾的问题？二者之间如何实现平衡？

5. 热泵与制冷机组的本质区别是什么？一般情况下冬季供暖时，南方建筑物很少采用集中供暖的形式进行供暖，试探讨空气源热泵应用于南方住宅供暖的可能性？如何实现南方夏热冬冷地区住宅供暖的高效舒适节能？

参 考 文 献

[1] 马最良，姚杨，姜益强. 热泵技术必将在暖通空调中兴盛[J]. 制冷空调工程技术. 2005，(2)：4-7.

[2] 马最良，吕悦. 地源热泵系统设计与应用(第二版)[M]. 北京：机械工业出版社，2014.

[3] Wang W，Xiao J，Guo Q C，et al. Field test investigation of the characteristics for the air source heat pump under two typical mal-defrost phenomena[J]. Applied Energy，2011，88(12)：4470-4480.

[4] Wang W，Feng Y C，Zhu J H，et al. Performances of air source heat pump system for a kind of mal-defrost phenomenon appearing in moderate climate conditions[J]. Applied Energy，2013，12(112)：1138-1145.

［5］ 余国瑞，丁鼎，吴志群，等．空调焓差试验装置的检测方法[J]．低温与超导，2013，41(3)：82-86.

［6］ 唐力华．浅析空调器测试用焓差试验室的相关要求[J]．广东科技，2014(20)：159-159.

资讯·空调和热泵热水机[J]．制冷与空调，2014，14(11)：89-101.

［7］ Xiao J，Wang W，Zhao Y H，et al．An analysis of the feasibility and characteristics of photoelectric technique applied in defrost-control [J]．International Journal of Refrigeration，2009，32（6）：1350-1357.

［8］ Y. S. Zhao，J. Li，J. L. Hu. Icing Performances of Super-Hydrophobic PDMS/Nano-Silica Hybrid Coating on Insulators[C]．High Voltage Engineering and Application (ICHVE)，2010 International Conference，2010：489-492.

［9］ 肖婧．新型光电测霜技术在空气源热泵除霜控制中的应用研究[D]．北京工业大学，2010.

［10］ Xiao J，Wang W，Guo Q C，et al．An experimental study of the correlation for predicting the frost height in applying the photoelectric technology[J]．International Journal of Refrigeration-Revue Internationale Du Froid，2010，33(5)：1006-1014.

［11］ Wang W，Xiao J，Feng Y，et al．Characteristics of an air source heat pump with novel photoelectric sensors during periodic frost － defrost cycles[J]．Applied Thermal Engineering，2013，50(1)：177-186.

［12］ 王伟，倪龙，马最良．空气源热泵技术与应用[M]．北京：中国建筑工业出版社，2017.

［13］ Cheng C，Shiu C. Frost formation and frost crystal growth on a cold plate in atmospheric air flow [J]．International Journal of Heat and Mass Transfer，2002，45：4289-4303.

［14］ 周冲，程惠尔．图像处理在管内结霜厚度测量中的应用[J]．上海交通大学学报，2001：1175-1177.

［15］ 赵建康，高沛洋，王敬民，等．户式空气源热泵散热器采暖系统在北京农村地区的典型示范应用案例[J]．制冷与空调，2017(3).

第6章 地 热 能

地球是一个庞大的热库，蕴藏着巨大的热能。其中，地球内部处于高温高压状态，火山喷出的熔岩高达 1200～1300℃，天然温泉的温度大多在 60℃以上，有的甚至高达100～140℃。同时，地球表面的水源和土壤是一个巨大的太阳能集热器，收集了约 47％的太阳能辐射能量，是人类每年所利用能量的 500 多倍。这些热能会以热蒸汽、热水、干热岩等形式向地壳的某一范围聚集，形成人类可利用的热源。这些赋存在地球内部岩土体、流体和岩浆体中，能够为人类开发和利用的热能，就被称为地热能。

6.1 地热能及其分类

6.1.1 地热能概述

地球是一个两极扁平、赤道突出的椭圆体，其赤道半径约 6378km，两极半径约6357km。地球内部物质与构造是很难直接判断的，只能依靠间接信息。最重要的间接信息是地震波在地球内部的传播速度，它不仅是划分地球内部层圈的基础，也是判断地球内部物质的密度、温度、熔点、压力等物理性质的主要依据。图 6-1 所示为地震波在地球内部不同深度的传播速度。其中，波速的突变面称为波速不连续面或界面。可以看出，在33km 和 2900km 处存在两个一级界面。第一个界面称为莫霍洛维奇面，简称莫霍面或 M面，在此界面附近，地震 P 波（纵波）速度由 7.6km/s 突然增至 8.1km/s。第二个界面称为古登堡面，在此界面处，S 波（横波）消失，P 波速度突然由 13.64km/s 下降至8.1km/s。这两个界面把地球内部分为三个主要圈层：地壳、地幔和地核。

（1）地壳。地壳是莫霍面以上部分，由固体岩石组成，厚度变化很大。大洋地壳较

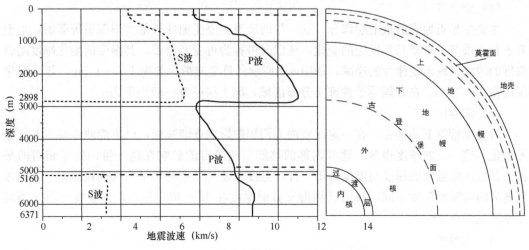

图 6-1 地球内部结构及地震波速分布图

薄，仅为 5~10km；大陆地壳的平均厚度是 35km，在造山带和青藏高原处，其厚度达 50~70km；整个地壳平均厚度为 16km。地壳厚度与地球半径相比仅 1/400，是地球表层极薄的一层硬壳，只占地球体积的 0.8%。

（2）地幔。地幔是介于莫霍面与古登堡面之间的部分，厚度约 2800km。根据地震波的变化情况，以地下 1000km 激增带为界面，又可把地幔分为上、下两层。上地幔从莫霍面至地下 1000km，厚度大于 900km，主要是由超基性岩组成，平均密度 3.5g/cm³，温度达 1200~2000℃，压力达 0.4GPa。下地幔从地下 1000km 至古登堡面，厚度 1900km，主要成分为硅酸盐、金属氧化物和硫化物，铁、镍量增加，平均密度 5.1g/cm³，温度达 2000~2700℃，压力达 150GPa。

（3）地核。自古登堡面至地心部分称为地核。地核又分内核、过渡层和外核，厚度 3471km。地核主要是由含铁、镍量高且成分复杂的液体和固体物质组成，密度约 13.0g/cm³，温度达 3500~4000℃，中心压力达 360GPa。

通过对地球内部特征的了解，不难看出，地球内部处于数千摄氏度的高温状态，蕴含着巨大的能量。地球内部热源中，经常起作用的全球性热源有放射性元素衰变热、地热转运热以及外层生物作用释放的热能（化学反应热）。地球内部岩石和矿物中，具有足够丰度、生热率高、半衰期与地球年龄相当的放射性元素，衰变时产生的巨大能量是地球内部的主导热源。地球内部核心温度高达 3000~7000℃，会不间断地向地球表层传递热量。

受到地球内部的热源和太阳辐照等因素的影响，地球不同深度的地温是不同的。通常用地温场表示地球的热场，即地球内部各层中温度的分布状况。根据地温长期观测结果，可将地温场分为变温带、常温面和增温带，如表 6-1 所示。

地温场分布特征 表 6-1

类型	时间	垂向
变温带	日、年周期变化，地温是时间的函数	地温垂向梯度呈正负交替变化
常温面	不随时间变化，深度一定的地温特征值	
增温带	常年恒定	随深度递增，地温是深度的函数

（1）变温带

主要指靠近地表的最上层部分，这一带的地温主要受地球外部太阳辐射等影响，地温有着日、季节、多年乃至世纪的变化，所以又可称为可变温度带，其温度的变化幅度随着深度的增加呈现出规律性的递减，如图 6-2 所示。日变温带一般为 1.0~1.5m，年变温带深度在 15~30m。在我国季节性冻土分布区域，冻土层厚度一般小于 3m。

（2）常温面

指变温带以下的地壳，在一定深度内太阳辐射影响逐渐减弱，已不能使地温再发生温差变化。这一带的厚度很薄，地球内部的热能与变温带的影响在这一带内处于相对的平衡。各地区常温面的深度与温度各不一样，温度主要与当地的年平均气温相接近。不同纬度地区的常温面深度不同，我国已测得常温面深度在 15~30m 左右，其温度一般比当地年平均气温高 1~2℃。

（3）增温带

指常温面以下的一般地层，主要受地球内部热能的影响，又称内热带。该带内的温度

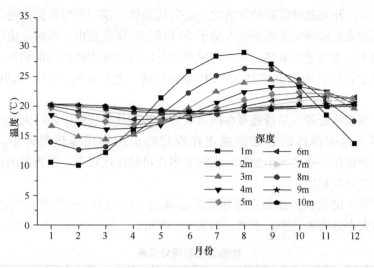

图 6-2 某城市不同深度土壤全年温度变化

随着深度增加而增高。温度的增加用地热增温率（垂直梯度）表示。在实际工程中，通常以每深 100m 或 1000m 的温度增加值来计算。地壳的近似平均地热梯度是 25～30℃/km，大于这个数字被称为地热梯度异常。在地热异常区，也常用每深 10m 或 1m 的温度增加值来表示温度梯度。

6.1.2 地热资源类型

1. 地热能

根据地热资源的性质和赋存状态，可将地热能分为蒸汽型、热水型、地压型、干热岩型和岩浆型五种类型。蒸汽型和热水型统称为水热型，是目前开发利用的主要对象；地压型在自然界中较为少见。干热岩型和岩浆型有很大的潜在开发价值，目前开发利用较少。

（1）蒸汽型地热资源，是指地下以蒸汽为主的对流热系统，以生产温度较高的蒸汽为主，含少量其他气体，液体水含量很低甚至没有。该类地热田的蒸汽出露地表后压力均高于当地大气压力，其温度至少等于饱和温度。蒸汽型地热田比较容易开发，发电技术较为成熟，但全球资源少、地区局限性大。蒸汽型地热田根据蒸汽的饱和状态又可以分为湿蒸汽型和干蒸汽型两类。

（2）热水型地热资源，是指地热热储中以水为主的对流热液系统，此类地热田又可按温度的高低分为高温地热田（热储温度高于 150℃）、中温地热田（热储温度 90～150℃）和低温地热田（热储温度低于 90℃）。冰岛雷克雅未克、墨西哥赛罗普列托、法国莫伦、匈牙利盆地等以及我国绝大多数地热田都属于水热型地热田。

（3）地压型地热资源，是指热储层埋深在 2～3km 以下，新近纪滨海盆地碎屑沉积物中的地热资源。由于热储上硬盖层压力超过了静水压力，井口压力可达 28～42MPa，温度一般在 150℃～180℃之间，更深处甚至可达 260℃。该类热储流体的能量由其中所含的热能、烷烃气体化学能以及异常高的压力势能三部分组成，因此它既是一种热能资源，也是一种水能资源，而且热流体中所溶解的甲烷、乙烷等烷烃气体，常常还作为副产品回收利用。

（4）干热岩型地热资源，是储存在地球深部岩层中的天然热能。由于深埋地下深处，温度高、含水少，开采此种能源的方法之一是直接采热，这一设想最初由美国新墨西哥州洛斯阿拉莫斯国家实验研究所的研究人员于 20 世纪 70 年代提出。同时，也可采用对接井或耦合井利用人工流体进行采热，在一定距离内打两口深度大致相同的钻井，从其中一口注入或压入冷水，任其在高热岩体裂隙中渗透吸热，之后从另一口井回收热流体加以利用。

（5）岩浆型地热资源，是指蕴藏在熔融状和半熔融状岩浆体中的巨大地热资源，这类热能存在于浸入地壳浅部的岩浆体或正在冷却的火山物质等热源体中，温度 600～1500℃，主要分布在一些多火山地区，埋深大多在可钻深度以下，在当前的技术经济条件下，尚无法直接开发利用。

根据《中华人民共和国地热资源地质勘察规范》GB 11615—2010，地热田按可开采热（电）能的大小分为大、中、小型，如表 6-2 所示。

地热田按规模分类表 表 6-2

地热田规模	高温地热田		中、低温地热田	
	电能（MW）	保证开采年限（年）	电能（MW）	保证开采年限（年）
大型	>50	30	>50	100
中型	10～50	30	10～50	100
小型	<10	30	<10	100

地热资源按温度可以分为高、中、低三级，如表 6-3 所示。

地热能温度分级表 表 6-3

温度分级		温度界限 t	主要用途
高温地热资源		$t \geqslant 150℃$	发电、烘干、供暖
中温地热资源		$90℃ \leqslant t < 150℃$	烘干、发电、工业利用
低温地热资源	热水	$60℃ \leqslant t < 90℃$	供暖、理疗、洗浴、温室
	温热水	$40℃ \leqslant t < 60℃$	理疗、洗浴、温室、供暖、养殖
	温水	$25℃ \leqslant t < 40℃$	农灌、养殖、温室、洗浴

注：表中温度是指主要储层的代表温度。

此外，国际上一般还将地热资源评估分为三类：第一类指地表以下 5000m 以内积存的总热量，这部分热量理论上是可采用的；第二类指上述在 40～50 年内可望有经济价值者；第三类指在 10～20 年内可具有现实经济价值者。

2. 地热能概念的延伸

随着热泵技术的成熟，通过输入少量的电能，使低于 25℃ 的水中热量用于热泵机组中循环介质的物理转换（热传导），循环介质的升温进一步通过热传导可产生 40℃ 以上的水，用于供暖和供生活热水。因此，地热能的概念有了进一步的延伸，出现了浅层地热能的概念。浅层地热能是指从地表至地下 200m 深度范围内，储存于岩土体、地下水和地表水中的温度低于 25℃，采用热泵技术可提取用于建筑物供热或制冷等的地热能。浅层地热能并不是传统意义上的地热能，是以广义的地热资源概念为基础，是深层地热能与太阳能共同作用的产物，是地热资源概念的扩展。

6.1.3 地热资源分布

1. 世界地热资源分布

根据国际能源署（IEA）、中国科学院和中国工程院等机构的研究报告显示，世界地热能基础资源总量约 1.25×10^{27} J（折合 4.27×10^8 亿 tce），其中埋深在 5000m 以内的地热能基础资源量 1.45×10^{26} J（折合 4.95×10^7 亿 tce）。就全球来说，地热资源的分布是不平衡的。明显的地温梯度每千米深度大于 30℃ 的地热异常区，主要分布在板块生长、开裂—大洋扩张脊和板块碰撞—衰亡—消减带部位。

（1）环太平洋地热带

该地热带包括东边的美国西海岸，南边的新西兰，西边的印度尼西亚、菲律宾、日本还有中国台湾等。它是世界上最大的太平洋板块与美洲、欧亚、印度板块的碰撞边界。世界许多著名的地热田都位于这个地热带，如美国的盖瑟斯、长谷、罗斯福，墨西哥的普列托、塞罗，新西兰的怀腊开，中国台湾的马槽和日本的松川、大岳等，其热储温度一般为 250～300℃，最高温大于 300℃。由于几大板块界面的力学性质复杂，因此沿板间界面展布的地热带类型较为齐全，具有洋中脊型、岛弧型和缝合线型，称其为复合型地热带。

（2）地中海—喜马拉雅地热带

地中海—喜马拉雅地热带包括意大利和我国西藏等。它是欧亚板块与非洲板块和印度板块的碰撞边界，其范围西起地中海北岸的意大利，向东南经土耳其、巴基斯坦到我国西藏阿里地区西南部，再往东至雅鲁藏布江和怒江流域，折向东南抵云南西部腾冲地热活动带，热储温度一般为 150～200℃，最高为羊八井地热田北区，达 329.8℃。世界第一座地热发电站，意大利的拉德瑞罗地热田就位于这个地热带上。

（3）大西洋中脊地热带

大西洋中脊地热带位于大西洋海洋板块开裂部位，大部分区域在海洋，北端穿过冰岛。冰岛的克拉弗拉、纳马菲亚尔和亚速尔群岛等一些地热田就位于这个地热带，热储温度为 200～250℃。

（4）红海—亚丁湾—东非大裂谷地热带

红海—亚丁湾—东非大裂谷地热带位于阿拉伯板块（次级板块）与非洲板块边界，沿洋中脊扩张带及大陆裂谷展布，北起亚丁湾至红海，南至东非大裂谷连续分布。据已有勘查资料，该地热带内有非洲的吉布提、埃塞俄比亚的达洛尔和肯尼亚的奥尔卡利亚等高温地热田，热储温度均大于 200℃。

除板块边界形成的地热带外，在板块内部靠近边界的部位，在一定的地质条件下也有高热流区，可以蕴藏一些中低温地热，其热流值大于大陆平均热流值 1.46 热流单位，而达到 1.7～2.0 热流单位。如我国的辽东半岛、华北平原及东南沿海地区等。

2. 我国地热资源分布

我国是地热资源相对丰富的国家，地热资源总量约占全球的 7.9%。其中，浅层地热能年开采资源量折合 7 亿 tce，可实现供暖（制冷）建筑面积 320 亿 ㎡；水热型地热能年可开采资源量折合 18.65 亿 tce（回灌情景下）。据初步估算我国大陆埋深 3000～10000m 干热岩型地热能基础资源量约 2.5×10^{25} J（折合 856 万亿 tce），其中埋深在 5500m 以浅的基础资源量约 3.1×10^{24} J（折合 106 万亿 tce）。目前，我国的地热资源可分为高温地热资源和中低温地热资源。

（1）高温地热资源

高温地热资源集中分布在西藏南部、四川西部、云南南部和台湾，这些地区构造上处于印度板块、太平洋板块和菲律宾板块（次级板块）的夹持地带，属于全球构造活动最为强烈的地区之一，沿板块边界展布出两条高温温泉密集带，即滇藏地热带和台湾地热带。滇藏地热带是我国大陆地区地热资源及地热发电资源潜力最大的区域，初步评估资料显示，藏南地区地热发电潜力为100～200MW，腾冲热海地热发电潜力约100MW，可直接利用的地热资源达到数百万千瓦。

（2）中低温地热资源

中低温地热资源广泛分布于我国内地（板内）地壳隆起区和地壳沉降区。板内地壳隆起区的地热资源分布主要有东南沿海地热带和胶辽半岛地热带，主要是热水活动密集带。其中，濒临东海、南海的福建、广东、海南三省，是地壳隆起区内温泉分布最密集的地带，水温大多在60～90℃。胶辽半岛地热带包括胶东半岛、辽东半岛和沿胶庐大断裂中段两侧地带。板内地壳沉降区的地热资源广泛分布于我国普遍发育中的中、新生代盆地内，一般在断陷盆地形成热水的隐伏热储体。在拗陷盆地的不同深度形成大面积分布的含水层，如华北、江汉、四川盆地，已相继获取热水和热卤水。尤以华北中新生代沉积盆地开发潜力最大，是我国地热资源直接利用最为广泛的地区。

6.2　地热开发利用现状

6.2.1　地热能直接利用

地热能直接利用包括地热供暖、制冷、养殖、烘干、温泉洗浴等，其中地热供暖在地热直接利用领域中应用最为广泛。截至2015年底，世界地热直接利用的总装机容量为70.33GW。目前，地热直接利用方式主要包括浅层地热能、水热型地热能等。

1. 浅层地热能利用

近年来，世界范围内利用浅层地热能的国家逐年增加，已从2000年的26个增长至2015年的48个。截至2015年底，开发利用浅层地热能的地源热泵总装机容量5万MW，占世界地热能直接利用总装机容量的71%；地源热泵安装台数与2010年相比增长51%。2015年美国累计安装地源热泵机组约140万台，2010～2015年年均增长10万台。瑞典、德国、法国、瑞士四国引领欧洲浅层地热能产业发展，地源热泵装机容量占整个欧洲的64%。

对于我国而言，浅层地热能利用起步于20世纪末，2000年利用浅层地热能供暖（制冷）建筑面积仅10万 m²。伴随着绿色奥运、节能减排和应对气候变化行动等的实施，浅层地热能利用进入快速发展阶段，2004年供暖（制冷）建筑面积仅767万 m²，2010年以来以年均28%的速度递增。截至2017年底，中国地源热泵装机容量达2万MW，位居世界第一位，年利用浅层地热能折合1900万 tce，实现供暖（制冷）建筑面积超过5亿 m²，主要分布在北京、天津、河北、辽宁、山东、湖北、江苏、上海等省市的城区，其中京津冀开发利用规模最大。

2. 水热型地热能利用

目前，水热型地热能利用呈现良好的发展态势。截至2015年底，全世界水热型地热能装机容量约 7556MW,占世界地热能直接利用总装机容量的 10.7%,年利用量 8.82×10^{16}J,与 2010 年相比增长 44%。利用水热型地热能供暖规模较大的国家有中国、土耳其、冰岛、法国和德国等。

近 10 年来,中国水热型地热能直接利用以年均 10%的速度增长,已连续多年位居世界首位。中国地热能直接利用以供暖为主,其次为康养、种养殖等。1990 年全国水热型地热能供暖建筑面积仅 190 万 m^2,2000 年增至 1100 万 m^2,截至 2015 年底,全国水热型地热能供暖建筑面积已达 1.02 亿 m^2,如表 6-4 所示。其中,天津市供暖建筑面积 2100 万 m^2,居全国城市首位,占全市集中供暖建筑面积的 6%;河北省雄县供暖建筑面积约 450 万 m^2,满足县城 95%以上的冬季供暖需求,创建了中国首个供暖"无烟城",形成了规模化开发利用"雄县模式"。据不完全统计,截至 2017 年底,全国水热型地热能供暖建筑面积超过 1.5 亿 m^2,其中山东、河北、河南增长较快。

我国水热型地热能规模分布(截至 2015 年底)　　　　表 6-4

地区	中深层水热型地热能供暖面积 (万 m^2)	地区	中深层水热型地热能供暖面积 (万 m^2)
北京	500	江西	0
天津	2100	安徽	50
河北	2600	江苏	50
山西	200	上海	0
内蒙古	100	浙江	0
山东	1000	辽宁	200
河南	600	吉林	500
陕西	1500	黑龙江	650
甘肃	0	广东	0
宁夏	0	福建	0
青海	50	海南	0
新疆	100	云南	0
四川	0	贵州	10
重庆	0	广西	0
湖北	0	西藏	0
湖南	0	合计	10210

6.2.2 地热能发电

地热能发电是地热利用的重要方式。2015 年,世界水热型地热能发电装机容量约 1.26 万 MW,与 2010 年相比增加 1700MW,增长 16%。其中,闪蒸发电系统装机占比 61.7%、干蒸汽发电占比 22.7%、双循环工质发电占比 14.2%、其他占比 1.4%。目前,干热岩型地热能的开发利用正处于试验阶段,开展试验的国家有美国、法国、德国等 8 个国家,经过数十年的探索研究,在干热岩型地热能勘查评价、热储改造和发电试验等方面取得了重要进展。截至 2017 年底,累计建设增强型地热能系统(EGS)示范工程 31 项,累计发电装机容量约 12.2MW。

我国地热能发电始于20世纪70年代,1970年12月第1台中低温地热能发电机组在广东省丰顺县邓屋发电成功;1977年9月第1台1MW高温地热能发电机组在西藏羊八井发电成功,中国成为第8个掌握高温地热能发电技术的国家。1991年,西藏羊八井地热能电站装机容量达25.18MW,其供电量曾占拉萨市电网的40%~60%。截至2017年底,我国地热能发电装机容量为27.28MW,排名世界第18位。在干热岩型地热能方面,我国起步较晚,2012年科技部设立国家高新技术研究发展计划(863计划),开启中国关于干热岩的专项研究。2013年以来,中国地质调查局与青海省联合推进青海重点地区干热岩地热能勘察,2017年在青海共和盆地3705m钻获236℃的干热岩体,是我国在沉积盆地首次发现高温干热岩型地热能资源。通过深入试验研究,未来有望在干热岩型地热能开发技术方面取得突破,可推动我国地热能发电及梯级高效利用产业集群快速发展。

6.3 地热能开发利用技术

地热资源的开发利用主要是利用其热能,它的温度直接决定了其开发利用价值,主要应用方向包括发电、烘干、取暖、医疗、洗浴、温室种植、养殖、农灌等领域,如图6-3所示。根据地热资源的温度不同,其开发利用领域也各不相同。考虑到建筑用户多样化的用能需求,在有条件的工程中,推广地热能的梯级利用是实现地热资源利用效率最大化的重要措施,可以达到"吃干榨净"的目的。根据地热温度不同,其开发利用技术也不尽相同。目前,可以大体分为地热直接利用技术和地热发电技术。

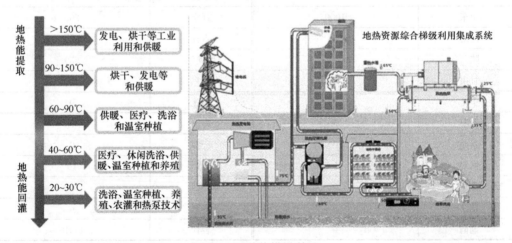

图6-3 地热能梯级利用

6.3.1 地热直接利用技术

1. 地源热泵技术

地源热泵系统利用大地(土壤、地表水、地下水等)作为冷、热源,通过管内液体(水、防冻液等)循环与大地进行热量交换,使不能直接利用的低品位热能转换为可利用的高品位热能,是目前开采浅层地热能中应用最为广泛的技术之一。由于较深的地层中在未受干扰的情况下常年保持恒定的温度,远高于冬季的室外温度,又低于夏季的室外温度。因此地源热泵可克服空气源热泵低温运行、结霜除霜等技术障碍,且效率大大提高。

此外，冬季通过热泵把大地中的热量升高温度后对建筑物供热，同时使大地中的温度降低，即蓄存了冷量，可供夏季使用，夏季通过热泵把建筑物中的热量传输给大地，对建筑物降温，同时在大地中蓄存热量供冬季使用。在地源热泵系统中，大地起到了蓄能的作用，进一步提高了空调系统全年的能源利用效率。按照所利用冷、热源的不同类型，地源热泵系统主要可分为三类：地表水热泵、地下水源热泵、地埋管地源热泵。由于地表水、地下水和土壤的温度不同，不同地源热泵系统在不同地区应用的运行效果也不相同，如图6-4所示。

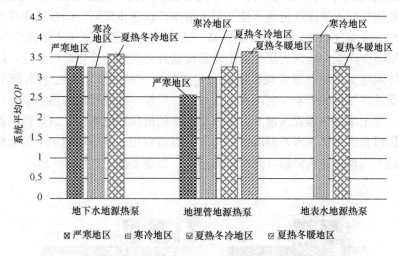

图6-4 不同气候区地源热泵系统运行性能

（1）地下水地源热泵

地下水地源热泵系统的热源是从水井或废弃的矿井中抽取的地下水，如图6-5所示。经过换热的地下水可以排入地表水系统，当对于较大的应用项目通常要求通过回灌井把地下水回灌到原来的地下水层。水质良好的地下水可直接进入热泵换热，这样的系统称为开式环路。由于地下水温度常年基本恒定，夏季比室外空气温度低，冬季比室外空气温度高，且具有较大的热容量，因此地下水地源热泵系统的效率比空气源热泵高，并且不存在结霜等问题。近年来，地下水地源热泵系统在我国得到了迅速发展。

但是，地下水地源热泵系统的应用也受到许多条件的限制。首先，这种系统需要有丰富和稳定的地下水资源作为先决条件。按常规计算，$10000m^2$的空调面积需要的地下水量约为$120m^3/h$。地下水地源热泵系统的经济性还与地下水层的深度有很大的关系。如果地下水位较低，不仅成井的费用增加而且运行中水泵的耗电量也会增加，将大大降低系统的效率。其次，虽然理论上抽取的地下水将回灌到地下水层，但在很多地质条件下回灌的速度大大低于抽水

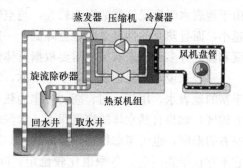

图6-5 地下水地源热泵系统

的速度，从地下抽出来的水经过换热器后很难再被全部回灌到含水层内，从而造成地下水

资源的流失。最后，即使能够把抽取的地下水全部回灌，怎样保证地下水层不受污染也是一个应关注的问题，现阶段国内外对此要求均十分严格。

（2）地埋管地源热泵

地埋管地源热泵系统是利用地下常温土壤温度相对稳定的特性，通过深埋于建筑物周围的管路系统与建筑物内部完成热交换，通过热泵提升后进行供热（冷）的系统。它是利用岩石、土壤作为蓄热体。岩土层的温度分布主要受控于其吸收的太阳辐射，一般通过大气与土壤的热量交换实现。太阳辐射提高了土壤表层温度，使土壤剖面中形成温度梯度，导致表层热量逐步向土壤深度传递，使下层土壤温度也逐步提高，而在冬季或夜间，辐射很少，相对地表或空气温度，土壤温度较高，所形成的温度梯度使土壤向空气中传递热量，导致土壤温度降低。地表表层处岩土体温度受外界气候的变化影响显著，随着深度的递增，岩土体温度变化将逐渐变缓；地表一定深度以下的岩土层温度基本能全年保持稳定，几乎不受外界气候的影响。利用岩土层的这一特性，地埋管地源热泵系统以土壤作为热源或热汇，将土壤换热器置入地下，冬季将地下的低位热能取出，通过热泵提升温度后实现对建筑供暖和供生活热水，同时蓄存冷量，以备夏用；夏季将建筑中的余热取出，通过热泵排至地下实现对建筑降温，同时蓄存热量，以备冬用，如图 6-6 所示。

图 6-6　地埋管地源热泵系统

（3）地表水地源热泵

地表水地源热泵系统的热源是池塘、湖泊或河溪中的地表水，如图 6-7 所示。在靠近江、河、湖、海等大体量自然水体的地方，利用这些自然水体作为热泵的低温热源是值得考虑的一种空调热泵形式。当然，这种地表水地源热泵系统受到自然条件的限制。此外，由于地表水温度受气候的影响较大，与空气源热泵类似，当环境温度越低时热泵的供热量越小，而且热泵的性能系数也会降低。一定的地表水体能够承担的冷热负荷与其面积、深度和温度等多种因素有关，需要根据具体情况进行计算。

一般来说，只要地表水冬季不结冰，均可作为低温热源使用。我国长江、黄河流域有丰富的地表水，用江、河、湖、海作为热泵的低品位热源，可获得较好的经济效果。在北方地区，如果自然水体的容量很大，水深较深，则冬季水体表面结冰后水底仍将保持 4℃左右的温度，也可考虑作为热泵的热源。地表水相对于室外空气来说，算是高品位热源，它不存在结霜问题，冬季也比较稳定，除了在严寒季节外，一般不会降到 0℃以下。因此，早期的热泵中就开始用江河水、湖水等作为低品位热源，利用海水作为热泵热源的实例已有很多（包括以海水作为制冷机的冷却水）。如 20 世纪 90 年代初建成的大阪南港宇宙广场区域供热、供冷工程，为 23300kW 的热泵提供热源。目前我国大连、青岛等沿海城市也正在建设大型海水源热泵供热项目。

从工程应用来看，对地表水的利用在取水结构和处理方面需要花费一定的投资，如清除浮游垃圾及海洋生物，防止污泥进入，以免影响换热器的传热效率；同时要采用防腐蚀的管材和换热器材料避免海水对普通金属的腐蚀。此外，河川水和海水连续取热降温（冬季供暖）或经升温后再排入（夏季制冷），对自然界生态有无影响，也是业内关注的重点问题。

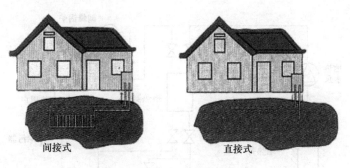

图 6-7　地表水地源热泵系统

2. 水热型地热供热技术

水热型地热供热技术可以分为地热直接供热系统与地热间接供热系统两类。

（1）地热直接供热系统

地热直接供暖系统是指来自地热井的地热水，经过管道系统直接送往用户的供暖系统。供暖后的回水可作为综合利用或回灌。地热直接供暖系统要求地热水井供水稳定，水质好，无腐蚀性。地热直接供暖系统，一般由地热井及井口装置、除砂器、流体输配管道系统、用户系统和排放（回灌）系统以及必要的调峰设备所组成，如图 6-8 所示。

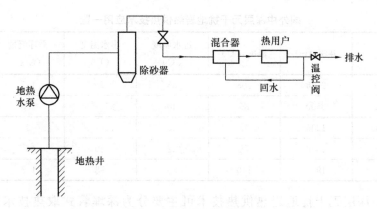

图 6-8　地热直接供热技术

地热直接供热系统的供热调节主要通过调节地热水流量的方式来实现，常见调节方法包括以下几种：①间隙运行法。它是利用地热井泵间隙运行来改变管道中地热水的平均流量。但井泵时开时关会影响其使用寿命。②井口回流法。它是通过调节旁通管中的地热水流量，将地热水的一部分回流到井内，以调节向用户供应的实际供水量。③节流法。它是利用阀门来调节地热水泵的出水量。④利用可调速的井泵。这是一种最合理最节能的调节方法，已获得普遍应用。

（2）地热间接供热系统

对于有腐蚀性的地热水，应采用间接供热系统，如图 6-9 所示。采用换热器将地热水和供暖循环水隔开。地热水通过换热器将热量供给洁净的循环水后排放或综合利用。循环水与地热水流量比一般为 1.0～1.3。

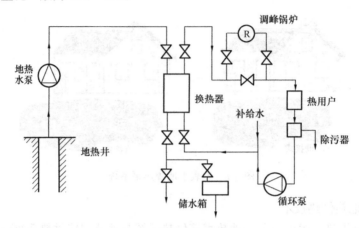

图 6-9　地热间接供热技术

3. 中深层无干扰地岩热供热技术

国外最早于 1995 年就提出了利用深井换热技术开采中深层水热型地热能为建筑供暖的思路。但这些工程的开发初衷多是为寻找水热型地热资源，但在钻到预定深度之后发现是干孔，于是转移技术路线，由传统的水热型地热资源开采技术转为中深层无干扰地岩热供热技术，如表 6-5 所示。

国外中深层无干扰地岩热供热技术应用一览　　　　　　　　　　　　表 6-5

地区	井深（m）	温度（℃）	进水温度（℃）	出水温度（℃）	循环流量（L/s）	延米功率（W）
德国 Penzlau	2786	108	35	70	1.7	53.8
德国 Aachen	2500	85	40	25～55	2.8	46.8
瑞士 Weisshad	1200	45	20	10～30	3	66.7
瑞士 Weggis	2300	78	32	40	—	43.5
美国 Hawaii	1962	110	30	98	1.3	188.8

目前，中深层无干扰地岩热供热技术可主要分为深埋管式取热技术和热管取热技术。

（1）深埋管式提取技术

中深层地热能深埋管式提取技术是通过向中深层岩层钻井（一般在 2000～3000m），安装套管换热器，让低温流体通过套管外侧与岩土进行换热升温后，由套管内侧返回并在地面系统完成热量提取后，回到套管外侧，实现闭式循环，如图 6-10 所示。

（2）热管式取热技术

中深层地热能热管取热技术是通过钻机向中深层高温岩层钻孔（一般在 2000～3000m），在钻孔中安装涂有保温防腐材料的密闭金属换热器，利用换热器内超长热管的热传导特性，在地下换热系统中采取单井换热，将高温岩层的热能提取至地面，并向建筑供热的技术，如图 6-11 所示。

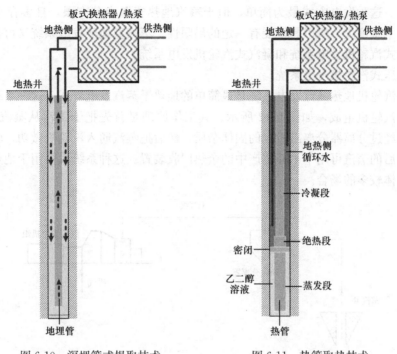

图 6-10　深埋管式提取技术　　　　　图 6-11　热管取热技术

6.3.2　地热发电技术

地热发电技术的基本原理与常规的燃煤、燃油火力发电是相似的，都是用高温高压的蒸汽驱动汽轮机（将热能转变为机械能）带动发电机发电。不同的是，火电厂是利用煤炭、石油、天然气等化石燃料燃烧时所产生的热量，在锅炉中把水加热成高温高压蒸汽。而地热发电不需要消耗燃料，而是直接利用地热蒸汽或利用地热能加热其他工质所产生的蒸汽。

地热发电的流体性质，与常规的火力发电也有所差别。火电厂所用的工质是纯水蒸气；而地热发电所用的工质要么是地热蒸气（含有硫化氢、氦气等气态杂质，这些物质通常是不允许排放到大气中的），要么是低沸点的液体工质（如异丁烷、氟利昂等）经地热加热后所形成的蒸汽（一般也不能直接排放）。

此外，地热电站的蒸汽温度要比火电厂的锅炉产生的蒸汽温度低得多，因而地热蒸汽经涡轮机的转换效率较低，一般只有 10% 左右（火电厂涡轮机的能量转换效率一般为 35%～40%），也就是说，3 倍的地热蒸汽流才能产生与火电厂的蒸汽流对等的能量输出。

地热发电一般要求地热流体的温度在 150℃，甚至 200℃上，这时具有相对较高的热转换效率，才能使发电成本降低，经济性较好。在缺乏高温地热资源的地区，中低温（例如，100℃以下）的地热水也可以用来发电，只是经济性较差。由于地热资源温度和压力低，地热发电一般采用低参数小容量机组。经过发电利用的地热流都将重新被注入地下，这样做既能保持地下水位不变，又可以在后续的循环中再从地下取回更多的热量。

1. 蒸汽型地热发电系统

蒸汽型地热发电是把地热蒸汽田中的干蒸汽引入汽轮机发电机组进行发电的一种发电模式。有些高温地热田能够获得地下干蒸汽，并且具有较大的压力，可以直接驱动汽轮发电机组发电。不过，在把地热蒸汽引入汽轮机之前，先要把地热蒸汽中的岩屑、矿粒和水滴分离出去。这种发电方式最为简单，但干蒸汽地热资源十分有限，且多存于较深的地层，开采技术难度大，所以其发展有一定的局限性。蒸汽型地热发电系统又可分为两种形式，即背压式汽轮机发电系统和凝汽式汽轮机发电系统。

（1）背压式汽轮机发电系统

背压式汽轮机地热蒸汽发电系统是最简单的地热干蒸汽发电方式。这种系统主要由净化分离器和汽轮机组成，如图 6-12 所示。其工作原理是首先把干蒸汽从蒸汽井中引出，加以净化，经过分离器分离出所含的固体杂质，然后把蒸汽通入汽轮机做功，驱动发电机发电，做功后的蒸汽可用于工业生产中的余热回收装置。这种系统大多用于地热蒸汽中所含不凝性气体较多的场合。

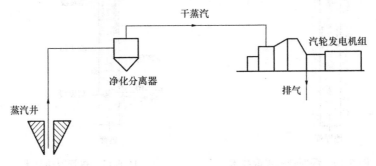

图 6-12　背压式汽轮机发电系统

（2）凝汽式汽轮机发电系统

凝汽式汽轮机地热蒸汽发电系统如图 6-13 所示。在该系统中，由于蒸汽在汽轮机中能膨胀到很低的压力，因而能做出更多的功。做功后的蒸汽排入混合式凝汽器，并在其中被循环水泵打入的冷却水所冷却而凝结成水，然后排走。在凝汽器中，为保持很低的冷凝压力，即真空状态，设有两台带有冷却器的抽气器，用来把由地热蒸汽带来的各种不凝性气体和外界漏入系统中的空气从凝汽器中抽走。采用凝汽式汽轮机，可以提高蒸汽型地热电站的机组发电效率，因此这种发电系统最为常见。

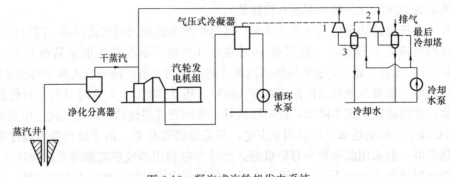

图 6-13　凝汽式汽轮机发电系统

2. 水热型地热发电系统

水热型地热发电是目前地热发电的主要方式。这里所说的"水热型",包括热水和蒸汽混合的情况（即湿蒸汽）。该系统适用于分布最为广泛的中低温地热资源。低温热水产生的热水或湿蒸汽不能直接送入汽轮机，需要通过一定的手段，把热水变成蒸汽或者利用其热量产生别的蒸汽，才能用于发电。于是，地下热水发电就有了两种方式：一种是通过减压等方法将热水快速地转变为蒸汽，直接利用地下热水所产生的蒸汽进入汽轮机工作，叫作闪蒸地热发电系统（即"减压扩容法"）；另一种是利用地下热水来加热某种低沸点工质，使其产生蒸汽进入汽轮机工作，由该工质蒸汽推动汽轮机工作，叫作双循环地热发电系统（即"低沸点工质法"）。

（1）闪蒸地热发电系统

水的沸点和气压有关，当气压为一个标准大气压即 101.325kPa 时，水的沸点是 100℃。如果气压降低，则水的沸点也相应地降低。当气压为 50.663kPa 时，水的沸点降到 81℃；当气压为 20.265kPa 时，水的沸点为 60℃。根据水的沸点和压力之间的这种关系，可以把 100℃ 以下的地下热水送入一个密封的容器中进行抽气降压，使温度不太高的地下热水因气压降低而沸腾，变成蒸汽。由于热水降压蒸发的速度很快，是一种闪急蒸发过程，同时当热水蒸发产生蒸汽时，它的体积要迅速扩大，因此这个容器就叫作闪蒸器或扩容器。用这种方法来产生蒸汽的发电系统，叫作闪蒸地热发电系统，也叫作减压扩容地热发电系统。闪蒸后剩下的热水和汽轮机中的凝结水可以供给其他热水用户利用。利用完后的热水再回灌到地层内。这种方式适合于地热水质较好且不凝气体含量较少的地热资源。

闪蒸地热发电又可以分为单级闪蒸地热发电系统、两级闪蒸地热发电系统和全流法地热发电系统等。

1）单级闪蒸地热发电系统

根据地热资源的不同，单级闪蒸地热发电系统又可以分为湿蒸汽型和热水型，如图6-14 所示。两种形式的差别在于蒸汽的来源或形成方式。如果地热井出口的流体是湿蒸汽，则先进入汽水分离器，分离出的蒸汽送往汽轮机，分离下来的水再进入闪蒸器，得到的蒸汽再进入汽轮机发电。

2）两级闪蒸地热发电系统

两级闪蒸地热发电系统如图 6-15 所示。在该系统中，第一次闪蒸器中剩下来汽化的热水，又第二次进入压力进一步降低的闪蒸器，产生压力更低的蒸汽再进入汽轮机做功。它的发电量可比单级闪蒸地热发电系统增加 15%～20%。

3）全流法地热发电系统

全流法地热发电系统是把地热井口的全部流体，包括蒸汽、热水、不凝气体及化学物质等，不经处理直接送进全流动力机械中膨胀做功，然后排放或收集到凝汽器中。这样可以充分地利用地热流体的全部能量。该系统由全流膨胀器、汽轮发电机组和凝汽器等部分组成。它的单位净输出功率可比单级闪蒸地热发电系统和两级闪蒸地热发电系统的单位净输出功率分别提高的 60% 和 30% 左右。

（2）双循环地热发电系统

这是 20 世纪 60 年代以来在国际上兴起的一种地热发电技术。这种发电技术不是直接利用地下热水所产生的蒸汽进入汽轮机做功，而是通过热交换器利用地下热水来加热某种

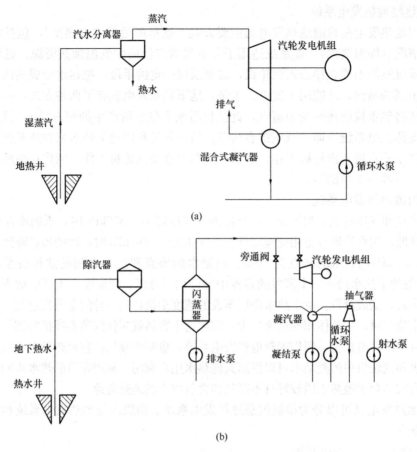

图 6-14 单级闪蒸地热发电系统

(a) 湿蒸汽型；(b) 热水型

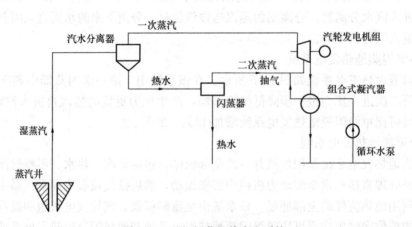

图 6-15 两级闪蒸地热发电系统

低沸点的工质，使之变为蒸汽，然后用此蒸汽去推动汽轮机，并带动发电机发电。汽轮机排出的乏汽经凝汽器冷凝成液体，使工质再回到蒸发器重新受热、循环使用，如图 6-16 所示。在这种双循环发电系统中，常采用两种各自独立循环的流体：一种是作为热源的地热流体，另一种是作为工作介质来完成将地下热水的热能转变为机械能的低沸点工质流体。所谓的双循环地热发电系统即由此而得名。双循环发电常用的低沸点工质.多为碳氢化合物或碳氟化合物，如异丁烷（常压下沸点为－11.8℃）、正丁烷（－0.5℃）、丙烷（－42.17℃）、氯乙烷（12.4℃）和各种氟利昂，以及异丁烷和异戊烷等的混合物。

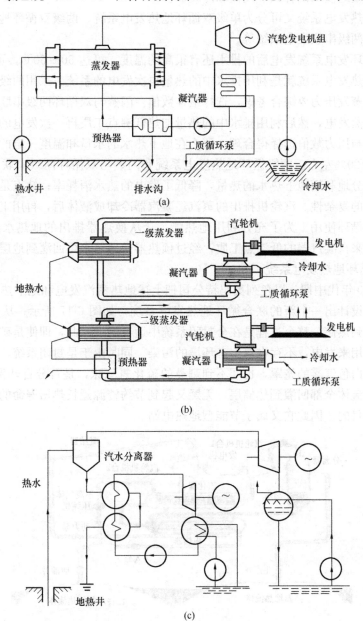

图 6-16　循环地热发电系统
（a）单级双循环地热发电系统；（b）两级双循环地热发电系统；（c）闪蒸与
双循环两级串联发电系统

双循环发电系统的优点是：热效率较高，可以利用温度较低的地热资源；低沸点工质蒸汽压力高，因而设备紧凑，汽轮机的尺寸小；地热水与发电系统并不直接接触，易于适应化学成分比较复杂的地下热水。

双循环发电系统的缺点是：低沸点工质价格较高，来源有限，易燃、易爆，甚至有毒性和腐蚀性；大部分低沸点工质传热性都比水差，需要相当大的金属换热面积；不像扩容法那样可以方便地使用混合式蒸发器和冷凝器。

双循环地热发电系统又可分为单级双循环地热发电系统、两级双循环地热发电系统和闪蒸与双循环两级串联发电系统等。

单级双循环发电系统发电后的排水还有很高的温度，可达 50～60℃，可以再次利用。两级双循环地热发电系统就是利用排水中的热量再次发电的系统。采用两级利用方案，各级蒸发器中的蒸发压力要综合考虑，选择最佳数值。闪蒸与双循环两级串联发电系统就是第一级采用闪蒸发电，然后利用排水中的热量加热低沸点工质再一次发电的系统。如果这些系统中温度与压力数值选择得合理. 那么在地下热水的水量和温度一定的情况下，一般可提高发电量 20％左右。两级循环地热发电系统和闪蒸与双循环两级串联发电系统的优点是都能更充分地利用地下热水的热量，降低了发电的热水消耗率；缺点是都增加了设备的投资和运行的复杂性。汽轮机排出的蒸汽经凝汽器冷却成液体后，再用工质泵送回换热器重新加热，循环使用。为了充分利用地热能，让从换热器排出的地热水经过一个预热器，用于预热来自凝汽器的低沸点工质，经过预热器的地热水再回灌到地层中。

3. 联合循环地热发电系统

20 世纪 90 年代中期，以色列奥玛特公司把上述地热蒸汽发电和地下热水发电两种系统合二为一，设计出一个新的联合循环地热发电系统，如图 6-17 所示。从生产井到发电机，最后回灌到热储。整个过程是在全封闭系统中运行的。因此，即使是矿化度甚高的热卤水也照常可用来发电，不存在对生态环境的污染。同时由于是封闭系统，因此电厂厂房上空也见不到白色气雾的笼罩，也闻不到刺鼻的硫化氢气味，是百分百环保型的热电站。由于发电后的流体全部回灌到热储层，无疑又起到节约资源延长热田寿命的作用，达到了可持续利用的目的。因此它又属于节能型地热电站。

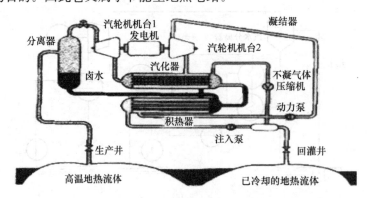

图 6-17　联合循环地热发电系统

这种联合循环地热发电系统最大的优点是可以适用于大于 150℃的高温地热流体发电，经过一次发电后的流体，在温度不低于 120℃的工况下，再进入双工质发电系统进行二次做功，这就充分利用了地热流体的热能，既提高了发电的效率，又能将以往经过一次发电后的排放尾水进行再利用，从而大大地节约了资源。

4. 干热岩地热发电系统

干热岩地热发电系统是用高温岩体发电，就是利用地下岩的热量，将注入岩体的水变成蒸汽，以驱动汽轮机发电。早在 1970 年，美国科学家莫顿和史密斯就提出利用地下干热岩发电。1972 年，他们在新墨西哥州北部打了两口约 4000m 的深斜井，从一口井将冷水注入干热岩体中，从另一口井取出经岩体加热产生的蒸汽，功率达 2.3MW。目前，进行干热岩发电研究的还有日本、英国、法国、德国和俄罗斯等国家，但迄今尚无大规模应用。

6.4 地热能应用案例

6.4.1 重庆江北城 CBD 区域水源热泵项目

重庆市江北城 CBD 位于江北区长江与嘉陵江交汇处，东临长江、南濒嘉陵江，与渝中区朝天门、南岸弹子石滨江地区隔江相望，地理位置优越，自然条件极佳，是重庆市在建的中央商务区。为营造一个节能减排、环境友好的城市区域，充分利用可再生能源，江北城 CBD 项目确定使用江水源热泵满足该区域集中供冷供热的需求。本节选择 2 号能源站 I 期工程进行具体介绍。

1. 技术方案

(1) 江水系统

本工程采用嘉陵江江水作为机组冷热源，根据对嘉陵江水温实测数据分析，在同一断面水温无明显分层现象，考虑到上层江水含沙量较低，易于处理，故选取浅层江水作为机组冷却水。取水工程采取渗渠取水、直接取水两种方式，其中渗渠设计取水量 2000m³/h，地表设计取水量 1600m³/h，江水系统采用串联输送方式，由取水井下的取水泵将江水输送到冷热源机房，再通过机房内的江水循环泵承担机房内江水系统的循环阻力，江水取水参数如表 6-6 所示。

江水取水参数表　　　　　　　　　　　　　　　　　表 6-6

取水参数	取水量（t/h）	夏季水温（℃）	冬季水温（℃）
渗渠取水	2000	22	12
直接取水	1600	23	11

设计江水进出水温度　　　　　　　　　　　　　　　　表 6-7

取水方式	主机类型	夏季（℃）		冬季（℃）	
		进水	出水	进水	出水
渗渠取水	一级	21.5	27.25	14.5	9.5
	二级	27.25	33	9.5	4.5
直接取水	一级	23	28	—	—
	二级	28	33	—	—

渗渠取水江水通过两级制冷制热主机释热/吸热后退还至嘉陵江。直接取水用于夏季制冷，通过两级双工况主机释热后退还至嘉陵江。为防治直接使用地表水不能保证主机的

正常运行、能源站不能满足区域供冷的情况出现，直接取水的两台双工况主机设置渗渠水管道系统，设计江水进出水温度如表 6-7 所示。取水泵与江水循环泵均为定速泵，根据主机台数进行取水泵与江水循环泵运行的台数控制，从而在满足制冷制热主机运行要求的基础上节约水泵能耗。渗渠取水江水系统设置具有防垢、防腐、防藻功能的电子水处理器，直接取水江水系统设置旋流除砂器和具有絮凝、防垢、防腐、防藻功能的电子水处理器。为防止泥沙沉积在冷凝器内造成主机效率下降的情况出现，对采用直接取水的双工况机组设置一套自动清洗冷凝器的清洁球机。

（2）空调冷热水系统

夏季空调冷负荷 32MW，冬季供热热负荷 20MW，机房设置 5 台机组，其中包括 2 台双工况机组（名义制冷量 7385.7kW、名义制冰量 4572.1kW）和 3 台热泵机组（单台制冷量 7034kW、制热量 7350kW）。工程设计冷负荷 103MW，设计热负荷 45MW，机房设置 7 台机组，其中包括 4 台制冷制冰双工况机组（名义制冷量 8089kW，名义制冰量 5133kW）、2 台制冷制热制冰三工况机组（名义制冷量 7806kW，名义制冰量 4915kW，名义制热量 9383kW）和 1 台热泵机组（名义制冷量 8087kW，名义制热量 9383kW）。其中，基载主机空调冷水系统、空调热水系统均为二次泵变频变流量系统，每台基载热泵机组配置 1 台冷热水共用循环水泵，共设置 4 台外网循环泵。空调冷热水区域管网采用多次泵系统，设于机房内的主循环泵维持区域管网最不利用户资源压头为零，设于各用户建筑内的循环水泵承担建筑内的水系统阻力。空调冷水供回水温度为 3/13℃，空调热水供回水温度为 45/35℃。冷热源系统示意图如图 6-18 所示。

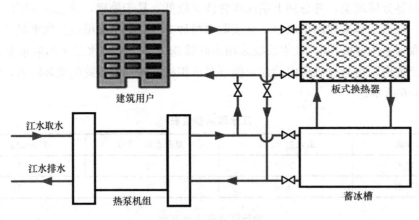

图 6-18　系统示意图

2. 技术经济性

相关文献资料对本工程冷热源系统在初始投资、电力设备装机容量、机房建筑面积、年运行费用等方面与传统冷热源系统进行了详细的对比研究，如表 6-8 所示。

传统冷热源系统与本项目系统主要指标比较　　　　　表 6-8

序号	类别	单位	传统冷热源	2 号能源站	系统比较
1	初始投资	万元	18611	30491	11880
2	电力设备装机容量	kW	41200	18619	−22581

续表

序号	类别	单位	传统冷热源	2号能源站	系统比较
3	机房建筑面积	万 m²	1.681	0.81	−0.871
4	冷却塔用水量	万 m³	71.99	0	−71.99
5	全年运行费用	万元	4525	3658	−867

可以看出，对本工程来说，虽然江水源热泵区域集中供冷供热比传统冷热水系统初始投资高出 11880 万元，但是从装机容量、运行费用、节水节地以及环保效益上都具有明显优势。在装机容量上，在同等服务范围内，其装机容量可以减少 50%～60%，由于系统设备装机容量的减小，配套系统容量也相应减少，电力增容费大幅下降；在运行费用上，江水源热泵区域集中供冷供热系统节能效果更加明显，年均减少运行费用可达 867 万元；在节水节地上，由于取消常规冷却塔装备，每年可节水超过 71.99 万 m³，同时机房面积大幅削减，减少机房建筑面积可达 0.871 万 m²，若按平均容积率 2.3 计算，可节约占地达 0.4 万 m²；在环保效益上，由于取消了燃气锅炉，据估算预计每年可减少排放 CO_2 约 10438t、SO_2 约 315t、NO_X 约 157t，减少粉尘排放约 2850t。

3. 运行效果

现阶段，2 号能源站已开始投入使用，根据实际运行记录数据，得到江北城 CBD 区域 2 号能源站实际运行的基本情况。

(1) 江水温度

重庆大学对江北城 CBD 区域 2 号能源站运行期间的江水温度进行了实测，水温测试采用精度 0.1℃ 的温度计，室外温度测试点位于 2 号能源站放水门外，江水温度测试点设置在嘉陵江水面以下 1m 的位置。2011—2013 年室外温度及江水取水温度数据如图 6-19～图 6-21 所示。可以看出，2011—2013 年，室外月平均温度和江水月平均温度最大值出现在 8 月份，平均温度最小值出现在 1—2 月份。2011—2013 年 8 月份江水平均温度约27～28℃，1—2 月份江水平均温度约 10～11℃。

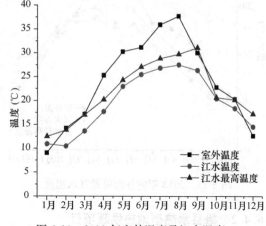

图 6-19 2011年室外温度及江水温度

(2) 运行策略

2 号能源站设计采用江水源热泵＋冰蓄冷的冷热源系统，制冷主机均为单蒸发器，融冰装置为冰盘管，外融冰方式。夏季夜间利用谷段电价使用双工况主机和三工况主机满负荷制冰，夏季白天则有双工况主机、三工况主机、热泵主机及蓄冰设备融冰联合供冷；冬季由热泵主机和三工况主机联合供暖。

(3) 运行效果

根据实际运行记录，计算得出机房侧 2011—2013 年间系统运行的 COP，如图 6-22 所示。其中，2011 年 1 月 1 日—12 月 18 日只有重庆大剧院运行，2011 年 12 月 19 日—2012

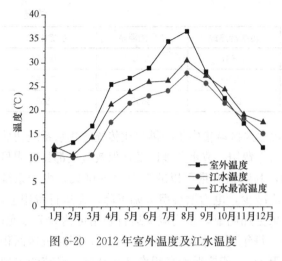

图 6-20 2012 年室外温度及江水温度

年 7 月 22 日重庆大剧院和金融街 AB 共同运行，7 月 23 日—12 月 31 日重庆大剧院、金融街 AB、中央公园共同运行，2013 年 1 月 1 日—6 月 15 日重庆大剧院、金融街 AB、中央公园共同运行（金融街 CD 间断运行，忽略不计），2013 年 6 月 16 日—12 月 31 日，重庆剧院、金融街 AB、中央公园、金融街 CD 共同运行。其中，夏季供冷期为 5 月 15 日—9 月 15 日，共 124 天；冬季供暖期为 12 月 15 日—次年 2 月 28 日，共 76 天。从图中可以看到供冷周期内大多数时间实测 *COP* 值均在 3.0～4.0 之间，供暖周期内大多数时间实测 *COP* 值在 2.5～3.5 之间。系统运行效果较好。

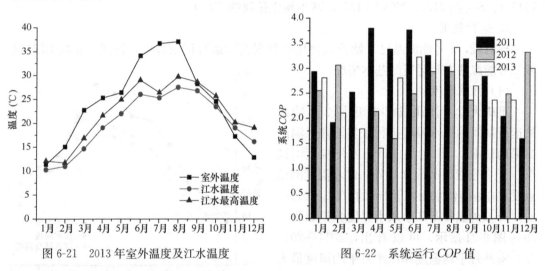

图 6-21 2013 年室外温度及江水温度   图 6-22 系统运行 *COP* 值

6.4.2 雄县水热型地热供暖项目

保定雄县开发地热能已有近 40 年历史。早期由于受资金、技术、人才等瓶颈的制约，存在分布广且散、管理水平粗放、资源利用效率低等问题，地下水位持续下降，资源安全、环境安全以及可持续发展受到严重威胁。为解决上述问题，基于"保护性开发资源、生态文明建设、绿色低碳经济发展"等理念，雄县于 2009 年引入专业机构开始全面建设雄县地热供暖项目。经过多年的共同努力，雄县地热资源开发利用开始走上了科学、规范、可持续开发的新路子，累计建成地热能供暖能力 530 万 m²，县城城区基本实现地热供暖全覆盖，成为我国第一个"无烟城"。

1. 地热资源情况

雄县的地热资源主要分布于雄县西部的牛驼镇凸起范围内，并多集中于县城和乡镇，如图 6-23 所示。它的地热资源具有五个突出特点：一是面积广，雄县境内均有地热显示，其中基岩热储面积 320km²，占县域面积的 61%，占牛驼镇地热田总面积的 50%；二是储量大，地热水储量达 821.78×10^8 t，相当于 6.63×10^8 tce；三是埋藏浅，热储埋深 $500 \sim 1200$m，便于开发利用；四是温度高，热储层底部温度为 $92 \sim 118℃$，出水温度 $55 \sim 86℃$；五是水质优，地热水一般为氯化物碳酸钠型水，矿化度一般在 $0.5 \sim 2$g/L，并且富含锂、锶、碘、锌、钾等多种微量元素，达到国家医疗热矿水标准，具有很高的医疗价值。

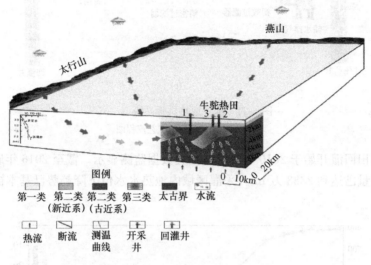

图 6-23　雄县牛驼镇地热田

2. 技术方案

地热资源开发利用技术经历了两代的演变。第一代技术的基本特征是直采、直供、直排，由于资源保温、环境破坏等问题，现已放弃不用。第二代技术是采灌结合、用热不用水，现阶段在国内外得到广泛应用。其中，雄县项目就采用了第二代技术，即"间接换热、采灌结合"的技术，通过换热技术提取地热水中的热能进行热交换，换热后的地热尾水通过"一采一灌"、"三采两灌"等技术手段，实现100%同层回灌，如图6-24所示。地热尾水的完全回灌，解决了地热水对小区管网、末端的腐蚀以及直接排放造成的污染问题，实现了保护环境、清洁发展、资源可持续利用的目标。

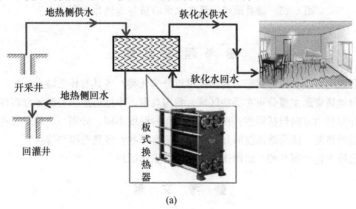

(a)

图 6-24　雄县地热供暖系统（一）

（a）系统示意图

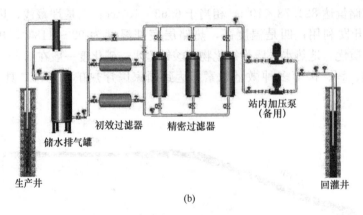

(b)

图 6-24　雄县地热供暖系统（二）

(b) 回灌站过滤系统工艺流程图

　　雄县地热田回灌开始于 2010 年，根据相关数据监测显示，截至 2016 年底，雄县地热田的累计回灌量已达到 2383 万 m³，采灌区域内地热水水位下降趋势已基本被遏制，如图 6-25 所示。

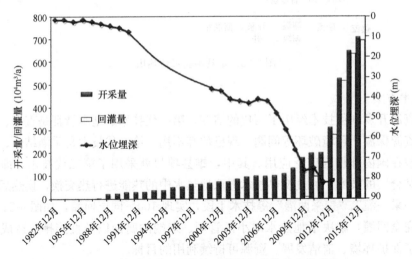

图 6-25　雄县地热田地热水采灌量与地热井水位变化

思 考 题 与 习 题

1. 根据地热资源的性质和赋存状态，地热能可以分为几类？各具有什么特点？
2. 世界范围内地热资源主要分布在哪些区域？我国高温、中低温地热资源各分布在哪些地区？
3. 地热能的开发利用方向包括哪些？根据地热资源的温度不同，分别可应用于哪些领域？
4. 什么是浅层地热能？浅层地热能的开发利用技术有哪些？各具有哪些特点？
5. 地热能发电技术包括哪几种？请阐述各类技术的工作原理。

参 考 文 献

[1] 胡郁乐，张惠，等. 深部地热钻井与成井技术[M]. 北京：中国地质大学出版社，2013.
[2] 王社教，闫家泓，李峰，等. 地热能[M]. 北京：石油工业出版社，2017.

[3] 自然资源部中国地质调查局等. 中国地热能发展报告（2018 年）[M]. 北京：中国石化出版社，2018.

[4] 王贵玲，张薇，梁继运，等. 中国地热资源潜力评价[J]. 地球学报，2017，38(4)：449-459.

[5] 蔺文静，刘志明，王婉丽，等. 中国地热资源及其潜力评估[J]. 中国地质，2013，40(1)：312-321.

[6] 孔彦龙，陈超凡，郝亥冰，等. 深井换热技术原理及其换热量评估[J]. 地热物理学报，2017，60(12)：4741-4752.

[7] 庞忠和，罗霁，龚宇烈. 国内外地热产业发展现状与展望[J]. 中国核工业，2017，(12)：47-50.

[8] 徐辉，齐方琪，宋昊祥，等. 低温城市污水应用污水源热泵现状分析[J]. 智能城市，2019，(7)：138-139.

[9] 卫万顺，李宁波，冉伟彦，等. 中国浅层地温能资源[M]. 北京：中国大地出版社，2010.

[10] 徐伟. 中国地源热泵发展研究报告[M]. 北京：中国建筑工业出版社，2008.

[11] 北京市地质矿产勘查开发局，北京市地质勘察技术院. 北京浅层地温能资源[M]. 北京：中国大地出版社，2008.

[12] 卫万顺，郑桂森，冉伟彦，等. 浅层地温能资源评价[M]. 北京：中国大地出版社，2010.

[13] NB/T10097-2018. 地热能术语[S]，2018.

[14] 张建英. 新能源与可再生能源[M]. 北京：线装书局，2011.

[15] 杨圣春，李庆. 新能源与可再生能源利用技术[M]. 北京：中国电力出版社，2016.

[16] 时君友，李翔宇. 可再生能源概述[M]. 成都：电子科技大学出版社，2017.

[17] 庞忠和，孔彦龙，庞菊梅，等. 雄安新区地热资源与开发利用研究[J]. 中国科学院院刊，2017，32(11)：1224-1230.

[18] 王本栋，张华玲. 重庆江北城 CBD 区域 2 号能源站运行现状及分析[J]. 重庆建筑，13(6)：63-65.

第7章 生 物 质 能

我国能源资源短缺日益加剧，生态环境问题突出。调整能源结构、提高能效和保障能源安全的压力进一步加大，能源发展面临一系列新问题、新挑战。生物质能由于低排放、永不枯竭的特性得到了更加广泛的关注，2017年以来，国家部委密集出台政策性文件，鼓励各地因地制宜，先行先试，在可再生资源丰富地区，优先利用生物质等清洁可再生能源取暖。国家能源局《关于可再生能源发展"十三五"规划实施的指导意见》（国能发新能〔2017〕31号）指出："将农林生物质热电联产作为县域重要的清洁供热方式，为县城及农村提供清洁供暖，为工业园区和企业提供清洁工业蒸汽，直接替代县域内燃煤锅炉及散煤利用""各级地方政府能源主管部门要积极落实国家支持可再生能源发展的政策，完善政府管理和服务机制，在土地利用等方面降低成本，不得以收取资源费等名义增加企业负担。电网企业要遵照《可再生能源法》的规定，与依法取得行政许可或报送备案的可再生能源发电企业做好衔接，及时投资建设配套电网，签订并网调度协议和购售电合同，履行对可再生能源发电的全额保障性收购责任"；国家发展改革委、能源局等10部委发布的《关于印发北方地区冬季清洁取暖规划（2017—2021年）的通知》（发改能源〔2017〕2100号）明确："以县为单位进行生物质资源调查，明确可作为能源化利用的资源潜力。适应各地区不同情况，支持企业建立健全生物质原料收集体系，推进收储运专业化发展，提高原料保障程度。因地制宜，结合生态建设和环境保护要求，建设生物质原料基地。"

7.1 生物质能概述

7.1.1 生物质能应用前景及开发意义

生物质能作为一种可再生能源，是目前世界能源消耗总量仅次于煤炭、石油和天然气的第四大能源，在整个能源系统中占有重要的地位。有关专家测算，如果充分利用我国目前的农业生物质能资源，可新增约5亿tce，约占全国一次能源生产总量的24%。积极发展农业生物质能产业，对缓解化石能源供应紧张局面、优化能源结构、保障国家能源安全、建立稳定的能源供应体系具有重大意义。因此，我国生物质能的开发已被列入国家能源发展战略规划中。

7.1.1.1 中国生物质的应用前景

中国发展生物质能有很好的资源优势：

1. 我国林业生物质能源原料丰富

我国发展林业生物质能源前景十分广阔，在已查明的油料植物中，种子含油率在40%以上的植物有150多种，能够规模化培育利用的乔灌木树种有10多种。目前，作为生物柴油开发利用较为成熟的有麻风树、黄连木、光皮树、文冠果、油桐等树种。我国有着发展林业生物质能源的巨大资源优势与潜力，丰富的林地和沙地等边缘土地资源，可以有计划地发展为林木生物质能源的基地。

2. 利用边际性土地种植非粮能源作物

耕地面积较少是我们国家的基本国情之一。我国存在大量的山地、滩涂、盐碱地等边际性土地。利用种粮难的边际性土地种植能源作物将为生物质能源提供充足的原料，例如，甜高粱、木薯等非粮农作物。20 世纪 70 年代，我国在山东等地的滩涂大面积试种菊芋获得成功，亩产上万斤，果糖含量超过甘蔗。南方山地木薯种植前景也非常广阔。

3. 农林业的废弃物（包括城市工业的有机废弃物）都可作为生物能源原料

我国每年生产粮食 5 亿 t，产生秸秆近 7 亿 t。也是生物能源的主要原料之一。目前我们国家已经有利用秸秆制造生物燃料的技术。中科大实现了"秸秆变油"，利用"生物质热解液化技术"成功用木屑、稻壳、玉米秆和棉花秆等多种农林废弃物生产生物油，可以直接作为燃料使用。

另外农业生产中的畜禽粪便、森林中的枯枝腐叶等，城市的工业有机废弃物、城市生活中废弃的厨余垃圾、剩余倒掉的泔水等，所有的有机物质都可以转化为生物能源。现在我国已有一大批万吨以下生物柴油项目，多数是提取厨余垃圾、剩余倒掉的泔水中的油脂作为生物原料。

综上所述，我们可以看出生物质能在我国有很大的发展前景。

1. 一定时期内生物质能仍将是中国农村的主要能源之一

根据 2017 年国家统计局发布的中国人口数量有关数据，中国约有 5.8 亿多人口生活在农村地区，自 20 世纪 80 年代以来，中国经济改革使农村经济得到了迅猛发展，农村地区能源消费的数量、品种和结构也随之发生了巨大的变化。农村能源消费总量由 2000 年的 1.46 亿 tce 增长至 2016 年的 3.2 亿 tce，平均增长率为 5.05%，并且生物质能在农村生活用能结构中仍占有约 40%的比例。生物质能还将扮演一个非常重要的角色。

2. 生物质燃料将部分替代化石能源

目前，中国已经成为世界上能源消费的第二大国，而且是全球能源消耗增长最迅速的国家之一，已经成为主要的能源消费国和进口国。根据世界银行预测，按目前趋势，中国将在 2025 年 GDP 到达 22 万亿美元，相关研究认为 2025 年中国能源消费需求为 55 亿～56 亿 t 标准煤。其中，煤炭、石油、天然气、非化石能源消费需求分别为 28 亿～29 亿 tce、11 亿 tce、6 亿 tce、10 亿 tce，分别占能源消费总量的 50%～52%、20%、11%、18%。中国能源消费结构将进一步优化，煤炭占比由 2007 年最高 72.5%降至 2018 年 59%，2025 年进一步降到 50%～52%，非化石能源占比由 2018 年的 14.3%增加至 2025 年的 18%。因此，从能源安全和生态环境的角度出发，中国政府也将会把生物质作为原料进行高品位的能源形式转换，以减少对石油和天然气的依赖，提高能源的自给率，减缓温室气体的排放，保护我们赖以生存的地球。

3. 生物质发电将在未来电力结构中占有一定份额

生物质发电技术主要分为直接燃烧发电和气化发电两种。直接燃烧发电技术类似于传统的燃煤技术，现在已经基本上达到成熟阶段，其工艺如图 7-1 所示。由于其风险较小，该项技术在世界上很多国家已经进入商业化应用阶段。而生物质气化发电技术则能获得较高效率，目前正处于商业化的早期阶段，气化装置也可用于混合燃烧发电，已有成功应用的案例。其工艺如图7-2所示。生物质与煤混合燃烧发电技术并不十分复杂，具有很大的发展潜力，并且可以迅速减少温室气体的排放量。预计包括中国在内的许多国家将会有更多的发电厂采用这项技术。此外，利用沼气发电和城市固体废物热解气化发电也正在被越来越广泛地应用。

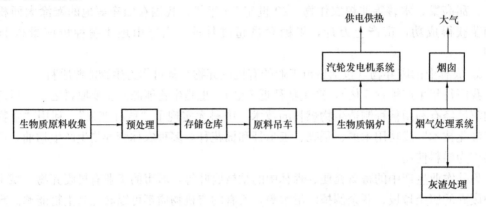

图7-1 生物质直接燃烧发电工艺流程

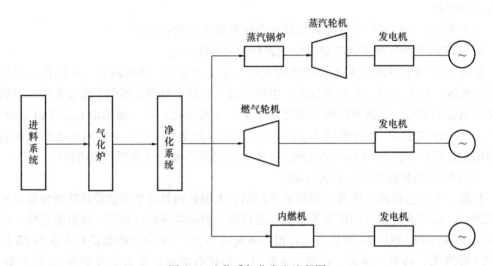

图7-2 生物质气化发电流程图

4. 能源植物生产将赋予农业新的内涵

能源植物是指以提供制取燃料原料或提供燃料油为目的的栽培植物总称。从能源作物提取的生物燃料低硫，不增加CO_2排放量，相对矿物能源对环境污染少，比核能使用安全，比风能、地热使用范围更广，可自然降解。因而现在能源植物已经成为国际上开发的热点，并称之为"绿色"能源。

7.1.1.2 生物质能开发利用的意义

生物质能的转化利用在整个新能源和可再生能源中具有相当重要的地位，欧盟在1993年生物质能的开发利用就已占整个可再生能源构成的59.8%。生物质动力工业在美国是仅次于水电的第二大可再生能源。发展和利用生物质能源，对我国同样具有重要的社会经济及生态环境意义。

1. 经济意义

我国的生物质资源非常丰富，我国生物质能资源潜力折合 7 亿 tce 左右，目前年实际使用量为 2.2 亿 tce 左右，因此，我国的生物质资源还有很大的开发潜力。另外，生物质能在我国商业用能结构中所占的比例极小，其主要被作为一次能源在农村被利用，生物质能约占农村总能耗的 70%，占发达国家地区的 15%～35%，但大部分被直接作为燃料燃烧，并且废气利用水平低，浪费严重，且污染环境。所以充分合理开发使用生物质能对于改善我国尤其农村的能源利用环境，加大生物质能源的高品位利用具有重要的经济意义。

2. 生态环境意义

生物质是一种清洁的低碳燃料，其含硫，含氮量均较低，同时灰分含量也很少，所以燃烧后二氧化硫，氮氧化物和灰尘排放量比化石燃料要小得多，它是构成自然生态系统的基本元素之一，在能源的转换过程中是可再生能源中理想的清洁燃料之一，同时生物质对生态环境的最大贡献还在于其具有二氧化碳零排放的特点，大气中的二氧化碳和地面上的水晶光合作用产生用来形成生物质的碳水化合物，如将生物质燃烧利用，则大气中的氧和生物质的碳相互作用生成二氧化碳和水，这个过程是循环的生物质唯一可储存和运输的可再生能源，可视为取之不尽的永久能源，其利用过程中没有增加大气中的二氧化碳含量，有助于防止地球表面气候变暖，可以很好地解决全球的污染问题，具有很强的再生能力，而且没有危害性。

3. 社会意义

而随着农村经济发展和农民生活水平的提高，农村对于优质燃料的需求日益迫切。解决三农问题，保护环境与改善生态，舒缓能源瓶颈，发展循环经济，建设资源节约型和环境友好型社会，都呼唤着生物质能产业化发展。在与发达国家处在相近的起跑线上，我国在生物质利用的关键技术方面，如木质纤维素水解，微生物利用生物反应器与产品提纯技术方面已取得重大进展，相对美国具有一定优势，可以在此新兴产业上取得国际领先地位。

7.1.2 生物质与生物质能的概念

生物质是指通过光合作用而形成的各种有机体，包括所有的动植物和微生物。而所谓生物质能，就是太阳能以化学能形式贮存在生物质中的能量形式，即以生物质为载体的能量。它直接或间接地来源于绿色植物的光合作用，可转化为常规的固态、液态和气态燃料，取之不尽、用之不竭，是一种可再生能源，同时也是唯一一种可再生的碳源。生物质能的原始能量来源于太阳。所以从广义上讲，生物质是一切直接或间接利用绿色植物进行光合作用而形成的有机物质，包括世界上所有动物、植物和微生物以及由这些生物产生的排泄物和代谢物（图 7-3）。狭义地说，生物质是指来源于草本植物、树木和农作物等的有机物质。

生物质能是可再生能源，其原料通常包括六个方面：木材及森林工业废弃物、农作物及其废弃物、水生植物、油料植物、城市和工业有机废弃物、动物粪便。

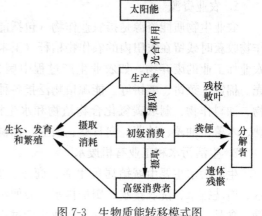

图 7-3 生物质能转移模式图

在世界能源消耗中，生物质能约占10%，而在不发达国家和地区却占60%以上，全世界约25亿人所需的生活能源的90%以上是生物质能。

生物质能属于清洁能源，其优点是燃烧容易、污染少、灰分较低，燃烧后二氧化碳排放属于自然界的碳循环，不构成污染，并且生物质能含硫量较低，仅为3%，不到煤炭含硫量的1/4，可显著减少二氧化碳和二氧化硫的排放；其缺点在于热值及热效率较低，直接生物质能的热效率仅为10%~30%，体积大而且不易运输。

7.1.3　生物质能的特点

生物质能源是通过光合作用而形成的各种有机体，是太阳能以化学能形式储存在生物质中的能量形式。它可转化为常规的固态、液态和气态燃料，替代煤炭、石油和天然气等化工燃料，可永续利用，具有环境友好和可再生双重属性，发展潜力巨大。生物质能具有以下特点：

(1) 可再生性。只要有阳光存在，绿色植物的光合作用就不会停止，生物质能源就不会枯竭。大力提倡植树、种草等活动，不但植物会源源不断地供给生物质能原材料，而且还能改善生态环境。

(2) 可储存与替代性。因为生物质是有机资源，所以对于原料本身或其液体、气体燃料产品进行储存是有可能的，而液体或气体燃料运用于已有的石油、煤炭动力系统中也是可能的。在可再生能源中，生物质能是唯一可以储存与运输的能源，方便对其加工转换与连续使用。

(3) 储量巨大。森林树木的年生长量十分巨大。相当于全世界一次能源的7~8倍。如果实际可利用的量按该数据的10%推算，就可以满足能源供给的要求。

(4) 环境污染小。生物质能在燃烧过程中排放的可被等量生长的植物光合作用吸收，实现零排放，不会破坏地球的平衡，对减少大气中的含量以及降低温室效应极为有利。

7.1.4　生物质能的分类

根据来源不同，将适合于能源利用的生物质分为以下几种类型：

1. 林业资源

林业生物质资源是指森林生长和林业生产过程提供的生物质能源，包括薪炭林、在森林抚育和间伐作业中的零散木材、残留树枝、树叶和木屑等，木材采运和加工过程中的枝丫、锯末、木屑、梢头、板皮和截头等；林业副产品的废弃物，如果壳和果核等。

2. 农业资源

农业生物质能资源是指农业作物（包括能源植物）、农业生产过程中的废弃物，如农作物收获时残留在农田内的农作物秸秆（玉米秸、高粱秸、麦秸、稻草、豆秸和棉秆等）；农业加工业的废弃物，如农业生产过程中剩余的稻秆、玉米芯、花生壳、甘蔗渣、棉籽壳、棉饼、菜饼、糠饼等，能源植物泛指各种用以提供能源的植物，通常包括草本能源作物、油料作物、制取碳氢化合物植物和水生植物等几类，如甜高粱、甘蔗、马铃薯、甘薯、木薯、油藻、油菜、向日葵、大豆、棕榈油、麻风树、光皮树、文冠树、黄连木等。

3. 生活污水和工业有机废水

生活污水主要由城镇居民生活、商业、服务业的各种排水组成，如冷却水、洗浴排水、盥洗排水、洗衣排水、厨房排水、粪便污水等。工业有机废水主要是酒精、酿酒、制糖、食品、制药、造纸及屠宰等行业生产过程中排出的废水等，其中都富含有机物。

4. 城市固体废物

城市固体废物主要是由城镇居民生活垃圾，商业、服务业垃圾和少量建筑业垃圾等固体废物构成，如纸、布、塑料、橡胶、厨余、草木、砖瓦、木渣、竹片、沙土、金属、玻璃等。

5. 畜禽粪便

畜禽粪便是畜禽排泄物的总称。它是其他形态生物质（主要是粮食、农作物秸秆和牧草等）的转化形式，包括畜禽排出的粪便、尿及其与垫草的混合物。

7.1.5 中国生物质能开发利用现状

我国的生物质能资源虽然总量巨大，但是能量密度低、分布广泛、不易收集利用。我国每年的社会生产活动都要产生大量的工农业废弃物，特别是在我国的广大农村。现代生物质能技术为我国工业、农业提供了极大的发展空间，利用现代技术可以将生物质能转化成固态、液态和气态的生物质燃料（图 7-4），显著改善能源利用方式与工作环境，大大提高利用效率，有利于人们生活水平的提高。

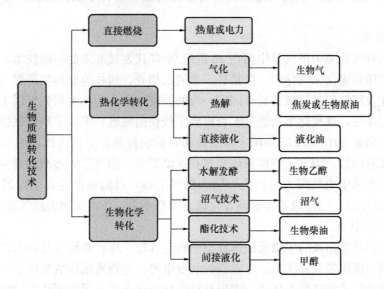

图 7-4 生物质能转化技术

1. 沼气技术

我国沼气开发历史悠久，特别是 20 世纪初在全国范围内组织实施的农村沼气国债项目和 2015 年开始连续实施 3 年的沼气转型升级试点项目，极大地促进和推动了中国沼气事业和相关产业的快速发展。自 2000 年至 2009 年底，全国农村户用沼气池由 763 万户增至 3507 万户，年均年增长 36.0%，是发展最快的历史时期；2009 年以后，在各种因素的影响下，全国户用沼气的新增数连年下降，随着大量户用沼气达到使用年限，以及因村庄集并、生态移民、扶贫搬迁、养殖结构调整、禁养区划分等政策的影响，户用沼气池的规模及使用也进一步减少；2015 年开始，国家发改委和农业农村部在全国范围内组织实施农村沼气转型升级试点项目，各地政府和企业将关注重点逐渐转移到大型沼气工程和生物天然气试点项目上。据统计，截至 2018 年底，全国农村建设户用沼气池 3907.67 万个，年总产气量为 84.2 亿 m³；建设沼气工程 10.81 万处，年总产气量 27.55 亿 m³。在生物质气化技术开发方面，中国对农林业废弃物等资源的气化技术的深入研究，始于 20 世纪 70 年代末、80 年代初。我国规模化秸秆沼气集中供气工程由 2006 年年初的 17 座到 2014 年年末的 458 座，9 年间数量翻了 25 倍多。年发电量 160kW·h 的稻壳气化发电系统已进入产业化阶段，目前国内约有 300 处，总装机容量约 50MW。

2. 直接燃烧技术

中国大部分农村地区的农民现在还仍然以传统的炉灶进行炊事和取暖，其生活燃料主要来源于农作物秸秆和薪柴。通过改进农村现有的炊事炉灶，不仅提高了传统炉灶的燃烧效率（大约 20%），而且也减少了室内空气污染，改善了农村生活环境。截至 2014 年，全国已累计推广省柴节煤炉灶炕 1.69 亿台，其中省柴节煤灶 1.19 亿台，节能炕 1886 万铺，节能炉 3091 万台，省柴节煤炉灶炕推广应用工作取得显著成效，热效率显著提高，缓解了部分地区柴草不足的紧张局面。普及了省柴灶的地区，由于燃料短缺的问题基本得到了解决，从而大大减少了上山砍树、铲草皮的现象，保护了森林和植被，恢复了自然生态的良性循环，极大缓解了农村能源短缺的紧张局面和改善了农村居民日常生活的环境状况。

3. 气化技术

农作物秸秆气化集中供气是中国在 20 世纪 90 年代发展起来的一项技术，目前已经开发出多种固定床和流化床气化炉，以秸秆、木屑、稻壳、树枝为原料生产燃气。我国目前在生物质气化及沼气制备领域都具有国际一流的研究团队，为相关研究提供了关键技术及平台基础。近年来，规模化生物燃气工程得到了较快的发展，形成了热电联供、提纯车用并网等模式。随着 2015—2017 年国家发改委和农业农村部在全国范围内组织实施农村沼气转型升级试点项目，沼气工程的单体规模在逐渐扩大，沼气工程逐渐向规模化和大型化方向发展，近年来中央政府大力投资生物天然气工程，目前该产业处于发展起步初级阶段，截至 2018 年底，已建成并实现商业化运营项目不多，年产生物天然气量 5760 万 m³。

4. 固体成型技术

目前，中国研发出来的生物质固体成型燃料有颗粒、块状和棒状几种形式，主要用于民用炊事取暖、商用餐饮和洗浴、工业锅炉和发电等。生物质固体成型设备一般分为螺旋挤压式、活塞冲压式和环模滚压式。中国林科院林产化学工业研究所从 20 世纪 80 年代起就开始研究开发林木生物质原料和农业废弃物的成型技术。东南大学、中科院广州能源研究所、湖南农业大学、中国农机院可再生能源与环境研究所等单位也进行了一些特色研究。国内一些生产颗粒饲料的厂家，也开始在原设备的基础上，生产生物质致密成型燃料。中国生物质固体成型燃料设备，在加工生产实际使用中的一个突出问题，是挤压成型关键部件的使用寿命较短，成型燃料成本较高，这也是生物质固体成型技术发展的最大障碍。进入 2000 年以后，由于产学研的紧密合作，生物质固体成型技术得到明显的发展，成型设备的生产和应用已初步形成了一定的规模。截至 2015 年，我国生物质成型燃料年利用量约 800 万 t，主要用于城镇供暖和工业供热等领域，生产方面仅秸秆类固体成型燃料厂及加工点已建成 1147 处。北京、河南和江苏等地的生物质固体成型燃料已开始走向市场化和商业化，并获得了成功，如图 7-5 为几种不同生物质固体成型燃料样品。

5. 生物液体燃料

生物液体燃料是以动植物为来源的燃料，目前产业化运作液体生态燃料主要包括生物

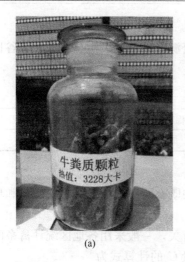

(a)   (b)   (c)

图 7-5   几种不同生物质固体成型燃料有颗粒样品

(a) 牛粪质颗粒；(b) 梨木质颗粒；(c) 玉米秸秆质颗粒

柴油和燃料乙醇。

  我国生物燃料乙醇的主要生产原料为玉米和小麦等粮食作物。我国燃料乙醇工艺生产技术，以中粮某企业的玉米"半干法"生产工艺较为先进。该企业三期乙醇装置均采取"半干法粉碎工艺"，彻底抛弃了"湿法"或"改良湿法"的浸泡过程，流程进一步简化，减少了一次水用量。同时，"半干法"又克服了"干法"提油困难的缺点，玉米油收率已接近"改良湿法"，在技术及经济上更加合理。此装置技术达到国内领先、国际先进水平，实现了清洁生产。

  我国可利用的木质纤维素每年有 7×10^8 t 左右，因而我国发展纤维素乙醇有更大的优势。这些丰富而廉价的自然资源主要来源于农林业废弃物、工业废弃物和城市废弃物，纤维素乙醇是未来燃料乙醇产业发展的必然方向。

  6. 生物柴油

  目前国内已成功利用菜籽油、大豆油、米糠油、光皮树油、工业猪油、牛油及野生植物小桐子油等作为原料，经过甲醇预酯化后再酯化，生产的生物柴油不仅可作为代用燃料直接使用，而且可以作为柴油清洁燃烧的添加剂。

7.2   生物质能资源量的计算

7.2.1   农作物秸秆资源量的计算

  农作物秸秆是我国农村最主要的生物质资源，是农作物在收割、后期加工中产生的有机物，包括茎、叶、枝、壳等，其资源量一般根据粮食的产量和草谷比计算得到。即某地秸秆资源量为

$$C_R = \sum_{i=1}^{n} Q_i \cdot r_i \tag{7-1}$$

式中 C_R——秸秆资源量；

    Q_i——第 i 种农作物的产量；

r_i——第 i 种农作物的草谷比。

农作物的产量一般可以从当地统计部门获得，秸秆资源量估算的关键是农作物草谷比系数的确定。草谷比可参考表 7-1 所列数据。

不同作物的草谷比　　　　　　　　　表 7-1

作物种类	小麦	水稻	玉米	棉花	油料	豆类
草谷比	1.0	0.8	1.8	6	2	1.7

7.2.2　禽畜粪便资源量的计算

禽畜粪便是生产沼气的理想原料，合理利用禽畜粪便既有经济效益又有社会效益和环境效益。

禽畜粪便的资源量主要与禽畜粪便的种类和存栏量有关，一般采用各地区统计禽畜的存栏量和禽畜的日平均排便量进行估算。禽畜排便资源量 C_p 的计算式为

$$C_p = \sum_{i=1}^{n} Q_i \cdot d_i \cdot TS_i \tag{7-2}$$

式中　Q_i——禽畜存栏量；

d_i——折算平均每头禽畜日排便量；

TS_i——产气率。

不同禽畜日排便量及产期率可参考表 7-2 所列数据。

不同禽畜日排便量及产期率参考值　　　　　　　　　表 7-2

指标	牛	马	驴	猪	羊	家禽
排便量（kg）	34	10	10	6	1.5	0.1
20℃产气率	0.18	0.20	0.20	0.25	0.21	0.29

7.2.3　林业废弃物资源量计算

通常的林业废弃物指源于薪炭林、林业生产的剩余物、经济林修剪和林业经营抚育间产生的枝条和小茎木。林业废弃物资源量 C_W 与林木采伐量、林业抚育修剪量有关，可用下式进行估算，即

$$C_W = \sum_{i=1}^{n} S_i \cdot c_i \cdot r_i + \sum_{j=1}^{m} Q_j \cdot c_j \cdot r_j + \sum_{k=1}^{i} Q_k \cdot c_k \cdot r_i \tag{7-3}$$

式中　S_i——育林面积，m^2；

Q_j——四旁树抚育株树，万株；

Q_k——采伐林木数量，万株；

c_i——折算系数；

r_i——折重系数。

不同农作物类型的折算系数、折重系数见表 7-3。

不同农作物类型的折算系数、折重系数参考值　　　　　　　　　表 7-3

作物类型	四旁植树	成林抚育	木材采伐	竹材采伐
折算系数	100%	8（m^3/hm^2）	40%	40%
折重系数	20（t/万株）	0.9（t/m^3）	1.17（t/m^3）	50（t/万根）

7.3 生物质能的利用技术

生物质能利用技术的研究与开发是 21 世纪初的重大热门课题之一，受到世界各国政府与科学家的关注。我国在生物质能源的开发利用研究方面投入了不少人力和物力，在农村和部分城市已经有许多成功的案例，初步形成具有中国特色的生物质能研究开发体系。

生物质能的高效转换技术不仅能大大加快村镇居民实现能源现代化进程，满足农民富裕后对优质能源的迫切需求，同时也可在乡镇企业等生产中得到应用。立足于农村现有的生物质资源，研究新型转换技术，开发新型装备既是农村发展的迫切需要，又是减少排放、保护环境、实施可持续发展战略的需要。

目前人类对生物质能的利用，包括直接用作燃料的有农作物的秸秆、薪柴等；间接作为燃料的有农林废弃物、动物粪便、垃圾及藻类等。它们通过微生物作用生成沼气，或采用热解法制造液体和气体燃料，也可制造生物炭。主要利用形式有（图 7-6）：

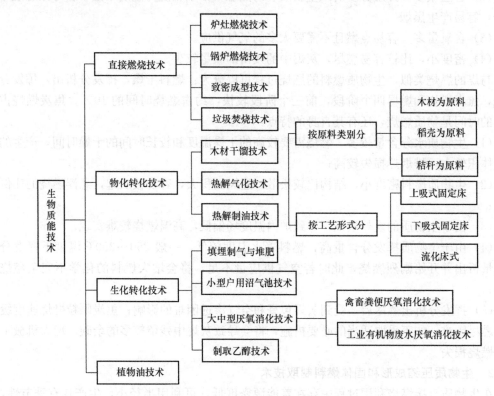

图 7-6 生物质转化技术分类和子技术

（1）直接燃烧获取热能。这是生物质能最古老最直接的利用形式，燃烧就是有机物氧化的过程，其发热量与生物质种类以及氧气的供应量有关，一般直接燃烧的转换效率很低。

（2）沼气。沼气是有机物质在厌氧条件下，经过微生物发酵生成以甲烷为主的可燃气体。沼气的主要成分是甲烷（55%～70%）、二氧化碳（30%～45%）和极少量的硫化氢、氨气、氢气、水蒸气等。

（3）乙醇。植物纤维素经过一定工艺的加工并发酵可以制取乙醇，乙醇的热值很高，可以直接燃烧，是十分清洁的能源燃料。

（4）甲醇。和乙醇类似，甲醇一般通过植物纤维素一定工艺的加工制取得到。甲醇的燃烧效率较高，也是清洁的能源燃料。

（5）生物质气化产生的可燃气体及裂解产品。可燃性物质如木材、秸秆、谷壳、果壳等，在高温条件下经过干燥、干馏、热解、氧化还原等过程后会产生可燃混合气体，可燃气体有甲烷、氢气、一氧化碳等。

7.3.1　生物质直接燃烧技术

生物质在空气中燃烧时，利用不同的过程设备将储存在生物质中的化学能转化为热能，机械能或电能生物质燃烧产生的烟气温度在 800～1000℃，其燃烧过程中反应速度，燃烧产物的成分与化石燃料相比有较大的不同：

（1）含碳量少。小于 50%，所以燃烧时间短，能量密度低。

（2）含氢量多，挥发分多所以生物质容易点燃，如果燃烧时温度不足，会导致燃烧不充分，容易产生黑烟。

（3）含氧量多，容易点燃且不需要太多的氧气供应。

（4）密度小，比较容易燃尽，灰烬中的残留的碳量较少。

与煤的燃烧类似，生物质燃料的燃烧过程可以分为：燃料干燥，挥发分析出，挥发分燃烧，焦炭燃烧和燃尽四个阶段，前三个阶段较快，约占燃烧时间的 10%。焦炭燃烧占90%的时间是物质燃烧，还有其自身的特点：

（1）生物质水分含量较多，燃烧需要较高的干燥温度和较长时间的干燥时间，产生的烟气体积较大，排烟热损失较高；

（2）生物质燃料密度小，结构比较松散，迎风面积大，容易被吹起，悬浮燃烧的比例较大；

（3）由于生物质的发热量低，导致炉内温度场偏低，高温燃烧较难实现；

（4）由于生物质挥发分含量高，燃料着火温度较低，一般 250～350℃温度下挥发分就大量析出并开始剧烈燃烧，此时若空气供应量不足，将会增大燃料的化学不完全燃烧损失；

（5）挥发分析出燃尽后，受到灰烬包裹和空气渗透困难的影响，焦炭颗粒燃烧速度缓慢、燃尽困难，如不采取适当的必要措施，将会导致灰烬中残留较多的余碳，增大机械不完全燃烧损失。

7.3.2　生物质压缩成形和固体燃料制取技术

在生物质直接燃烧利用过程中存在着能源密度低，可利用半径小，生产具有季节性，不易存储费用高等缺点，生物质压缩成型技术通过将风伞形体间储运困难，使用不便的生物质在一定压力和温度作用下压缩成棒状、粒状、块状等各种形状的。成型燃料以提高生物质燃料的能量密度，改善燃料的燃烧特性，在 20 世纪 80 年代，亚洲一些国家已建成了不少生物质固化碳化的工厂，并研制出相关的一些设备。日本，美国及欧洲一些国家生物质成型燃烧设备已经定型并形成了产业化。在加热供暖，干燥发电领域推广应用。进入21 世纪以来，世界各国研究的重点还是集中在生物质燃料的制造技术方面，主要是解决成型后的生物质燃料松弛度，长期存放的问题。

采用生物质干馏法制取木炭。生物质经过粉碎，在一定的压力、温度和湿度条件下，挤压成形，成为固体燃料，具有挥发性高、热值高、易着火燃烧、灰分和硫分低、燃烧污染物少，以及便于储存和运输等优点，可以取代煤炭。

具有一定粒度的生物质原料，在一定压力作用下（加热或不加热），可以制成棒状、粒状、块状等各种成型燃料。原料经挤压成型后，密度可达 $1.1 \sim 1.4 t/m^3$，能量密度与中质煤相当，燃烧特性明显改善，而且便于运输和储存。

利用生物质炭化炉可将成型生物质固形物块进一步炭化，生产成生物炭。由于在隔绝空气条件下，生物质被高温分解，生成燃气、焦油和炭，其中的燃气和焦油又从炭化炉中释放出去，烟气中的污染物含量明显降低，是一种高品位的燃料。

生物质压缩成型所用的原料主要有锯末，木屑，稻壳，秸秆等，这些生物质的纤维素占植物体 50% 以上，压缩成型一般工艺包括粉碎、干燥、压缩、冷却、筛分等过程。

生物质压缩成型工艺可分为湿压成型、热压成型、常温成型和碳化成型四种主要形式：

（1）湿压成型工艺。该工艺常用于含水量较高的原料，可将原料水浸数日后将水挤走，或将原料喷水，加黏结剂搅拌均匀。一般是原料从湿压成型机进料口进入成型室，在成型室内，原在压辊或压模的转动下进入压模与压辊之间，然后被挤入成型孔，从成型孔挤出的原料已被挤压成型，用切断刀切割成一定长度的颗粒从机内排出，再进行烘干处理。

湿压成型燃料块密度通常较低。湿压成型一般设备比较简单，容易操作，但是成型部件磨损较快，烘干费用高，多数产品燃烧性能较差，尽管湿压成型有还磨成型，平模成型，对辊成型，刮板成型，螺旋成型等多种机具类型，但目前应用范围不广，在东南亚国家和日本等地有些小规模的生产厂家。

（2）热压成型。植物中含有的木质素是具有芳香族特性的结构单体，属非晶体没有熔点，但有软化点。当温度达 $70 \sim 110 ℃$ 时，开始转化，且黏合力开始增加，在 $200 \sim 300 ℃$ 时，软化程度加剧，达到液化，此时施加一定的压力，使其与纤维素紧密黏结，并与邻近颗粒相胶接，冷却后即可固化成型。

生物质热压成型燃料就是利用生物质的这种特性，用压缩成型设备将经过干燥和粉碎的松散生物质原料，在加压加温的条件下，使木质素转化并经挤压而成型，得到具有一定形状和密度的成型燃料，生物质加热成型技术的最大缺点是能耗较高，生产 1t 生物质成型燃料一般要耗电 100kWh，从降低生物质成型技术能耗的目的出发，2000 年以后，一些科研院所和大专院校等开展了生物质常温成型技术研究。

（3）常温成型。生物质原料是由纤维构成的，被粉碎后的生物质原料质地松散，在受到一定的外部压力后，原料颗粒先后经历位置重新排列，颗粒机械变形，塑性流变等阶段。从开始压力变小时有一部分颗粒进入颗粒间的空隙内颗粒间的相互位置不断改变，当颗粒间所有较大的空隙都被进入的颗粒占据后再增加压力，只有靠颗粒本身的变形去填充其周围的空隙，这时颗粒在垂直于最大主应力的平面上被延展，当颗粒被延展到与相邻的两个粒子相互接触时，再增加压力，颗粒就会相互结合，原来分散的颗粒就被压缩成型，同时体积大幅度减小，密度则显著增大。由于非弹性和黏弹性的纤维分子之间的相互缠绕和咬合在外部压力解除后一般都不能再恢复到原来的结构形状。应用这一原理可以实现自然状态下的常温压缩成型。它比加热成型技术减少了原料烘干、成型时加热和降温等三道工序，可节约能耗 44%～67%，常温型是生物质成型燃料的发展方向。

（4）碳化成型工艺。碳化成型工艺的基本特征是首先将生物质原料碳化和部分碳化，然后再加入一定量的黏结剂挤压成型。由于原料纤维结构在碳化过程中受到破坏，高分子组分受热裂解转化成碳，并释放出挥发分。因而其挤压加工性能得到改善，成型部件的机械磨损和挤压加工过程中的功率消耗明显降低。但是碳化后的原料在挤压成型后维持既定形状的能力较差，储存、运输和使用时容易开裂或破碎，所以采用碳化成型工艺时，一般都要加入一定量的黏结剂。如果成型过程中不使用黏结剂，要保护成型块的储存和使用性能，则需要较高的成型压力，这将明显提高成型机的造价。

7.3.3 生物质气化技术

生物质气化是以生物质为原料，在过量空气系数小于 1 的条件下，以氧气（空气、富氧成纯氧）、水蒸气或氢气作为气化介质，在高温条件下通过热化学反应将生物质中的可燃部分转化为可燃气体的过程。生物质气化时产生的气体，其有效成分称为生物燃气，主要包括 CO、H_2 和 CH_4 等。气化过程与燃烧过程有密切的联系，气化是部分燃烧或缺氧燃烧。生物质中炭的燃烧为气化过程提供了热能。生物质气化即通过化学方法将固体的生物质能转化为气体燃料。气体燃料具有高效、清洁、方便等特点，因此生物质气化技术的研究和开发得到了国内外广泛重视。

1833 年，生物质气化技术商业化应用首次出现，它是以木炭为原料生产可燃气体驱动内燃机，用于早期的汽车和农业灌溉机械。第二次世界大战期间，生物质气化技术的应用曾达到高峰，当时大约有 100 万辆以木材或木炭为原料提供能源的车辆遍布世界各地。我国在 20 世纪 50 年代也曾因缺乏石油而采用气化的方法为汽车提供气体燃料。20 世纪 70 年代出现的能源危机，再次促进了气化技术研究的发展，重点以各种农业废弃物、林业废弃物为原料，生产的可燃气体可作为热源，用于发电或生产化工产品等。

以生物质下吸式炉中的气化过程为例说明生物质气化的基本原理。如图 7-7 所示，生物质从下吸式气化炉的顶部加入，依靠自重逐渐由炉顶部下降到底部，沿途进行气化，气化后形成的灰渣从炉底部清除。空气作为气化介质从炉中部的氧化区加入，可燃气体从炉

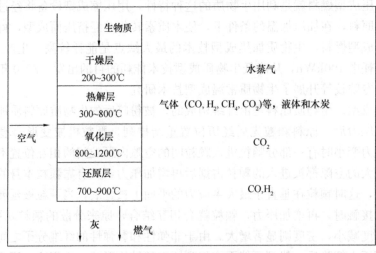

图 7-7 生物质气化原理

下部被抽出。

根据生物质在气化炉中进行的不同的热化学反应，可将气化炉从上至下分为干燥层、热解层、氧化层和还原层四个区域。干燥层在气化炉最上部。生物质加入该层后被加热到 $200\sim300℃$，所含水分进行蒸发，干燥层的产物为生物质干原料和蒸发的水蒸气；来自干燥层的生物质干物料向下移动进入热解层，在该层大量析出挥发分，热解过程在 $500\sim600℃$ 时基本完成，剩下的残余物为木炭。挥发分的主要成分包括水蒸气、氢气、一氧化碳、二氧化碳、甲烷、焦油和其他碳氢化合物；剩余的木炭在氧化层与加入的空气进行燃烧，温度可以达到 $1000\sim1200℃$，释放出大量的热量供给其他各区域热量，以保证各区域反应的正常进行。氧化层的高度较高，反应速率很快。挥发分在氧化层参与燃烧后进一步降解，主要化学反应为气化炉内主要产物。

$$C+O_2 \rightarrow CO_2 \tag{7-4}$$
$$2C+O_2 \rightarrow 2CO \tag{7-5}$$
$$2CO+O_2 \rightarrow 2CO_2 \tag{7-6}$$
$$2H_2+O_2 \rightarrow 2H_2O \tag{7-7}$$

上述反应已经耗尽供给的氧气，使气化炉的还原区不存在氧气，使氧化层中的燃烧产物及水蒸气与还原层中的木炭发生还原反应，生成氢气和一氧化碳等可燃气体。还原反应是吸热反应，使还原层的温度降低到 $700\sim900℃$，所需的热量由氧化层供给。还原反应的反应速率较慢，为了保证反应充分进行，设计的气化炉还原层高度要超过氧化层的高度。还原层的主要化学反应为：

$$C+H_2O \rightarrow CO+H_2 \tag{7-8}$$
$$C+CO_2 \rightarrow 2CO \tag{7-9}$$
$$C+2H_2 \rightarrow CH_4 \tag{7-10}$$

生物质气化的主要反应发生在氧化层和还原层，所以常把氧化层和还原层称为气化区。在气化炉的实际运行过程中，很难区分干燥层、热解层、氧化层和还原层的界限，它们之间是相互渗透和交错的。生物质在气化炉中经历上述四个区域，就完成了气化物料向可燃气体的全部转化过程。气化过程的优劣，常用气体产率、气化强度、气化效率、热效率和可燃气体热值5个指标进行综合评价。这5个指标的具体含义是指：

(1) 气体产率。单位质量生物质气化所得的可燃气体的体积称为气体产率（Nm^3/kg）。

(2) 气化强度。气化强度是指气化炉中每单位横截面积每小时气化生物质质量 $[kg/(m^3 \cdot h)]$，或气化炉中每单位容积每小时气化的生物质质量 $[kg/(m^3 \cdot h)]$。

(3) 气化效率。气化效率是指单位质量生物质气化所得到的可燃气体在完全燃烧时放出的热量与气化原料生物质热值之比，是衡量气化过程的主要指标。

$$气化效率(\%) = \frac{燃气热值\left(\dfrac{kJ}{m^3}\right)}{生物值热值\left(\dfrac{kJ}{kg}\right)} \times 气体产率\left(\dfrac{m^3}{kg}\right) \times 100 \tag{7-11}$$

(4) 热效率。热效率表示所有直接加入到气化过程中的热量的利用程度。实际上，还应该考虑气化过程中气化剂带入的热量。当气化过程中的焦油被利用时，焦油的热量也应该作为被利用的热量。热效率为产物的总能量与消耗的总能量之比。

（5）可燃气体热值。可燃气体热值是由多种可燃气体和不可燃气体混合而成的。可燃气体的热值由可燃气体组分的热值加权而得，可表示为

$$Q_{net} = \sum r_i Q_{net,i} \tag{7-12}$$

式中 r_i——可燃气体组分 i 的体积浓度，%；

$Q_{net,i}$——可燃气体组分 i 的低热值，MJ/kg 或 MJ/m³。

常见可燃气体组分的低热值如表 7-4 所示。

常见可燃气体组分的低热值 表 7-4

种类	低热值 Q_{net}		种类	低热值 Q_{net}	
	(MJ/kg)	(MJ/m³)		(MJ/kg)	(MJ/m³)
氢气	120.559	10.760	丙烷	46.395	93.575
一氧化碳	10.123	12.644	乙烯	47.623	59.955
甲烷	44.494	35.797	丙烯	46.127	88.216
乙烷	47.524	64.351	乙炔	48.669	56.940

生物质气化过程有多种形式，根据制取的可燃气体的热值不同，可分为低热值燃气方法（燃气的低热值小于 8.374MJ/m³）、中热值燃气方法（燃气低热值为 16.747～33.494MJ/m³）和高热值燃气方法（燃气的低热值大于 33.494MJ/m³）；按照气化炉的运行方式的不同，可分为固定床、流化床；按照有无气化剂进行分类，可分为无气化剂（干馏气化）和有气化剂（空气气化、氧气气化、水蒸气气化、水蒸气—空气气化、氢气气化）两种。

我国已经将农林固体废弃物转化为可燃气的技术应用于集中供气、供热、发电等方面。如集中供热、供气的上吸式气化炉，最大生产能力达 6.3×10^6 kJ/h。我国建成了用枝丫材削片机处理并气化制取民煤气供居民使用的气化系统，还研究开发了以稻草、麦草为原料，应用内循环流化床气化技术，产生接近中热值的煤气，供乡镇居民集中供气系统使用。而下吸式气化炉主要用于秸秆等农业废弃物的气化，在农村居民集中居住地区得到了较好的推广应用。

7.3.4 生物质液化技术

生物质液化是通过热化学或生物化学方法将生物质部分或全部转化为液体燃料，生物化学法主要是指采用水解、发酵等手段将生物质转化为燃料乙醇；热化学法主要包括快速热解液化和加压催化液化制取生物油等。生物质是唯一可以直接转换生产含碳液体燃料的可再生能源，其利用技术和化石燃料的利用方式具有很大的兼容性。发展生物燃料乙醇和生物柴油等生物液体燃料已成为替代石油燃料的重要方向。

1. 生物质热裂解液化制取生物油技术

生物柴油诞生于 20 世纪 80 年代，是以油等为原料提炼而成的洁净燃油。生物柴油具有突出的环保性和可再生性，受到世界各国尤其是资源贫乏国家的高度重视。生物柴油是清洁的可再生能源，它以大豆和油菜籽等油料作物、油棕和黄连木等油料林木果实、工程微藻等油料水生植物以及动物油脂、地沟油等为原料制成的液体燃料，是优质的石油、柴油替代用品。

生物质热裂解是指生物质在完全没有氧或缺氧气条件下热降解，最终生成生物油、木

炭和可燃气体的过程。三种产物的比例取决于热解工艺和反应条件。一般地说，低温慢速热裂解（小于 500℃），产物以可燃气体为主；高温快速热裂解（700～1100℃），产物以可燃气主；中温快速热裂解（500～650℃），产物以生物油为主，如图 7-8 所示。如果反应条件合适，可获得原生物质 80%～85% 的能量，生物裂解油产率可达 70% 以上。生物质热裂解液化技术的主要工艺流程包括物料干燥、粉碎、热裂解、产物碳和灰分的分离、气态生物油的冷却和生物油的收集。

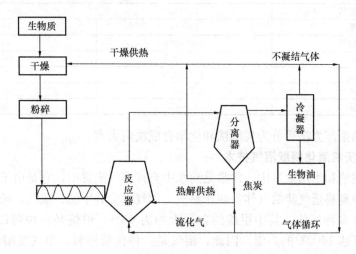

图 7-8　生物质快速热解工艺流程

液态生物质燃料是指利用生物质资源生产的燃料乙醇和生物柴油等，用以替代由石油资源制取的汽油和柴油，是可再生能源开发利用的重要方向之一。图 7-9 及图 7-10 为生物柴油的实物照片图。

图 7-9　一辆私家车在试用生物柴油

图 7-10　生物柴油与地沟油的对比

2. 燃料乙醇技术

燃料乙醇是用于做发动机燃料的乙醇，与普通食用酒精相比其含水率低，不大于 0.5%，纯度要求也较低。在石油危机的冲击下，燃料乙醇作为一种高效、清洁的可再生能源，已成为各国科技工作者和企业界关注和研究的热点。

乙醇的生产主要采用生物发酵法。发酵法生产乙醇的原料主要是淀粉质作物（玉米、小麦、高粱、木薯等）、含糖作物（甘蔗、甜高粱、甜菜等）和纤维质原料（秸秆、木屑、农作物壳皮等）。这些原料经过加工、处理后转化变成微生物可利用的糖类物质，再经发酵过程后，提取发酵母液中的酒精，不同作物的乙醇产量见表7-5。该工艺的特点是产品纯度比较高，原料可再生。

主要生物质原料产量及乙醇产量 表7-5

作物名称	作物产量 $[t/(hm^2 \cdot a)]$	乙醇产量（L/t）
甘蔗	50～90	70～90
甜高粱秸	45～80	60～80
甜菜	15～50	90
饲料甜菜	100～200	90
小麦	1.5～2.1	360
大麦	1.2～2.5	250
玉米	1.7～5.4	360
木薯	10～65	120

燃料乙醇的生产方法可分为发酵法和化学合成法两大类。

7.3.5 干湿法厌氧消化制取沼气技术

在沼泽、湖泊和水沟地带中，常常见到水中有许多气泡冒出，它是由于一些微生物的活动产生的一种臭鸡蛋气味的气体，叫作沼气。沼气中含有甲烷、氯气、硫化氢、一氧化碳、二氧化碳等多种气体，其中甲烷的含量大约为65％。甲烷是一种可以燃烧的气体，它的蓝色火焰可达1400℃的高温。因此，沼气是一种优质燃料。沼气发酵的基本历程及工艺如图7-11、图7-12所示。

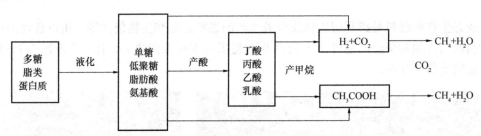

图7-11 沼气发酵的基本历程示意

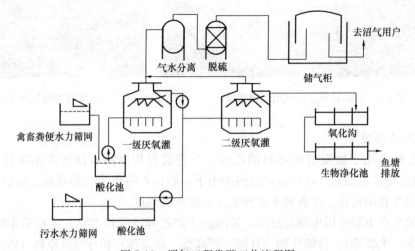

图7-12 沼气工程发酵工艺流程图

将人畜粪便、作物秸秆、生活垃圾、有机废水、活性污泥堆积在沼气池进行生物发酵产生沼气，是生物能源利用的一种好的形式。沼气用作生活燃料，热效率可达60%，比秸秆直接燃烧的热效率高6倍左右，而且沼液、沼渣可喂鱼，也是优质的有机肥料。

采用干湿法厌氧消化的方式制取沼气，并以沼气利用技术为核心的综合利用技术是具有中国特色的生物质能利用模式，典型的模式有"四位一体"模式、"能源环境工程"技术等。所谓"四位一体"模式，就是一种综合利用太阳能和生物质能发展农村经济的模式，在温室的一端建地下沼气他，沼气池上方建猪舍、厕所，在一个系统内既提供能源，又生产优质农产品，沼气池、猪舍、农产品、能源等"四位"合于温室沼气池。"能源环境工程"技术是在大中型沼气工程基础上发展起来的多功能、多效益的综合工程技术。既能有效解决规模化养殖场的粪便或城市污水污染问题，又有良好的能源、经济和社会效益。常见几种发酵方式的特点见表7-6，沼气池工程分类见表7-7。

常见集中发酵方式的特点 　　　　　　　　　　　　　　　表 7-6

原理及参数	普通消化器	升流式反应器	厌氧过滤器	厌氧接触反应器
基本工作原理				
最大负荷 [COD，kg/(m³·d)]	2~3	10~20	5~15	4~12
最大负荷下COD去除 [COD，kg/(m³·d)]	70~90	90	90	80~90
进水最低浓度 (COD，mg/L)	5000	1000~1500	1000	3000
池容产气率 [m³/(m³·d)] 　　常　温 　　中　温	>0.3 0.6~0.8	0.6~0.8 1.0~2.0	— —	>0.3 0.7左右
动力消耗	一般	小	小	小
运行操作与控制	较容易	较难	易	较容易
管道堵塞现象	无	无	有可能	无
占用土地	较多	较少	较少	较多
对冲击负荷的承受能力	较低	较高	一般	高

沼气池工程分类 表 7-7

规 模	单池体积 （m³）	总池体积 （m³）	产气量 （m³/d）
大 型	>500	>1000	>1000
中 型	50~500	50~1000	50~1000
小 型	<50	<50	<50

7.3.6 生物质和煤混合燃烧技术

为解决生物质燃料的可持续供应问题，利用木材或农作物的残余物与煤的混合燃烧是近期有前景的应用。生物质燃料与煤的特性不同，其燃烧过程也不同，生物质燃烧合成主要集中在燃烧前期的挥发份，燃烧阶段。煤燃烧过程主要集中在燃烧后期的固定碳燃烧阶段。生物质的着火特性，燃尽特性等明显优于原煤。生物质的加入，可以有效改善原煤的综合燃烧性能，原煤的固定碳燃越高添加生物质对其燃烧的性能影响越大。改变加热升温速率和氧气浓度等操作条件，可以明显改变燃烧过程和燃烧特性，如提高升温速率和氧气浓度能明显提高燃料的燃烧性能，缩短燃烧时间，提高燃尽率。燃烧动力学分析表明，生物质、煤及其混合物的燃烧可以作为一级反应处理。生物质及与煤的混合物燃烧时活化能小于原煤燃烧的活化能，生物质的加入可以提高生物质与煤混合物的反应活性。升温速率提高，混合物燃烧的活化能降低，氧气浓度提高，混合物燃烧的活化能提高。燃烧气态产物的红外光谱分析结果表明，煤与生物质燃烧的气态产物不同，生物质添加比例、氧气浓度和升温速率增加，都可以减少燃烧气态产物中一氧化碳所占比例，提高燃料可燃成分的燃尽率和能源利用率。

生物质和煤混合燃烧可降低燃煤电厂的氮氧化物排放，木材中的含氮量比煤少，并且木材中的水分使燃烧过程温度降低，减少了氮氧化物的产生。许多电厂的运行经验表明，在煤中混入少量木材没有任何运行问题。

7.4 生物质能应用案例

1. 项目名称

山东省德州市平原县小型热水式生物质供暖炉实际案例。

2. 项目简介

本项目建筑外围护结构长 16m，宽 6m，面积 96m²，外墙有 25mm 聚氨酯保温。包含卧室两间，客厅一间，餐厅一间，如图 7-13 所示。房间内净高度 3.5m。安装推拉式铝合金门窗，采用双层中空玻璃，选用国产某牌某型号热水式生物质供暖炉，供暖炉价格 5000 元，如图 7-14 所示。采用 4 组钢制板式散热器，此散热器具有储水量少，热惰性低，启动速度快的优点，总价 1600 元。管路阀门等辅料共计 600 元，系统合计 7200 元。项目要求：系统运行时间：2018 年 11 月 15 日—2019 年 3 月 15 日，合计 120 天。室内温度要求：室内温度不低于 14℃。结合用户生物质炉采用生物质成型燃料（碎木柴、薪柴、秸秆、玉米芯各种果壳以及各种生物质压块等），通过风机送风，实现了炉温和进风量的可控，使燃料在炉膛内充分气化和燃烧。该生物质炉，具有炊事、取暖、烧水多功能。

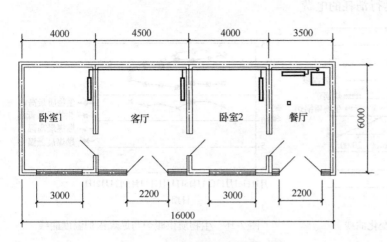

图 7-13　热水炉系统平面布置图　　　　图 7-14　热水式生物质供暖炉

3. 设计计算

（1）建筑热负荷

按照《暖通空调》建筑热负荷计算方法，计算得到每天建筑的供暖热负荷 $Q_t = 4.75 \times 10^8$ J。

（2）生物质消耗量

$$T = \frac{Q_t}{q_s \times \eta_s} \tag{7-13}$$

式中　T——每天生物质颗粒消耗量，kg；

　　　Q_t——建筑每天热负荷，J；

　　　q_s——生物质颗粒的热值，生物质杂木颗粒的热值 1.76×10^7 J/kg；

　　　η_s——生物质热水供暖炉的热效率，0.85；

计算得到，平均每天生物质颗粒消耗量 31.8kg，整个供暖季的消耗量预计为 3816kg。

4. 运行状况

运行时间：2017 年 11 月 15 日—2018 年 3 月 15 日，合计 120 天。

测量时间：2018 年 1 月 15 日

测量仪器：精创 RC−4 温度记录仪，测温范围−40～+85℃，精度±0.5℃。

测量位置：在客厅中央距地面 1.2m 处

天气状况：当天天气晴朗，室外最高气温 5.2℃，最低气温−9℃，是 1 月气温最低的 1 天。

运行情况：相比于小型燃煤供暖锅炉，生物质供暖室内温度波动更小，当天温差 5.1℃，小于燃煤锅炉的 9.7℃，如图 7-15 所示。当天消耗生物质颗粒约 28.4kg，是估算值的 89.3%。通过一周的实际测量，也验证了生物质供暖室内温度波动更小，如图 7-16 所示。

（1）运行费用

整个供暖期消耗生物质颗粒 3300kg，是估算值的 86.5%。燃料费用 3300 元。不包含因水泵、风机、控制系统运行消耗的电费。

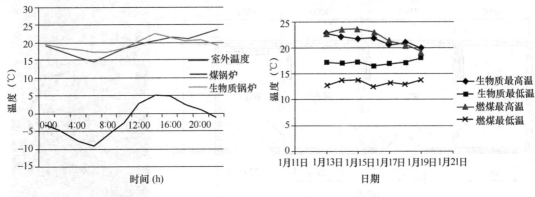

图 7-15　室内外温度变化曲线　　　　图 7-16　生物质供暖炉与燃煤锅炉温度曲线

（2）几种清洁供暖成本对比

按照生物质颗粒的实际用量计算所产生热量，计算燃气壁挂炉和空气源热泵的实际

运行成本，根据山东省冬季电供暖政策，燃气成本 2.5 元/m³；电供暖每天 8：00—20：00 电价为 0.5769 元/kWh，20：00—次日 8：00 电价 0.3769 元/kWh，夜间和白天的能耗按 5：3 计算。具体比较情况见表 7-8。通过对比可以看出，在解决供暖问题上，生物质供暖比空气源热泵和燃气壁挂炉供暖具有投资少，运行费用相对较低的优势。

三种清洁供暖系统对比表　　　　　　　表 7-8

设备类型	产品价格（元）	系统效率	能源消耗量	运行成本（元）	备注
生物质供暖炉	7200	0.85	3300kg	3300	
燃气壁挂炉＋散热器	9000	0.9	1532m³	3830	燃气热值＝35.8MJ/m³
空气源热泵＋散热器	25000	$COP=2.4$	5726kWh	2588	

5. 技术特点

（1）燃料广泛；

（2）功能齐全；

（3）操作简单，使用方便；

（4）高效节能；

（5）环保，干净卫生；

（6）使用寿命长：内胆炉芯采用加厚的耐高温保温材料，正常可使用 10 年以上；

（7）安全可靠：凡是与火接触的部分均为耐火材料或耐热的生铁铸件；

（8）造型美观：体积小，重量轻，无需安装，可任意摆放。

思 考 题 与 习 题

1. 简述生物质的分类？

2. 某农村小麦和玉米的产量分别为 10^4 kg 和 10^5 kg，请计算该地主要生物质资源量。

3. 生物质能有哪些特点？

4. 什么是生物质液化？

5. 请思考你的家乡或你所去过的村庄，有哪些生物质能？采用哪种技术可以有效将其利用，并分析可行性。

参 考 文 献

[1] 时君友，李翔宇. 可再生能源概述[M]. 成都：电子科技大学出版社，2017.

[2] 苏亚欣. 新能源与可再生能源概论[M]. 北京：化学工业出版社，2006.

[3] 郝小礼，陈冠益，冯国会，等. 可再生能源与建筑能源利用技术[M]. 北京：中国建筑工业出版社，2014.

[4] 周建强. 可再生能源利用技术[M]. 北京：中国电力出版社，2015.

[5] 张建英. 新能源与可再生能源[M]. 北京：线装书局，2011.

[6] 杨圣春，李庆. 新能源与可再生能源利用技术[M]. 北京：中国电力出版社，2016.

[7] 赵玉磊，刘春花. 小型生物质采暖炉供暖的经济性分析[J]. 区域供热，2019.4 期.

[8] 陆亚俊，马最良，邹平华. 暖通空调[M]. 北京：中国建筑工业出版社，2015.

第8章 风　　能

风能是由于地球表面大量空气流动而产生的可供人类利用的能量，其蕴藏量丰富、可再生、分布广泛、不产生污染。与其他可再生能源利用方式相比，风力发电是解决我国电力和能源紧缺的重要战略选择。风能是一种清洁的可再生能源，也是目前可再生能源技术中相对成熟，并具规模化开发条件和商业化前景的一种能源。一般情况下，可利用风能超过地球上可利用水力的十倍，达到 100 亿 kW。虽然太阳每年向地球辐射的能量只有 1‰转变为风能，但这些风能相当于全球每年消耗的石油、煤炭等化石燃料的总和。因此在可再生能源中，风能是一种非常有前途的能源。

8.1 风能概述

8.1.1 风能的开发利用历史、现状及趋势

8.1.1.1 风能的起源

地球被一个数千米厚的空气层包围着，空气相对于地面的水平运动称为风，风的大小和方向是由水平气压梯度、水平地转偏向力、惯性离心力和摩擦力决定的。由于地球不同方位、不同地形的力的作用大小不同，因而不同尺度所形成的风的特征也不一样。按大气环流的尺度不同，通常可将其分为大气环流、季风环流和局地环流，参见图 8-1～图 8-3。

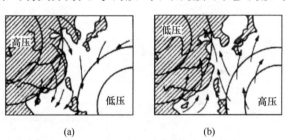

图 8-1　海陆热力差异引起的季风示意图

(a) 冬季；(b) 夏季

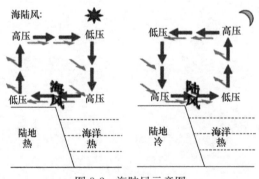

图 8-2　海陆风示意图

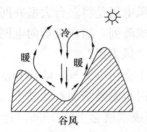
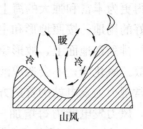

图 8-3 山谷风示意图

8.1.1.2 世界风能的开发利用

人类利用风能的历史可以追溯到公元前，公元前 2 世纪，古波斯人就利用垂直轴风车碾米。10 世纪伊斯兰人用风车提水，11 世纪风车在中东已获得广泛的应用。13 世纪风车传至欧洲，14 世纪已成为欧洲不可缺少的原动机。在荷兰风车先用于莱茵河三角洲湖地和低湿地的汲水，以后又用于榨油和锯木。只是由于蒸汽机的出现，才使欧洲风车数目急剧下降。

风力发电最早始于丹麦，其政府在 1890 年就制定了一项风力发电计划，随后建成了世界首座风力发电站，到 1918 年已具有 72 台单机功率为 5～25kW 的风力发电机组。1931 年，苏联成功地制造了一台 30kW 的水平轴风力发电机组，当时是全球功率最大的一台。1941 年美国试制了一台功率为 1250kW 的风力发电机组，但限于当时的技术水平，运行不稳定，经济性低下，运行近 4 年后因大风吹断叶片而停止运转。第二次世界大战后，经济复苏，能源不足，促使一些工业发达国家重新开始去研制中型及大型风力发电机组。丹麦研制了 45kW 和 200kW 等风力发电机，投运后并入电网。德国在 1955 年制成了 100kW 风力发电机。法国继 1950 年制成 130kW 风力发电机后，又在 1958 年制成 800kW 风力发电机。但是在廉价石油和矿物燃料发电机组的冲击下，这些试验性风力发电机组均中止了运行。

1973 年西方发生石油危机并随着全球环境的恶化，风力发电又重新受到重视，各国都加紧了对风力发电机组的研究和开发。美国在 1974 年就开始实行联邦风能计划。在 20 世纪 80 年代，单机容量为 100kW 以上的水平轴风力发电机组的研制在欧美发展迅速。1987 年美国研制成单机容量为 3.2MW 的水平轴风力发电机组，丹麦、德国、荷兰、西班牙等国也均研制了 100kW 以上的风力发电机组。根据美国能源部的统计，至 1990 年美国风力发电已占总发电量的 1%。在瑞典、荷兰、英国、丹麦、德国、日本、西班牙，也根据各自国家的情况制定了相应的风力发电计划。如瑞典 1990 年风力机的装机容量已达350MW，年发电 10 亿 kWh。丹麦在 1978 年建成了日德兰风力发电站，装机容量2000kW，三片风叶的扫掠直径为 54m，混凝土塔高 58m。德国 1980 年就在易北河口建成了一座风力电站，装机容量为 3000kW。英国风能十分丰富，政府对风能开发也十分重视，到 1990 年风力发电已占英国总发电量的 2%。在日本，1991 年 10 月轻津海峡青森县的日本最大的风力发电站投入运行，5 台风力发电机可为 700 户家庭提供电力。

为了解决风力发电机输出电能的不稳定性和容量不大的问题，一些国家采用了在同一场地装设大量台数的风力发电机并联合向电网供电的系统。这种系统称之为风力发电场，简称为风电场。当前各国均在广泛建立大型风电场。除建设陆上风电场外，还在建设海上风电场，以期获得更为丰富和强大的海上风能。风电场是将多台大型并网式的风力发电机安装在风能资源好的场地，按照地形和主风向排成阵列，组成机群向电网供电。风力发电机就像种庄稼一样排列在地面上，故形象地称为"风力田"。

风电不会释放二氧化碳，不会造成酸雨，也不会污染大气、陆地和水源，因而是替代燃用化石燃料的常规火力发电站的首选方法，同时也是经济而有效减少二氧化碳排放量的措施。研究表明，风力发电能力每增加一倍，其成本就会下降 15%。近年来，全球风电增长率一直保持在 30%，因而风电成本快速下降，在国外已接近燃煤发电的成本。欧洲风能协会的报告表明，到 2020 年欧洲有 20% 电力采用风力发电。目前丹麦风电已占其总电力的 20%。该协会的另一份国际能源研究报告表明，到 2020 年，全球风力发电提供全球电力需求的 12%，可减少二氧化碳排放量 100 多亿吨。此外，美国也计划到 2030 年，风电将占其全部电力装机容量的 30%。随着化石燃料日渐枯竭和价格的上升，火力发电成本将逐渐增高，风电成本则随着风电机组容量的增大和风电场规模的扩展将继续下降。据联合国对新能源和可再生能源的估计，到 2020 年，风力发电成本降到 3 美分/kWh 及以下。因而风电是近期及未来最具开发利用前景的可再生能源，其迅速发展是必然的趋势。

根据预计，未来几年亚洲和美洲将成为最具增长潜力的地区。中国的风电装机容量将实现每年 30% 的高速增长，印度风能也将保持每年 23% 的增长速度。印度鼓励大型企业进行投资发展风电，并实施优惠政策激励风能制造基地，目前印度已经成为世界第五大风电生产国。在欧洲，德国的风电发展处于领先地位，其中风电设备制造业已经取代汽车制造业和造船业，成为钢材第一大用户。在近期德国制定的风电发展长远规划中指出，到 2025 年风电要实现占电力总用量的 25%，到 2050 年实现占总用量 50% 的目标。

8.1.1.3　中国风能的开发利用

中国是世界上最早利用风能的国家之一。公元前数世纪中国人民就利用风力提水、灌溉、磨面、舂米，用风帆推动船舶前进。到了宋代更是中国应用风车的全盛时代，当时流行的垂直轴风车，一直沿用至今。

我国风力发电始于 20 世纪，发展相对滞后。1986 年，马兰风电场在山东荣成并网发电揭开了我国风能开发建设的大幕。从 165kW 到 1.64 亿 kW，我国风电产业发展经历了三个阶段。

第一阶段：1985—1995 年试验阶段。第一个阶段试验研究、示范先行，可以称为"青铜时代"。这一时期，可再生能源没有技术基础，没有相关政策扶持，也没有商业化风电场。我国在引进国外风电机组的同时，积极推进自主研制工作，处在风电设备研制的起步阶段。

第二阶段：1995—2006 年。在第一阶段取得的成果基础上，中国各级政府相继出台了各种优惠的鼓励政策，商业开发、积累能量，可以称为"白银时代"。经过 10 年蹒跚学步，我国风电事业进入了新的发展阶段。10 多年间，风电产业已经有了一定的技术积累和开发经验，出现了鼓励风电发展的政策雏形，出现了商业化开发、公司化运作的崭新体制。

第三阶段：2006 至今。2006 年 1 月 1 日《可再生能源法》正式实施开始，风电产业进入大范围开发、规模发展的"黄金时代"。此后，可再生能源发电全额收购制度（2009

年修订版完善为全额保障性收购制度)、可再生能源电费费用分摊制度、进口关税和三免三减半等税收优惠制度等,对风电产业的崛起和可持续健康发展起到了至关重要的推动作用。

借助法律和政策东风,风电发展犹如雨后春笋。如图 8-4 所示,2006—2017 年的 11 年间,风电装机容量年平均增长率达 46%,2017 年底装机容量 1.64 亿 kW,是 2005 年底的 129 倍。国内风电装机容量占总设备容量的比例从 2010 年的 3.06% 提高至目前的 9% 以上,是发展最为迅速的新能源发电行业。国家能源局于 2016 年正式印发《风电发展"十三五"规划》,明确了"十三五"期间风电发展目标和建设布局。总量目标为到 2020 年底,风电累计并网装机容量确保达到 2.1 亿 kW 以上,其中海上风电并网装机容量达到 500 万 kW 以上;风电年发电量确保达到 4200 亿 kWh,约占全国总发电量的 6%。消纳利用目标为截至 2020 年,有效解决弃风问题,"三北"地区全面达到最低保障性收购利用小时数的要求。产业发展目标、风电设备制造水平和研发能力不断提高,多家设备制造企业全面达到国际先进水平,市场份额明显提升。根据我国风电开发建设的资源特点和并网运行现状,"十三五"时期风电主要布局原则如下:加快开发中东部和南方地区陆上风能资源,有序推进"三北"地区风电就地消纳利用,利用跨省跨区输电通道优化资源配置,积极稳妥推进海上风电建设。"十三五"期间重点任务为:有效解决风电消纳问题,提升中东部和南方地区风电开发利用水平,推动技术自主创新和产业体系建设,完善风电行业管理体系,建立优胜劣汰的市场竞争机制,加强国际合作,发挥金融对风电产业的支持作用。

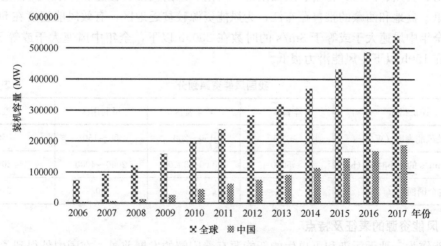

图 8-4 2006—2017 年全球及我国风力发电累计装机容量(MW)

8.1.1.4 我国风能资源分布情况

我国风能资源的分布与天气气候背景有着非常密切的关系,依据年有效风能密度和有效风速全年累计小时数这两个指标,把我国各地风能资源分为丰富区、较丰富区、可利用区和贫乏区四个类型,见表 8-1,我国风能资源丰富和较丰富的地区主要分布在两个大带里。

1. 三北(东北、华北、西北)地区丰富带

该风能丰富带功率密度在 $200 \sim 300 \text{W/m}^2$ 以上,有的可达 500W/m^2 以上,如阿拉山

口、达坂城、辉腾锡勒、锡林浩特的灰腾梁等，可利用的小时数在5000h以上，有的可达7000h以上。这一风能丰富带的形成，主要与三北地区处于中南纬度的地理位置有关。

2. 东南沿海及附近岛屿地丰富带

该风能丰富带，年有效风能功率密度在200W/m²以上，将风能功率密度线平行于海岸线，沿海岛屿风能功率密度在500W/m²以上，如台山、平潭、东山、南鹿、大陈、田沤、南澳、马祖、马公、东沙等，可利用小时数约在7000~8000h，这一地区特别是东南沿海，由海岸向内陆是丘陵连绵，所以风能丰富地区仅在海岸50km之内，再向内陆不但不是风能丰富区，反而成为全国最小风能区，风能功率密度仅50W/m²左右，基本上是风能不能利用的地区。

3. 内陆风能丰富地区

在两大带的两个风能丰富带之外，还有内陆风能丰富地区。该风能丰富地区风能功率密度一般在100W/m²以下，可以利用小时数3000h以下。但是在一些地区由于湖泊和特殊地形的影响，风能也较丰富，如鄱阳湖附近较周围地区风能较大，湖南衡山、安徽的黄山、云南太华山等也较平地风能为大，但是这些只限于很小范围之内。

青藏高原海拔4000m以上，这里的风速比较大，但空气密度小，如在4000m的空气密度大致为地面的67%，也就是说，同样是8m/s的风速，在平原上风能功率密度为313.6 W/m²，而在4000m只为209.9 W/m²，而这里年平风速在3~5m/s，所以风能仍属一般地区。

云南、贵州、四川、甘肃、陕西南部、河南、湖南西部、福建、广东、广西的山区及新疆塔里木盆地和西藏的雅鲁藏布江，为风能资源较贫乏地区，有效风能密度在50W/m²以下，全年中风速大于或等于3m/s的时数在2000h以下，全年中风速大于或等于6m/s的时数在150h以下，风能潜力很低。

我国风能资源划分　　　　　　　　　　　　　　表8-1

评价指标	丰富区	较丰富区	可利用区	贫乏区
年有效风能密度（W/m²）	≥200	150~200	50~150	≤50
风速≥3m/s的年小时数（h）	≥5000	4000~5000	2000~4000	≤2000
占全国面积（%）	8	18	50	24

8.1.2　风能资源的表征及特点

风能作为一种无污染和可再生的新能源有着广阔的发展前景，在国内外得到了广泛地应用。我国是风力资源丰富的国家，在沿海岛屿、交通不便的边远山区、地广人稀的草原牧场以及远离电网和近期内电网还难以达到的农村、边疆和少数民族地区，风力发电成为解决生产和生活能源的一种可靠途径，取得了很好的社会效益和经济效益。

8.1.2.1　风向与风速

风是矢量，风向和风速是描述风特性的两个重要参数。风向是指风吹来的方向，如果风从北方吹来，就称为北风。风向一般用8个或16个方位表示，也可以用角度来表示，以正北为基准，顺时针方向旋转，东风为90°，南风180°，西风为270°，北风为360°。各种风向的出现频率通常用风向玫瑰图表示。在极坐标上，标出某年或某月8个或16个方向上各种风向出现的频率，因其形状像玫瑰花，所以称为风向玫瑰图，图 8-5 为北京市某年风向玫瑰图。

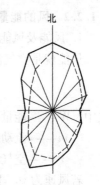

风速是单位时间内空气在水平方向上移动的距离。风速的测量仪器有旋转式风速计、散热式风速计和声学风速计等，但通常使用的是旋转式风速计。各国测量的风速基本都以 10m 高度处为观测基准，但在取多长时间的平均风速要求各异，有 1min、2min、10min 平均风速及 1h 平均风速和瞬时风速等。

图 8-5　北京市某年
风向玫瑰图

风能随高度的变化，在从地球表面到 10000m 的高空层内，风随高度有显著变化。造成风在近地层中的垂直变化的原因有动力因素和热力因素，前者主要来源于地面的摩擦效应，即受地面的粗糙度，后者主要表现为与近地层大气垂直稳定度的关系。风速随高度的变化可用经验指数公式求解，即

$$V = V_0 \left(\frac{h}{h_0} \right)^n \tag{8-1}$$

式中　h，h_0——离地面的高度，m；

　　　　V_0——已知高度 h_0 处的风速，m/s；

　　　　V——已知高度 h 处的风速，m/s；

　　　　n——与地面的平整程度（粗糙度）、大气的稳定度等因素有关。

风力等级是根据风对地面或海面物体影响而引起的各种现象，按风力的强度等级来估计风力的大小。从无风（0.0～0.2m/s）到飓风（大于 32.6m/s）分为 12 个等级，后来又扩展到 17 个等级，见表 8-2。

风速描述　　　　　　　　　　　　　　表 8-2

风力等级	风的名称	陆地地面物的象征	相应风速	
			(km/h)	(m/s)
0	无风	大气稳静，炊烟之上	<1	0～0.2
1	软风	烟随风飘动，风向可辨，但风标不动	1～5	0.3～1.5
2	轻风	脸有风感，树叶动，风标也动	6～11	1.6～3.3
3	微风	树叶和细枝摇动，小旗展开	12～19	3.4～5.4
4	和风	尘沙刮起，纸片飞舞，小树枝摇动	20～28	5.5～7.9
5	清风	有小树摇动，池塘、沼泽水面掀起浪花	29～38	8.0～10.7
6	强风	大树摇动，电线鸣叫，举伞困难	39～49	10.8～13.8
7	疾风	树身摇动，顶风行走极为困难	50～61	13.9～17.1
8	大风	小树枝折断，顶风行走极为困难	62～74	17.2～20.7
9	烈风	房屋发生轻微损毁（烟囱倒塌，房屋瓦片揭掉）	75～88	20.8～24.4
10	狂风	陆地少见，树木连根拔起，建筑物严重破坏	89～102	24.5～28.4
11	暴风	陆地极少，一旦发生必有重大损毁	103～117	28.5～32.6
12	飓风	陆地绝不，其所摧毁力极大	>117	>32.6

8.1.2.2 风的能量

1. 风能及风能密度

风能就是空气流动的动能。风和其他运动的物体一样，其具有的动能用下式计算：

$$W = \frac{1}{2}mv^2 \tag{8-2}$$

式中 W——能量，J；

       m——流动空气的质量，kg；

       v——空气流动速度，m/s。

若风速为 v，垂直通过的面积为 A，经过时间 t，流过的体积为 Q，$Q=Avt$。设 ρ 为空气密度（kg/m³），则流过的风具有的动能为

$$W = \frac{1}{2}Q\rho v^2 = \frac{1}{2}Avt\rho v^2 = \frac{1}{2}\rho v^3 At \tag{8-3}$$

每秒通过面积为 A 的空气所具有的动能，称为风所具有的功率，以 N_v 表示，单位为 W。

$$N_v = \frac{1}{2}\rho v^3 A \tag{8-4}$$

每秒垂直通过 1m² 面积的风所具有的动能，称为风能密度，风能密度是评价风能资源的一个重要参数，以 E_0 表示（单位为 W/m²），则有：

$$E_0 = \frac{1}{2}\rho v^3 \tag{8-5}$$

由于风速是变化的，因而风能密度的大小也是随时间变化的。一定时间周期内（如1年）风能密度的平均值称为平均风能密度，可用下式计算

$$\overline{E} = \frac{1}{T}\int_0^T \frac{1}{2}\rho v_t^3 \mathrm{d}t \tag{8-6}$$

式中 $\overline{E}$——一定时间周期内的平均风能密度，W/m²；

       T——时间周期，s；

       v_t——随时间而变化的风速值，m/s。

在风速测量中，若能得到 T 时间周期内的不同风速 v_1，v_2，v_3…以及其所对应的持续时间 t_1，t_2，t_3…则其平均风能密度可按下式计算

$$\overline{E} = \frac{1}{T}\left(\sum_{i=1}^n \frac{1}{2}\rho v_i^3 t_i\right) \tag{8-7}$$

2. 年有效风能密度

前面讲过，假设风力机的有效风速为 3～20m/s，则一年内垂直通过 1m² 面积的有效风能 W_i 为：

$$W_i = \frac{1}{2}\rho\left[\sum_3^{20} v_i^3 t_i\right] \tag{8-8}$$

式中 v_i——3～20m/s 各级风速；

       t_i——3～20m/s 各级风速在一年内刮的小时数；

       ρ——空气密度，在标准大气压下，15℃时的空气密度为 1.225kg/m³。

年（平均）有效风能密度 E 为：

$$E = \frac{1}{T} \times \frac{1}{2}\rho \left[\sum_{3}^{20} v_i^3 t_i \right] \tag{8-9}$$

式中　T——有效风速在一年里累计的小时数，等于各有效风速频率乘以 8760h 相加。

3. 风能玫瑰图

风能玫瑰图可以反映某地风能资源的特点，图 8-6 是对某地风力情况进行实测统计计算后绘制而成的风能玫瑰图，图上各射线长度分别表示某一方向上风向频率与相应风向平均风速立方值的乘积。

8.1.2.3　风能优点

风能是非常重要并储量巨大的能源，它安全、清洁、充裕，具有以下优点：

(1) 蕴藏量大。风能是太阳能的一种转换形式，是取之不尽用之不竭的可再生能源。

(2) 无污染。在风能转换为电能的过程中，不产生任何有害气体和废料，不污染环境。

(3) 可再生。风能是靠空气的流动而产生的，这种能源依赖于太阳。只要太阳存在，就可不断地、有规律地形成气流，周而复始地产生风能，是可永远利用的。

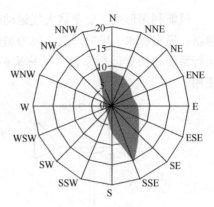

图 8-6　风能玫瑰图

(4) 分布广泛、就地取材、无需运输。在边远地区如高原、山区、岛屿、草原等地区，由于缺乏煤、石油和天然气等资源，给生活在这一地区的人民群众带来了诸多不便，而且由于地处偏远、交通不便，即使从外界运输燃料也十分困难。因此，利用风能发电可就地取材、无需运输，具有很大的优势。

(5) 适应性强、发展潜力大。我国可利用的风力资源区域占全国国土面积 76%，在我国发展小型风力发电，潜力巨大前景广阔。

8.1.2.4　风能的局限性

风能利用存在一些限制及弊端：

(1) 能量密度低。由于风能来源于空气的流动，而空气的密度很小，因此风力的能量密度很小。

(2) 不稳定性。由于气流瞬息万变，风时有时无，时大时小，日、月、季、年的变化都十分明显。

(3) 地区差异大。由于地形变化，地理纬度不同，因此风力的地区差异很大。两个近邻区域，由于地形的不同，其风力可能相差几倍甚至几十倍。

8.1.2.5　风能在利用中的问题

风能利用前景广阔，但是在风能利用中有两方面的问题特别注意：一是风力机的选址；二是风力机对环境的影响。

风力机的选址是一个非常复杂的问题，大型风力场选址往往需要了解多年的气象数据，并经过若干年的实测，考虑其他综合因素，才能最终确定风力机的安装地点。在平坦地形上设置风力机应考虑的条件：离开设置地点 1km 的方圆内，无较高的障碍物；如有较高的障碍物（如小山坡时）。风力机的高度应比障碍物高 2 倍以上。

风能是一种最清洁、对于大气污染最少的可再生能源，但风电也存在着噪声、对鸟类以及对无线电通信和电视干扰等问题。然而与其他电源造成的环保问题以及为解决这类问题需要增加的投资成本相比较，还是应当发展风电。风电对环保存在的一些问题，也是可以避免或解决的。

8.2　风能发电技术

风能利用形式主要是将大气运动时所具有的动能转化为其他形式的能量。其具体用途包括：风车提水、风帆助航、风力制热、风力发电等。大型风力发电系统有两种，即并网运行系统和独立运行系统（又称离网运行）。它们产生电能供给人类日常的生活、生产使用。

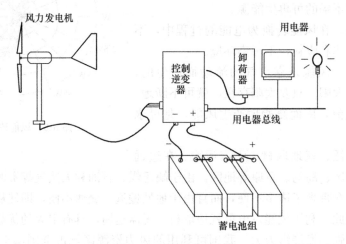

图 8-7　离网风电示意图

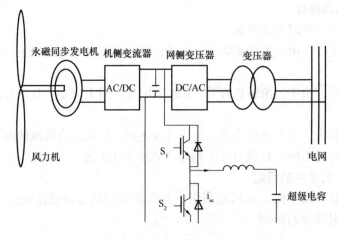

图 8-8　并网风电示意图

在独立运行时，如图 8-7 所示，由于风能是一种不稳定的能源，如果没有储能装置或其他发电装置的配合，风力发电装置难以提供可靠的稳定的电能。解决上述稳定供电的方法有两种：一是利用蓄电池储能来稳定风力发电机的电能输出；二是风力发电机与光伏发电或柴油发电等互补运行。

独立运行的风力发电系统具有无需燃料、成本低、污染少、结构坚固、扩充灵活、安全、可自主供电、非集中电网等优点。但是，为了保证系统供电的连续性和稳定性，需要利用储能装置，增加了成本，需要定期维护检修，从而增加了工作量，系统的工作效率不高，而且技术相对复杂。

独立运行发电系统的组成：

（1）风力发电机组：由风力机、发电机和控制部件组成的发电系统；

（2）耗能负载：持续大风时，用于消耗风力发电机组发出的多余电能；

（3）蓄电池组：由若干台蓄电池经串联组成的储能配置；

（4）控制器：系统控制装置。主要功能是对蓄电池进行充电控制和放电保护，同时对系统输入/输出功率起着调节与分配作用，以及系统赋予的其他监控功能；

（5）逆变器：将直流电转换为交流电的电子设备；

（6）交流负载：以交流电为动力的装置或设备。

并网运行系统（如图 8-8 所示）是采用同步发电机或异步发电机作为风力发电机与电网并联运行，并网后的电压和频率完全取决于电网。无穷大电网具有很强的牵制能力，有巨大的能量吞吐能力。

但这种与电网并联工作方式有一个共同的缺点，那就是风速低于一定值时，风力机没有电功率输出，为防止功率逆流，风力机系统应与电网解列。当风电场发电量过多时，由于用电需求增长变缓，消纳市场总量不足，电源结构不合理，系统调峰能力不足，跨省跨区输电通道不足，难以实现在更大范围内消纳新能源等原因，造成"弃风现象"。低速风没有被利用，高风速时也不能全部运行在最佳运行点，风能利用率低。但在有的电网地区，采用并网运行是比较合适的。

8.2.1 风力发电机

风力发电技术是利用风的动能来驱动风力机，风力机带动发电机进行发电的技术，实现风力发电的成套设备称为风力发电系统或风力发电机组。风力发电机组一般由风力机、发电机、支撑部件、基础以及电气控制系统等几部分组成。

风力发电机的工作原理比较简单，风轮在风力的作用下旋转，并通过变速齿轮箱将风力机轴上的低速旋转（约为 18～33r/min）转变为发电机所需的高转速（800r/min 或 1500r/min），它把风的动能转变为风轮轴的机械能，传给发电机轴使之旋转发电。发电机在风轮轴的带动下旋转发电。

风力发电机组种类和式样有很多种，按照风力发电机的输出容量，国际上通常将风力发电机组按容量大小分为小型（100kW 以下）、中型（100～1000kW）和大型（1000kW以上）3 种；我国则分成微型（1kW 以下）、小型（1～10kW）、中型（10～100kW）、大型（100kW 以上）4 种，也有将 1000kW 以上的风力发电机称为兆瓦级风力发电机。目前常见的发电机有异步发电机、同步发电机。按风轮结构和其在气流中的位置，可分为水平轴和垂直轴两种形式。

8.2.1.1 水平轴风力发电机

水平轴风力机（图 8-9）很早就被应用，是迄今应用最广的形式，因技术成熟、单位发电量成本较低，大型风力发电系统采用的多是水平轴风力机。水平轴风力发电机按传动系统分为齿轮箱型、直驱型（无齿轮箱型）和半直驱型（齿轮箱与发电机集成设计），水平轴风力机按风轮叶片数可以分为单叶片、双叶片、三叶片和多叶片风力发电机，其中三叶片风轮由于稳定性好，在现代风力发电机组上得到广泛应用；按风轮与塔架的相对位置又有顺风式和迎风式之分，现代用于兆瓦级发电的风力发电机多采用水平轴迎风式，双叶或三叶的风力机。

图 8-9 水平轴风力机

图 8-10 垂直轴风力机

8.2.1.2 垂直轴风力发电机

垂直轴风力机（图 8-10）与水平轴风力机相比，启动风速低，能量转换效率高，无需风向调节装置，机电设备可以安装在地面，维护保养方便。此外垂直轴风力机的叶片高速运行时无振动、无噪声，对人类和环境的影响极小，所需安装和运行空间较小，尤其适用于生态环境脆弱地区、空间狭小场所和人员经常出入的地方。由于叶片形状特殊，设计、加工难度较大，垂直轴风力机单位发电量造价高于水平轴风力机。

8.2.1.3 异步发电机

异步发电机具有结构简单、价格低廉、可靠性高、并网容易等优点，在风力发电系统中应用广泛，异步发电机也称感应发电机，可分为笼型和绕线型两种。应用最多的是笼型感应发电机。笼型感应发电机既可以孤立运行，也可以联网运行。

8.2.1.4 同步发电机

永磁同步发电机是由永磁体励磁产生同步旋转磁场的同步发电机，它的定子与异步发电机相同，由定子铁芯和三相定子绕组组成。转子由永磁体产生磁场，定子绕组一般制成多相（三、四、五相不等），通常为三相绕组。三相绕组沿定子铁芯对称分布，在空间互差120°角，通入三相交流电时，产生旋转磁场。转子采用永磁体，目前主要以钕铁硼作为永磁材料。采用永磁体简化了电机的结构，提高了可靠性，又没有转子损耗，提高了电机的效率。

8.2.2 风力发电机的特性及安装选址

8.2.2.1 风力发电机的性能特性

风力发电机的性能特性是由风力发电机的输出功率曲线来反映的。风力发电机的输出功率曲线是风力发电机的输出功率与场地风速之间的关系曲线。用以下式计算：

$$P = \frac{1}{8}\pi\rho D^2 v^3 C_p \eta_t \eta_g \tag{8-10}$$

式中　P——风力发电机的输出功率，kW；

　　　ρ——空气密度，kg/m^3；

　　　D——风力发电机风轮直径，m；

　　　v——场地风速，m/s；

　　　C_p——风轮的功率系数，一般在 $0.2\sim0.5$ 之间，最大为 0.593；

　　　η_t——风力发电机传动装置的机械效率；

　　　η_g——发电机的机械效率。

风力发电机的制造厂家在出售风力发电机时都会提供其产品的输出功率曲线，反映了不同风力发电机的性能。图 8-11 为某额定输出功率 10kW 的风力发电机的功率输出曲线。

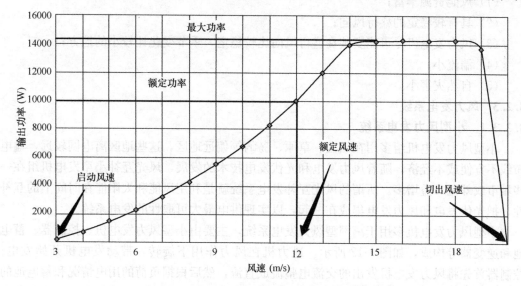

图 8-11　某型号的风力发电机的功率输出曲线

根据场地的风能资料和风力发电机的功率输出曲线，可以对发电机的年发电量进行估算，估算方法如下：

（1）根据安装场地的风速资料，计算出从风力发电机的启动风速至停机风速为止全年各级风速的累计小时数；

（2）根据风力发电机的功率输出曲线，计算出不同风速下风力发电机的输出功率；

（3）利用下式进行估算

$$Q = \sum_{V_0}^{V_1} P_v T_v \tag{8-11}$$

式中　Q——风力发电机的发电量，kWh；

　　　P_v——在风速 v 下，风力发电机的输出功率，kW；

　　　T_v——场地风速 v 的年累计小时数；

　　　V_0——风力发电机的启动风速，m/s；

V_1——风力发电机的停机风速，m/s。

（4）由以上两式可知，除风力发电机本身因素外（如风轮直径等），风力发电机的发电量还受风力发电机安装高度，特别场地风速大小的影响。如果场地选择不合理，即使性能很好的风力发电机也不能很好的发电工作；相反，如果场地选择合理，性能稍差的风力发电机也会很好地发电工作。因此为了获得更多的发电量，应该十分重视风力发电机安装场地的选择。

8.2.2.2 风力发电机安装场址选择

在进行风力发电机安装场址选择时，首先应该考虑当地的能源市场的供求状况、负荷的性质和每昼夜负荷的动态变化；在此基础上，再根据风资源的情况选择有利的场地，以获得尽可能多的发电量。另外，也应考虑到风力发电机安装和运输方面的情况，以尽可能地降低风力发电成本。理想的风力发电场址一般具备以下几个方面特征：

（1）风能资源丰富；

（2）具有较稳定的盛行风向；

（3）风力发电机尽可能安装在盛行风向比较稳定，季节变化比较小的地方；

（4）湍流小；

（5）自然灾害小。

8.2.3 风力发电系统

8.2.3.1 小型风力发电系统

小型风力发电机组多用在山区、草原、岛屿等偏远地区，这些地区离电网较远，输电布线不方便或不经济。随着风力发电和光伏发电技术的发展，风光互补小型发电机组在一些城市或郊区日益增多。所谓的风光互补发电系统就是利用风能和太阳能在时间上的互补性，把光伏发电和风力发电集成在一起，以实现供电最大可取性的发电系统。

小型风力发电机多用于离网型风力发电系统，主要由小型风力发电机、控制器、蓄电池和逆变器等构成，如图 8-12 所示。风力机在风力作用下旋转，带动发电机开始发电；控制器首先将风力发电机发出的交流电整流成直流，然后根据负荷的用电情况和蓄电池的电压控制蓄电池的充放电；有些用户的负荷是直流负荷，有些则是交流负荷，交流负荷必须通过逆变器变成工频额定电压的电流。

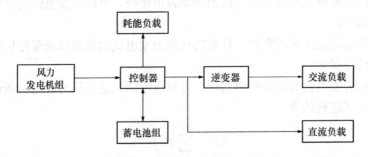

图 8-12 小型独立风力发电系统

1. 小型风力发电机

小型风力发电机结构简单，一般由风轮、发电机、尾舵、限速装置、塔管组成，如图 8-13 所示。风轮由叶片、轮毂、整流罩等组成，是风力发电机最重要的部件之一，是将风能转换成机械能的关键装置，因此，风轮的好坏对整台风力发电机组有很大的影响。发电机是将机械能转换成电能的设备，在小型风力发电机组中，风轮和发电机之间多采用直接连接，发电机主要采用交流永磁发电机、感应式发电机和直流发电机。尾舵是小型风力发电机的对风装置，自然界风速的大小和方向在不断变化，尾舵的作用就是使风轮能随风向的变化而做相应的转动，保持风轮始终和风向垂直。限速装置是为防止小型风力发电机组超速而设置的装置，在风速过高时使桨叶或风轮做相应的调整，塔架是用来支撑风力发电机的主要部件，并使风轮回转中心离地面有一定高度，以便更好地捕获风能。

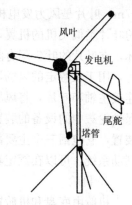

图 8-13　风力发电机
结构示意图

2. 控制器

控制器的主要作用是控制和显示风力发电机对蓄电池的充电状态，当风速达到切入风速、发电机产生的电压和电流达到蓄电池的充电要求时，形成稳定的电压和电流输出，进而向蓄电池组充电；而当风力达到切出风速、发电机产生的电压和电流超出蓄电池的充电要求或在蓄电池组的充满时，断开充电电流，形成卸荷，进而保护蓄电池不会过充。同时，卸荷后在风力发电机内部形成阻尼，进而降低发电机的转速，保证风力发电机的运行安全。

3. 逆变器

逆变器的主要作用是将风力发电机产生的低压直流电和蓄电池组储存的电能转化成 220V/50Hz 的交流电，进而满足各种用电要求。逆变器按运行方式，可分为独立运行逆变器和并网逆变器。独立运行逆变器用于独立运行的小型风力发电系统，为独立负荷供电。并网逆变器用于并网运行的风力发电系统，将发出的电能馈入电网。

4. 储能装置

由于风力发电的不稳定性，独立运行的风力发电系统的输出功率和能量每时每刻都在波动，用户要获得连续稳定的电能供应，需要在系统中加入储能装置。储能一般有蓄电池储能、飞轮储能、抽水储能、压缩空气储能等多种形式，目前最常用的蓄电池储能。

8.2.3.2　兆瓦级风力发电机

发电功率大于 1000kW 的风力发电系统，也称兆级风力发电机组，其是进入 21 世纪以来风力发电的主力机型，2011 年欧洲已经开发出了 7MW 的风力发电机。对兆瓦级风力发电机，通常采用并网运行的方式运行。对并网型风力发电机组的基本要求是在当地风况、气候和电网条件下能够长期安全运行，取得最大的年发电量和最低的发电成本。风的速度和方向是不断变化的，有时甚至非常大。风力发电机组各个部件随时承受着交变载荷，因此风力发电机组对材料、结构、工艺和控制策略都提出了很高的要求。并网型风力发电机组可分为风轮、机舱、塔架和基础几个部分。

1. 风轮

风轮是获取风中能量的关键部件，由叶片、轮毂和整流罩组成，变桨距风力机还包括变桨系统。风轮的轮毂把叶片和输出轴连接在一起，叶片具有空气动力外形，在气流作用下产生力矩驱动风轮转动，通过轮毂将扭矩输入到传动系统。为了吸收更大的风能，风轮的直径需要造得很大，如我国生产的 1.5WM 风力发电机（FD-77 型）的风轮直径有

77m。叶片是风力发电机中最关键、最重要的部件之一，是捕捉风能的部件。现代风力机的叶片类似飞机的机翼，一面向上凸起，另一面较平直。为了防止风力发电机遭受雷击破坏，在叶片的叶尖配有防雷电系统。轮毂为球铁件，直接安装在主轴上；叶根法兰有腰形孔，用于在特定的风场调整叶片初始安装角。轮毂是风力发电机组中的一个重要部件，它连接主轴和叶片，将风轮的扭矩传递给齿轮箱或发电机。导流罩是用来减小对风的阻力和保护轮毂中的设备的装置，一般用玻璃钢材料制造。变桨系统是风力发电机中调节功率的装置，它包括三个主要部件：驱动装置——电机、齿轮箱和变桨轴承。变桨系统作为基本制动系统，可以在额定功率范围内对风机速度进行控制。

2. 机舱

机舱由底盘和机舱罩组成。机舱内安装着风力发电机组的大部分传动、发电、控制等重要的设备，包括主轴、齿轮箱、发电机、液压装置、偏航装置和电控柜等，是风力发电机组最主要的部件，如图 8-14 所示。

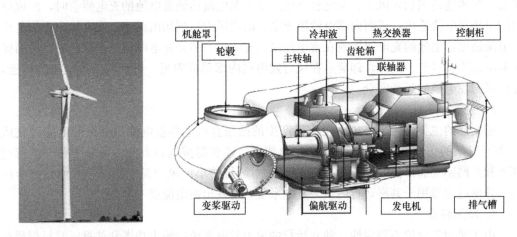

图 8-14　FD-77 型 1.5MW 风力发电机机舱内设备

8.2.4　风力发电的优缺点和对电网的影响

8.2.4.1　风力发电的优点

（1）风能是可再生能源形式，有利于可持续发展；

（2）有利于环境保护；

（3）随着风电技术的日趋成熟，风电成本越来越低，相比于其他能源形式具有极大竞争优势。

8.2.4.2　风力发电的缺点

（1）间接的不可再生能源利用和污染物排放。机组生产过程中造成的污染物的排放是风电的间接污染物排放；

（2）风电可能对鸟类造成伤害；

（3）噪声问题；

（4）对无线电通信的干扰；

（5）安全问题，叶片折断伤人等。

8.2.4.3　风电并网对电网的影响

随着越来越多的风电机组并网运行，风力发电对电网的影响也越来越受到人们的广泛关注。风力发电原动力是不可控的，它的出力大小取决于风速的状况。从电网的角度看，并网运行的风电机组相当于一个具有随机性的扰动源，会对电网电能质量和稳定性等方面造成影响：

(1) 电压波动和闪变；

(2) 谐波污染问题；

(3) 对电网稳定性的影响。

8.2.4.4　改善风力发电并网性能的一些措施

1. 静止无功补偿器（SVC）

利用 SVC 减小风力发电功率波动对电网电压的影响。风电场是一个发出有功功率、吸收无功功率的特殊元件，风电场的电压往往很低，利用 SVC 改善系统电能质量和提高系统的稳定性是一个有效的措施。目前 TRC－FC 型 SVC 在国内外风电场已得到了广泛的应用。

2. 有源电力滤波器（APF）

近年来，采用电力晶体管（GTR）和可关断晶闸管（GTO）及脉宽调制（PWM）技术等构成的有源滤波器，可对负荷电流作实时补偿，有效地抑制了电压波动和闪变。

3. 超导储能装置（SMES）

通过采用基于 GTO 的双桥结构换流装置，SMES 可以在四象限灵活地调节有功和无功功率，为系统提供功率补偿，跟踪电气量的波动。充分利用 SMES 有功无功综合调节能力，可以降低风电场输出功率的波动，稳定风电场电压，提高系统的稳定性。SMES 是一种有源的补偿装置，与 SVC 相比其无功补偿量对接入点电压的依赖程度小，在低电压时的补偿效果更好。

8.2.5　小型风力发电设计案例

1. 设计目标及风力资源

设计某偏远牧区，家用电器平均日用电量为 1.5kWh，试设计小型风力发电机满足该用户用电要求。该地区春夏秋冬的平均风速分别为 4.5m/s、3.6m/s、3.8m/s、5.6m/s，风场主风向和主风能方向一致，且盛行风向较稳定。

2. 风力发电机

我国常用的小型风力机的型号为 FD2-100、FD2-150、FD2.5-300、FD3-500 等。结合这几种常用小型风力机的输出特性图，某厂家生产的 FD2.5-300 型风力发电机在 3.6m/s 的平均风速下的平均发电功率为 80W，平均日发电量 1.92kWh，可以满足平均风速最低季节的用电要求，主要技术指标见表 8-3。

主要技术指标　　　　　　　　　　　　　　　　　　　　表 8-3

叶片形式	木质芯，外表包玻璃钢	风轮直径	2.5m
叶片数	3 片	额定风速	8m/s
额定转速	400 转/分	额定功率	300W
最大功率	500W	调速方式	偏侧并尾

叶片形式	木质芯，外表包玻璃钢	风轮直径	2.5m
工作风速范围	3～25m/s	直流额定电压	48V
发电机形式	三相交流永磁式发电机	频率	50Hz±1%
塔架形式	立柱拉索式	整机重量	175kg
风机高度	5m		

FD2.5-300 型风力发电机是低速型风机，该机具有发电效率高，结构简单，维护方便，可靠性高等特点，是大电网以外而风力资源丰富的农牧区、海岛、边防哨所及气象台站等较理想的小功率风力发电设备，也是迄今我国销售量最多的小型风力发电机。风力输出特性如图 8-15 所示。

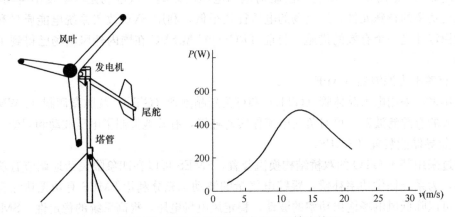

图 8-15 FD2.5-300 型风力发电机输出特性

3. 充电控制器

根据系统的工作电压和工作电流，选用 48V/12A 的直流控制器，在系统运行时，它能对蓄电池的荷电状况和环境温度自动、连续地进行监测，按照用户设置的参数对其充、放电过程进行控制，起到有效管理风力机系统能量、保护蓄电池及保证整个风力发电系统正常工作的作用。

4. 逆变器

根据系统的工作电压和工作电流，选用规格为 48V/500VA 的逆变器。输出电压：220VAC，它的作用是将蓄电池的直流电压转变为适合负载使用的正弦波交流电压。在本系统中采用的正弦波逆变器具有波形失真小、保护功能全、转换效率高、可靠性高的特点。

5. 蓄电池

由于系统采用 48V 电压，取连续无风天数为 2 天，放电率修正系数为 1，最大放电深度为 0.8，低温修正系数为 0.8，根据公式（4-19）可知，蓄电池容量 Q_c 计算为

$$Q_c = \frac{1500/48 \times 2 \times 1}{0.8 \times 0.8} = 97.7\text{Ah}$$

取蓄电池容量为 100Ah，选择 2V100Ah 的蓄电池，因此蓄电池组由 24 节 2V100Ah 的蓄电池串联而成。

8.3 风能在建筑中的应用技术

8.3.1 城市楼群风的特点及利用

随着城市规模的不断发展，人们开始兴建越来越高的建筑以增加空间的活动范围。大城市中高层、超高层鳞次栉比，而且布局比较集中，对建筑风环境影响很大，往往会产生群楼风等城市风灾害，对人们的生活工作带来不利的影响。群楼风是指风受到高楼的阻挡，除了大部分向上和穿过两侧，还有一股顺向面向下带到地面，又被分向左右两侧，形成侧面的角流风；另外一股加入低矮建筑背面风区，形成涡旋风，这样城市上空的高速气流被高层建筑引到地面上来，加大了地面风速。在行人高度上形成了我们能感受到的过堂风、角流风、涡旋风。

因此在进行城市规划和高层建筑的设计时应充分考虑，尽量减少城市风灾害。对已经存在的危害行人的风环境，设置一些防风隔断。同时，也可以考虑利用高层建筑群中较大的风能，如在两座高层建筑物之间的夹道或两侧等风速大的位置，放置风力发电机，充分利用风能，变害为宝。

8.3.1.1 城市楼群风的特点及影响

城市建筑物聚集，高低大小不等，风流动时增加了阻力，因而城市风速一般来说比郊外小。然而，城市也能制造局地大风，以致造成灾害。因为城市粗糙的下垫面好比地形复杂的山区一般，街道中以及两幢大楼之间，就像山区中的风口，流线密集，风速加大，可以在本无大风的情况下制造出局地大风来。据风洞试验，在一幢高层建筑物的周围也能出现大风区，即高楼前的涡流区和绕大楼两侧的角流区，这些地方风速都要比平地风速大30%左右。

这是因为风速是随高度的升高而迅速增大的，当高空大风在高层建筑上部受阻而被迫急转直下时，也把高空大风的动量带了下来。如果高楼底层有风道，则这个风道口附近的风速可比平均风速大两倍左右。

当风接触高大建筑物时，其迎风面，气流被抬升；背风面，气流则下降。下冲的风与建筑物两侧绕流而过的风汇合后会形成强风。如果两座建筑距离太近，风通过中间的夹缝，受到楼与楼之间狭窄通道的挤压，便会产生"夹道效应"，就形成了更强大的强风。风在爬升高层建筑物顶部和穿越两侧以后，在高楼的背风面形成涡流区和空腔区，涡流风区是风害的多发区，它不均匀，又无规则，还随机变化。涡流风区大小与建筑物的几何尺寸有关，一般是建筑物几何尺寸的4～5倍，超过这个尺寸就不会受到涡流乱风的滋扰。如果涡流风区还存在着其他建筑，就会受到涡流乱风的影响。轻者会造成高楼上门窗玻璃和屋顶搭建物的震动和破裂，重者足以对人和物造成伤害和破坏。

8.3.1.2 建筑中的风能利用

在风力资源丰富地区，探讨在建筑密集的城区或者利用建筑物的集结作用进行风力发电和风能利用，成为目前国际上的前沿课题。在建筑中发展风力发电有免于输送的优点，把风能和太阳能与建筑结合成一体，可以发展绿色建筑或零能耗建筑。目前国内外的研究主要是以建筑物作为风力强化和收集的载体，将风力与建筑物有机地合成一体，进行风力发电。

在建筑中利用风能，目前研究较多的主要是以下两种方式：

图 8-16 上海天山路新元昌青年公寓 3kW 垂直轴风力发电机项目

（1）在建筑物顶上放置风机利用屋顶上较大的风速，进行风力发电；

国内首个风力发电建筑一体化项目"上海天山路新元昌青年公寓 3kW 垂直轴风力发电机项目"（图 8-16），已正式发电应用。实测启动风速 2.2m/s，优于设计标准，发电稳定，并与太阳能光伏电池共同供电，开创了上海市区建筑采用风光互补系统供电的先例。

（2）将建筑物设计为风力集中器形式，利用风在吹过建筑物时的风力集结效应，将风能加强进行风力发电。

广州第三高楼——广州珠江城，又称"珠江大厦"，如图 8-17 所示，在诸多用来发电或节能的设计中，最吸引人眼球的是珠江大厦的外形。它采用曲线外形设计，面向盛行风的方向。设计者还令大厦的外形可以增加风速，迫使其穿过风力涡轮机所在大楼的位置，形成有加速作用的风口，形成涡流，使风力发电机高效工作。大楼中部和上部的设备层设置了高性能风涡轮发动机，如图 8-18 所示，开创了世界上在超高层建筑运用风力发电的先河。

图 8-17 广州珠江城　　　　　图 8-18 珠江城大厦内的风力发电装置

目前的研究只是考虑对单个建筑物的风能利用，而大城市中高层、超高层建筑鳞次栉比，而且布局比较集中，对建筑风环境影响很大，如前文所述，城市风环境对人们的生活和工作都有一定的不利影响。因此在进行城市规划和设计时应充分考虑，尽量减少城市风灾害。这些风力发电机除向周围建筑供电外，还可以用于城市的照明亮化，比如可以做成路灯形式的，为路灯照明提供电力，也可以放置在广告牌上，与周围环境协调。

8.3.2 风能建筑的设计

8.3.2.1 风力机的安装位置

依据高层建筑风环境的特点，风力机通常安装在风阻较小的屋顶或风力被强化的洞口、夹缝等部位，如图 8-19 所示。

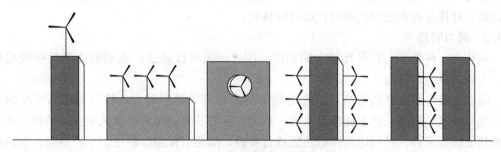

图 8-19 风力机的安装部位

（1）屋顶。建筑物顶部风力大、环境干扰小，是安装风力发电机的最佳位置。风力机应高出屋面一定距离，以避免檐口处的形成涡流区。

（2）楼身洞口。建筑物中部开口处，风力被汇聚和强化，产生强劲的"穿堂风"，适宜安装定向式风力机。

（3）建筑角边。建筑角边除了有自由通过的风，还有被建筑形体引导过来的风，此处可以安装小型风力机组，甚至可以将整个外墙作为发电机的受体，成为旋转式建筑。

（4）建筑夹缝。建筑物之间垂直缝隙可以产生"峡谷风"，且风力随着建筑体量的增大而增大。此处适合安装垂直轴风力机或水平轴风力机组。

8.3.2.2 风能一体化建筑设计要点

由于风力发电机特殊的工作原理和外观，往往与常规高层建筑形象格格不入。高层风电建筑造型除了遵循功能、美学等传统法则外，还多了一个空气动力学制约，我们把它称为"形式随风"法则。建筑师需要了解风力发电机的环境要求，让建筑形体有利于风力的诱导，从而保证风力发电机的高效率工作。

建筑风电在利用可再生能源、保护生态环境方面的意义不容置疑，但其经济效益、居住环境影响、设计上的挑战等都是尚未完全解决和必须加以重视的问题。

1. 经济效益

就当下的最先进技术而言，风电成本接近市电，但并不等于建筑风电的经济效益会很高。在风力资源充足、系统设计合理的前提下，建筑风电的经济效益明显，反之，可能很低。此外，采用风电与太阳光电互补与市电并网等综合技术措施也可以降低发电成本，提高建筑风电经济效益。

2. 环境影响

风力发电机产生的噪声、振动、安全等问题可能对建筑物和居民生活构成威胁。高速旋转的叶片通常会产生声响和振动，研制和选择低噪声、低振动的风力机十分重要。城市人口密集，高速旋转的叶片如果发生碰撞、脱落，势必造成严重伤害，因而需要做好风力机对人和动物的安全防护。此外，风力发电与无线通信、电磁波辐射的相互影响也需审慎对待。

3. 设计挑战

风能、光电等可再生能源利用对高层建筑设计提出了新的复杂的技术与美学要求。为了避免两者相互影响，发挥联合优势，应该使建筑与风电系统在功能、结构设备材料、外观上融为一体。建筑师需要学习新知识，接受新事物，并与有关专家密切合作，不断探索和创新，迎接可再生能源利用时代的设计挑战。

8.3.3 风力制热

风作为一种能源，它具有很大的动能。因此，风可以通过一系列的能量转换变成热能，也就是风力制热。

随着人民生活水平的提高，家庭用能中热能的需要越来越大，特别是在高纬度的欧洲、北美地区，取暖、热水耗能日常大。利用一定的装置将风力机从风中获得的机械能转变成热能传给流体，再利用流体的热能进行供暖、加热、保温、烘干、水产养殖、家禽饲养、蔬菜大棚等使用。

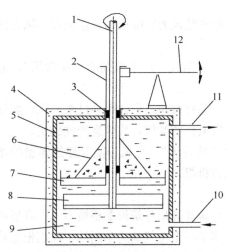

图 8-20　液体搅拌式风力制热示意图
1—传动轴；2—空心轴；3—滑动轴承；
4—保温外壳；5—制热器桶；6—定叶
片支撑；7—定叶片；8—动叶片；
9—水；10—进水管；11—出水管；
12—调节手柄

风力制热目前有三种转换方法。一是风力发电机发电，再将电能通过电阻丝发热，变成热能。虽然电能转换成热能的效率是100％，但风能转换成电能的效率却很低，因此从能量利用的角度看，这种方法是不可取的。二是由风力机将风能转换成空气压缩能，再转换成热能，即由风力机带动离心压缩机，对空气进行绝热压缩而输出热能，这也就是常说的热泵技术。三是将风力机直接转换成热能。显然第三种方法制热效率最高，可达30％。

风力机直接转换成热能也有多种方法，常用的有四种方法，即液体搅拌、固体摩擦、液体挤压和涡电流。图 8-20 是液体搅拌式风力制热示意图，这种方式的优点是：风力机输出轴直接带动搅拌器，不需要辅助设备，任何转速下搅拌器都能全部利用输入的机械能；风力机与搅拌器的工作特性能合理匹配，能将输入能量全部转化为热能，功率系数大；制热器结构简单、容易制造、可靠性高，无易损件，对结构材料和工作液体无特殊要求；搅拌器是风力机的"天然"制动器，风力机系统不必另设超速保护装置。

思考题与习题

1. 简述我国主要的风能资源丰富地区。
2. 简述风能的优点及局限性。
3. 一个理想的风力发电场址一般具备什么条件？
4. 建筑中利用风能主要有哪些方式？
5. 风力制热主要有哪几种方式？

参 考 文 献

[1] 时君友，李翔宇．可再生能源概述[M]．成都：电子科技大学出版社，2017.

[2] 苏亚欣．新能源与可再生能源概论[M]．北京：化学工业出版社，2006.

[3] 郝小礼，陈冠益，冯国会，等．可再生能源与建筑能源利用技术[M]．北京：中国建筑工业出版社，2014.

[4] 周建强．可再生能源利用技术[M]．北京：中国电力出版社，2015.

[5] 汪建文．可再生能源[M]．北京：机械工业出版社，2011.

[6] 国家能源局．风电发展"十三五"规划，2016.

第9章 多能互补建筑供能系统

9.1 多能互补建筑供能系统概述

9.1.1 多能互补建筑供能系统介绍

发展可再生能源是优化我国能源结构和改善环境质量的要求，已成为我国可持续发展战略中的重要组成部分。可再生能源具有分布广、能量密度低、不稳定、无污染等特点，而化石能源则具有分布不均匀、品位高、可连续供应、有污染等特点。相较于单一能源，太阳能、地热能、生物质能等可再生能源与化石能源具有很强的互补性，能够更加高效地解决问题，因此，可再生能源可与化石燃料形成多种能源互补的能源系统，是当今世界分布式能源系统发展的趋势，也是我国建筑节能，保护自然资源，促进生态环境良性循环与可持续发展的必然趋势。

所谓多能互补，简单说就是多种能源之间相互补充和梯级利用，其中至少含有一种可再生能源，能源类型相互补充，从而提升能源系统的综合利用效率，缓解能源供需矛盾，构成丰富的清洁而低碳的供能结构体系。需要强调的是，多能互补并不是将几种能源进行简单相加，而是需要在技术上进行创新，实现新能源和传统能源之间的深度融合。多能互补建筑供能系统是按照不同资源条件和用能对象，采取多种能源互相补充，同时为建筑提供冷、热源以及用电等。多能源互补包括可再生能源间的集成互补（如太阳能与浅层地热能、太阳能与风能等）以及可再生能源与化石能源间的集成互补（如太阳能与燃气三联供、生物质能与热电联产等）。

建筑多能源互补系统需要遵循能源综合梯级利用，与环境能源互补，与用能负荷、资源、气候等特点良好结合，系统全工况设计等集成原则。同时需要综合考虑系统综合能效、经济性指标、环保性能、可靠性等多种目标，此外也需要根据负荷需求，灵活组合发电、制冷、余热利用以及蓄能等技术。

9.1.2 多能互补建筑供能系统发展现状

欧洲可再生能源行动计划规定，到 2020 年，欧盟 27 国最终能源消费的 47％用于供热和制冷，其中 42％是用于住宅领域，这主要是由于多数国家和地区地处温带和寒带气候区，对卫生热水和供暖需求较大，热水和供暖能耗占住宅全部能耗的 2/3 左右。另外，欧洲截至 2020 年，21％供热和制冷需求由可再生加热和冷却技术实现，生物质能、热泵、地热能、太阳能热利用将各占 81％、2％、2％、6％的份额。太阳能与其他能源互补应用是欧洲供热和制冷的有效方式之一。在欧洲，太阳能与其他能源结合使用的较多的是生物质能。太阳能与燃气互补系统是欧洲供暖比较普遍的方式之一，这主要是由于欧洲有长期使用燃气的习惯。德国 1996 年开始运行 4300m² 的 Fricdrieh Shafen 项目是其中比较典型的项目，项目由太阳能与燃气锅炉联合供热。另外，太阳能与热泵相结合系统也是欧洲供暖的方式之一，但应用并不普遍。家用热泵系统目前主要在法国、德国和意大利安装应用，其他国家和地区的安装数量较少。而安装的家用热泵系统，80％左右的热泵用于供暖或游泳池加热，用于制取卫生热水的机组约为 20％。

与欧洲情况相似，美国、日本等由于国家成套供应的住宅用热能系统（热水和供暖）越来越多，出现了住宅能源系统的集成化应用和商品化的趋势。美国可持续设计和产品管理公司（SDPM）制造的气候和谐系统在众多的多能源集成系统中也具有一定代表性。这是一种模块化的多能源集成住宅热水系统，具有灵活满足不同需求的快装式模块。其中，以燃气供暖锅炉为核心的热源模块可以根据用户需求具备多种功能，配备的标准接口可以方便地与空气源热泵、太阳能集热器连接。

我国太阳能利用是从使用太阳能热水器开始的，市场主要用途是供热水。与太阳能热水系统互补使用的其他能源主要是电能。但是，近几年来，随着太阳能热利用技术进步，太阳能供热系统开始走进城市，并且随着太阳能应用领域工农业扩展以及南方供暖需求的日益加强，单独使用太阳能已不能满足用热需求，太阳能与热泵、燃气、电、生物质能等能源互补使用也日益普遍。

"十三五"时期是我国能源低碳转型的关键期。由于未来的新增用能需求方向转变，所以供能方式也正向着绿色高效、安全稳定、贴近用户、就地取材的方向转变。基于此，"十三五"期间国家重点推动实施多能互补系统集成优化工程。为了加快推进多能互补集成优化示范工程建设，提高能源系统效率，增加有效供给，满足合理需求，2016 年 7 月 4 日，国家发展改革委员会、国家能源局发布《关于推进多能互补集成优化示范工程建设的实施意见》，明确提出在"十三五"期间建成多项国家级终端一体化集成供能示范工程及国家级风光水火储多能互补示范工程。多能互补系统借助系统集成和过程革新，寻求将多种能源综合互补、高效利用的有效途径与方法，将成为建筑能源领域可持续发展的优先选项。

时至今日，随着可再生能源、蓄能技术的发展，能源产业开始进入多元化时代。"十三五"时期是我国能源低碳转型的关键期。多能互补成为能源可持续发展的新潮流，引领着能源行业形成多种能源深度融合、集成互补的全新能源体系。国家发改委在国家能源规划中明确了多能互补集成优化示范工程建设任务，并将相关国家级示范项目纳入规划。各省（区、市）能源主管部门应在省级能源规划中明确本地区建设目标和任务，针对新增用能区域，组织相关部门研究制定区域供能系统综合规划，推动多能互补集成优化示范工程。到 2020 年，各省（区、市）新建产业园区采用终端一体化集成供能系统的比例达到 50％左右，既有产业园区实施能源综合梯级利用改造的比例达到 30％左右。

9.2 蓄能系统

9.2.1 蓄热系统概述

由于大部分可再生能源具有不稳定的特点，将蓄能技术引入多能互补供能系统可以有效地缓解能量生产与能量消费非同步性引起的供需矛盾，提高系统变工况调节能力。多能互补供能系统主要用于满足建筑负荷的需求，而建筑负荷受气候的影响而波动，具有很强的时间性；但能源系统通常在其额定工况下运行才会有较好的性能，因而蓄能系统尤为重要，对能量供应起到"削峰填谷"的作用，在供、需之间建立缓冲关系。因此，蓄能系统是多能互补系统的重要组成部分，在某种程度上可将产能系统和蓄能系统视为一个能量供应系统。蓄能系统在多能互补供能系统中的作用机理为：①采用蓄能系统和技术可以充分利用外网低价的谷电，起到"削峰填谷"的作用；②采用蓄能系统和技术可以减小可再生能源波动频率并进行平均化调节，如蓄能系统可对可再生能源带来的能量进行调节，形成稳定平滑的能源供应；③平衡和调节多能互补供能系统的负荷需求，提高系统运行的稳定性和经济性。

多能互补蓄能主要包括显热式蓄热和潜热式蓄热两种方式。所谓显热式蓄热，就是利用加热蓄热介质使其温度升高而蓄热，所以也叫"热容式"蓄热。潜热式蓄热通过加热蓄热介质到相变温度时吸收的大量相变热而蓄热，所以也叫"相变式"蓄热。另外，复合式蓄热同时采用相变蓄热材料和显热蓄热材料，既通过相变蓄热材料相态变化的潜热，又通过显热蓄热材料温度变化的显热，储存和释放热量的蓄热系统。蓄热过程主要涉及的参数包括蓄能周期、蓄能密度、热能的储存和释放速度。

9.2.2　显热蓄热

9.2.2.1　显热蓄热的基本原理

显热蓄热利用储热介质的热容量进行蓄热，把经过高温或低温变换的热能贮存起来加以利用，具有化学和机械稳定性好、安全性好、传热性能好等优点，但显热蓄热单位体积的蓄热量较小，很难保持在一定温度下进行吸热和放热。增加显热储存的途径包括提高蓄热介质的比热容、增加蓄热介质的质量以及增大蓄热温度差。比热容是物质的热物性，显然选用比热容大的材料作为蓄热介质是增大蓄热量的合理途径。当然，在选择蓄热介质时还必须综合考虑密度、黏度、毒性、腐蚀性、热稳定性和经济性。密度大则储存介质容积小，设备紧凑、成本低。在实际应用中，通常把比热容和密度的乘积（即热容量）作为评定蓄热介质性能的重要参数。

9.2.2.2　显热蓄热材料与装置

目前，常用的显热储存介质是水、土壤、岩石等，其在293K时的蓄热性能如表9-1所示。水的比热容大约是岩石的4.8倍，而岩石的密度仅是水的2.2倍，因此，水的蓄热密度要比岩石的大。

显热蓄热介质在293K时的性能参数　　　　　　　　表9-1

蓄热材料	密度(kg/m³)	比热容[kJ/(kg·K)]	平均热容量[kJ/(m³·K)]
水	1000	4.2	4200
土壤	1600~1800	1.68（平均）	2688~3024
岩石	1900~2600	0.8~0.9	1600~2300
氧化铝（90%）	3000	1.0	3000
氧化镁（90%）	3000	1.0	3000

水是目前太阳能系统中最常用的蓄热介质。水作为蓄热介质具有以下优点：①普遍存在，来源丰富，价格低廉；②物理、化学以及热力性质已明确，并且实用技术最成熟；③可以兼作蓄热介质和载热介质，在蓄热系统内可以不使用热交换器；④传热及流体特性好，常用的液体中，水的容积比热容最大，热膨胀系数以及黏滞性都比较小，适用于自然

对流和强制循环；⑤液—汽平衡时，温度—压力关系适合于平板型集热器。

当然，水作为蓄热介质同时也具有缺点：①作为一种电解腐蚀性物质，所产生的氧气易于造成锈蚀，因此对于容器和管道易产生腐蚀；②凝固（即结冰）时体积会膨胀，容易对容器和管道造成破坏；③高温下，水的蒸汽压力随着绝对温度的升高呈指数增大，所以用水蓄热时和压力都不能超过其临界点（620K，$2.2 \times 10^7 Pa$）。

在现有的可再生能源系统中，蓄热水箱得到了广泛应用。对于小型水箱，可以假设水温是均匀的，但对于大型水箱，由于密度随着温度变化，在垂直方向上的水温是不均匀的，上层水温比下层水温偏高。如果进入集热器的水温较低，则集热器的效率将因热损失减少而提高。而对于负载来说，总是要求流体有较高的温度。而且，水箱中的温度分层对于改善系统的性能是有利的。有关蓄热水箱温度分层的研究，主要是弄清各种因素对温度分层的影响，这对于水箱的设计和运行控制有很重要的实际意义。良好的温度分层可以使系统的性能提高约20%。如果冬季和夏季分别采用蓄热和蓄冷水箱，则往往采用双箱式，二者的大小比例需要根据蓄热（冷）量来确定。

当需要储存温度较高的热能时，以水作为蓄热介质就不合适了，因为高压容器的费用很高。当温度较高时，可以选用岩石或无机氧化物等材料作为蓄热介质。岩石是除水以外应用最广的蓄热介质。岩石的优点是不像水那样具有漏损和腐蚀性的问题。不过，由于岩石的比热容较小，岩石蓄热床的容积密度比较小。当太阳能空气加热系统采用岩石床蓄热时，需要相当大的岩石床，这是岩石蓄热床的缺点。

另外，岩石价格低廉，容易取得。因此，在空气作为载热介质的蓄热系统中被广泛采用在换热器的入口和出口装有导流板，使换热流体能够沿流动截面均匀流动，石块则放在网状隔板间。空气与石块之间的传热速率及空气通过石块床时引起的压降是最重要的特征参数。同时由于石块之间的热导率较小，且不存在对流扰动，相比液体蓄热系统，石块床蓄热器可以保持良好的温度分布层。石块越小，石块床和空气的换热面积就越大。因此，选择小的卵石将有利于换热效率的提高；石块小，还能使石块床有较好的温度分布。但是石块越小，空气通过石块床的压降就越大。所以选样石块的大小还应考虑送风功率的消耗情况。通常来讲，石块的直径以1～5cm为宜。

其他固体蓄热介质还有无机氧化物，作为中、高温蓄热介质，具有许多独特的优点：（1）高温时蒸汽分压力很低；（2）不和其他物质发生化学反应；（3）价格比较便宜。但无机氧化物的比热容及热导率都比较低，这样蓄热和换热设备的体积将很大。若将蓄热介质制成颗粒状，会增加换热面积，有利于设计紧凑。可作为中、高温蓄热介质的有氧化镁、氧化铝、氧化硅、花岗岩及铁等。这些材料的容积蓄热密度虽不及液体，但是若以单位成本所储存的热量来比较，这些无机氧化物蓄热介质都比较便宜，特别是花岗岩和氧化铝。

为了结合液体和固体两种显热蓄热介质的优点，还出现了液体—固体组合式蓄热设备。例如，石块床蓄热器的容积蓄热密度比较小，为设法改进，可以使用大量灌满了水的玻璃瓶来取代部分石块，这种蓄热方式兼备了水和石块的蓄热优点，相比石块床蓄热器，提高容积蓄热密度。

9.2.3 相变蓄热

9.2.3.1 相变蓄热的基本原理

相变蓄热利用相变材料（PCM）相变时单位质量（体积）的潜热蓄热量非常大的特

点，把热量贮存起来加以利用。一般具有单位重量（体积）蓄热量大、在相变温度附近的温度范围内使用时可保持在一定温度下进行吸热和放热、化学稳定性好和安全性好，但相变时液固两相界面处的热传导效果较差。

相变温度为 T_m（$T_1 < T_m < T_2$）的材料经历相变过程的蓄热量表示为：

$$Q = \int_{T_1}^{T_m} m C_{ps} dT + m \lambda + \int_{T_m}^{T_2} m C_{pl} dT \tag{9-1}$$

式中　Q——相变材料的蓄热量，kJ；

　　　T_1——相变材料的初始温度，℃；

　　　T_2——相变材料的终止温度，℃；

　　　m——相变材料的质量，kg；

　　　C_{ps}——相变材料固态比热容，kJ/kg·K；

　　　C_{pl}——相变材料液态比热容，kJ/kg·K；

　　　λ——相变材料的相变潜热，kJ/kg。

与显热储存相比较，相变蓄热有如下优点：①蓄热密度大。因为一般物质在相变时所吸收的（或放出）的潜热约为几百至几千千焦每千克。例如，冰的熔解热为 335kJ/kg，而水的比热容为 4.2kJ/(kg·K)，岩石的比热容为 0.88kJ/(kg·K)。所以储存同样的热量，潜热储存设备所需的容积要比显热储存设备小得多，这样可以降低设备的投资费用。另外，许多场合需要限制蓄热设备的空间尺寸及质量（比如在原有的建筑物安装蓄热设备等），就可以优先考虑采用相变储存设备。②温度波动幅度小。物质的相变过程是在一定的温度下进行的，变化范围极小，这个特性可以使相变蓄热器能够保持基本恒定的热力效率和供热能力。因此，当选取的相变材料的相变温度与用户要求的温度基本一致时，可以考虑不需要温度调节和控制系统。这样，不仅设计可以简化，而且还可以降低系统成本。

9.2.3.2　相变材料

相变材料根据相变温度可以分为高温、中温、低温相变材料。高温相变材料主要是一些熔融盐、金属合金；中温相变材料主要是一些水合盐、有机物和高分子材料；低温相变材料主要是冰、水凝胶，应用于蓄冷。根据材料的化学组成可以分为：无机相变材料、有机相变材料和混合相变材料。根据相变方式可以分为四类：固—液相变、固—固相变、固—气相变及液—气相变。后两种相变方式在相变过程中产生大量的气体，体积变化大，故在实际中很少使用。

固—固相变材料相变时无液相产生，体积变化小，无毒并且无腐蚀，对于容器材料和技术条件要求不高，其相变潜热和固—液相变潜热具有同一数量级，并且具有过冷度轻、使用寿命长、热效率高等优点，是一种理想的蓄热材料，具有应用潜力的固—固相变材料。目前有石蜡、多元醇、高密度聚乙烯以及层状钙铁矿为基体结构，以活性炭、泡沫石墨等为骨架的复合固—固相变材料。固—固相变材料虽然相比于固—液相变材料具有一定的优势，但也存在导热系数低，相变时间长，生产工艺复杂以及产品性价比低等诸多不足，因此，其研究和产业化应用还有很长一段路。

在多能互补供能系统中应用最多的是固—液相变材料蓄热装置。固—液相变是自然界和工程领域中一种常见的现象。它以特有的性质，即相变过程等温或者近似等温、相变时伴随着大量的潜热释放或者吸收、相变前后体积变化不大，在储能领域获得了广泛的应用。

理想的固—液相变材料具有以下性质：①熔化或凝固潜热高，从而在相变中能储存或者释放较多的能量；②相变温度适当，能够满足需要；③固—液相变可逆性好，能尽量避免过冷或者过热的现象；④固—液两相导热系数大；⑤固—液相变过程有较小的膨胀收缩性；⑥相变材料密度大、比热容大；⑦无毒、无腐蚀性；⑧经济性好，成本低廉，制作方便，以便大规模应用。以上这些是对理想的相变材料的要求，但是在实际的生产应用生活中要找到满足所有条件的物质却是很困难的。

固—液相变材料的种类很多，按照组成成分可以分为如下主要类型：无机化合物（包括结晶水合盐类、熔融盐类、金属或者合金）；有机化合物（石蜡类、脂肪酸类、酯类、醇类、高分子类等）；共熔体系及复合材料（有机/无机、无机/有机、无机/无机共熔物和复合材料）。无机相变材料中，最典型的是结晶水合盐类，见表9-2。相变机理为脱出结晶水使得盐溶解而吸热，降温时吸收结晶水而放热。它们都具有较大的溶解热和固定的熔点，价格便宜，蓄热密度大，导热系数大，但同时也存在着能量集中，过冷度大，易析出分离，储能能量差，对容器腐蚀等缺点。无机相变材料的研究较早，目前已经在航空航天，太阳能储存，民用建筑等很多领域得到应用。

常用无机水合盐相变材料的热物性能 表 9-2

无机水合盐	熔点（℃）	潜热（J/g）	密度（g/cm³）		比热［J/(g·K)］	
			固	液	固	液
$KF \cdot 4H_2O$	18.5	231.0	1.45	1.45	1.84	2.39
$Na_2CO_3 \cdot 10H_2O$	33	247	1.46	—	1.88	3.34
$Na_2S_2O_3 \cdot 5H_2O$	50	201	1.75	1.67	1.48	2.41
$NaOAc \cdot 3H_2O$	58.5	226	1.45	1.28	2.79	—
$NH_4Al(SO_4)_2 \cdot 12H_2O$	94.5	259	1.64	—	1.706	3.05
$Na_2SO_4 \cdot 10H_2O$	32.4	254	1.48	—	—	—
$CaCl_2 \cdot 6H_2O$	29.6	174	1.80	1.49	—	—

常用的有机固—液相变材料有高级脂肪烃、醇、羧酸及盐类、聚合物等，见表9-3。一般说来，同系有机物的相变温度和相变焓会随着其碳链的增长而增大，这样可以得到具有一系列相变温度的储能材料，但随着碳链的增长，相变温度的增加值会逐渐减小，其熔点最终将趋于一定值。

常用有机相变储能材料的热物性 表 9-3

相变材料	熔点（℃）	密度（g/cm³）	潜热（J/g）	导热系数［W/(m·K)］
石蜡	12～75.9	0.750～0.782（70℃）	150～267.5	0.012～0.016
癸酸	31.5	0.886（40℃）	153	0.149
棕榈酸	62.5	0.847（80℃）	187	0.165（70℃）
硬脂酸	70.7	0.941（40℃）	203	0.172（70℃）

将几种有机物配合形成多组分有机蓄热材料，可以增大蓄热温度范围，从而得到合适的相变温度及相变热的相变材料。也可以将有机与无机蓄热材料配合，以互相消除不足。例如把有机物用作无机蓄热材料的增黏剂或者分散剂，可以避免相分离。总之，固—液相变材料是研究中相对成熟的一类相变材料，对于它们的研究进行得比较早，目前已经发现可以适合各种温度范围的多种相变材料，并且有较多的应用。但是固—液相变材料在相变中有液相产生，具有一定的流动性，因此必须有容器盛装并且容器必须密封，以防止泄漏

而腐蚀或者污染环境，并且容器对相变材料而言必须是惰性的。这一缺点很大地限制了固—液相变材料在实际中的应用。另外，固—液相变材料一般总存在着过冷、相分离、储能性能衰退和容器价格高等缺点，这些也必须得到很好的解决。

固—液定形相变材料实质上是一类复合相变材料，它主要由两种成分组成：一是工作物质，利用它的固—液相变来进行蓄能，用得较多的主要是有机相变材料；另一部分是载体基质，其作用是保持材料不流动性和可加工性。工作物质和载体基质的结合方式主要有两种：一种是共混而成，即利用二者的相容性，熔融后混合在一起而制成的成分均匀的相变材料。另一种方式是采用封装技术，即把载体基质做成微胶囊或者多孔泡沫塑料或者三维网状结构，而工作物质灌注其中。这样，微观发生固—液相变，而宏观上材料仍旧为固态。

随着生活水平的提高，相应的建筑能耗（包括空调能耗）也随之升高，造成能源消耗过快，环境污染加剧，建筑物的能量供求在时间和强度上存在着严重不匹配的问题。利用相变材料储存能量的特性，向普通的建筑材料中加入相变材料制成相变储能建筑材料，使用这种建筑材料便可以解决或者缓解热能供给中存在的问题，降低室内温度的波动，提高房间舒适度，降低建筑供暖和空调的运行费用，避开用电高峰，是建筑节能的一项重要措施。同时，也是在建筑物系统中有效存储、利用太阳能等低成本清洁能源的重要途径，有利于环保、节能。

9.2.3.3　相变蓄热装置

相变储热装置的储热器和热交换器一般情况下结成一体，因此在储热或取热的同时也进行着热交换。当储热装置中的相变材料发生熔解或凝固时，相变材料与工作介质之间的传热速率将随着凝固或熔解过程的进展而变化。在相变材料储热装置设计时要考虑的主要因素有：①装置工作的温度范围；②相变材料的溶解—凝固温度；③相变材料的潜热；④储热装置的热负荷；⑤贮能装置的配置，即相变材料的封装、管束的安排。

在储热装置的设计中，若选取有较大密度和潜热的相变材料，储热装置的体积可以减少，但减少得过多，压降和泵功将会增加到难以承受的程度，需要权衡利弊。一般来讲，贮热装置中流速的增加将会增加工作介质和相变材料的传热速率，但也增加了压降和所要求的泵功。同时装置中的压降过小将会造成流动的分布不均和装置效率的降低。

贮热装置的形状一般有矩形和筒形两种。矩形装置易于加工且成本较低，但散热面积大，需要较多保温材料，承重承压能力也较差；圆筒形装置具有较大的耐压能力，保温性能也较好，但制造成本较高。一般相变贮热材料被封装在高密度聚乙烯圆管内，每根管内必须留有一定的空余空间，用来防止储热材料在相变过程中的热膨胀将管胀裂。载热介质从储热器一头流入，从另一头流出，通过聚乙烯圆管管壁传递热量给贮热材料。

有关能源存储的相变材料基本上都是低热导性的，这不仅很大程度上限制了蓄放热速率，而且大幅制约了热源及相变材料的选择，因为在给定的蓄放热功率要求下，热源温度及稳定释热温度（需求温度）的差决定相变材料的相变点温度也就是相变材料的选择，而热源温度与相变点温度以及释热温度与相变点温度的差值取决于相变蓄热装置内芯体的传热性能，这两个温差越小越好。如果这两个温差过大，不仅会因为释热温度大幅低于热源温度从而降低热源的品位，而且会严重制约热源的种类（热泵制热难以利用）以及相变材料的选择。为解决相变蓄热材料导热性及蓄热装置整体传热性能差的问题，一般传统方法通过在相变材料中添加高导热材料，如石墨或高效导热材料，来提高相变蓄热材料表观（等效）导热系数。目前这些方法存在添加物的沉积、整体性能改善效果不大等缺点。另一方面，除了在相变材料强化换热的研究之外，在蓄热装置的强化传热方面有很多进展。目前对蓄热装置的强化主要通过增大换热面积、增大换热装置的传热系数等方法来实现强化换热。热管技术是 20 世纪 60 年代出现的一种新的传热技术，是一种导热性能极高的传热元件，它通过内部工质的蒸发与冷凝过程吸收和释放热量，具有高导热率、良好等温性、冷热端比例灵活等优点。将热管应用到相变蓄热领域可以明显改善装置内部的传热特性，是一种很高效的强化传热技术。微热管阵列是一种新型平板热管，由于其比传统圆形热管具有大得多的比表面积，以它为高效传热元件的蓄热装置在蓄放热过程中表现出良好的均温性和传热性能，可以稳定且高效地储存和释放热量，实现低温差蓄热及释热，蓄热器的总效率可以达到 0.87。微热管阵列相变蓄热器可以用空气、液体工质为蓄热循环介质，还可以根据不同的温度需求填充不同的相变材料，灵活性大，在多能互补供能蓄能系统中发挥重要的作用。

9.2.4 季节性蓄能

9.2.4.1 季节性蓄能及其分类

季节性蓄能是提高能源综合利用效率的有效方法。所谓季节性蓄能，指长期蓄能，蓄能容积较大，能量补充与释放循环周期比较长（一般情况为一年），它的用处大多是为了平衡季节性能量需求与供给之间的矛盾。例如，在夏天，太阳能比较丰富，我们可以将其贮存起来用于冬天建筑供暖或者生活热水。季节性大规模贮热系统可以贮存工业废热，太阳能热辐射能，冬季自然界冷量；它可以利用地下湖泊、含水层、地埋水箱、具有浓度梯度的盐水池、冰、土地、岩石一级化学可逆反应等进行能量的贮存。这种蓄热方式占地少，成本低，可以高效利用可再生能源太阳能和自然界冷热量，减少电能和矿物燃料消耗，同时对生态环境影响小，绿色环保。

季节性蓄能按蓄能温度分为低温蓄能和高温蓄能两类：

（1）低温蓄热：贮热的温度低于 60℃。低温贮热一般不直接用于生活供暖，如果需要供暖，可以在贮热装置和用户末端之间加辅助热泵等装置来提升末端供暖温度，最终传递给用户。

（2）高温蓄热：贮热的温度高于 60℃。此温度可以直接用于供暖，但需高温贮热系统和高效的太阳能集热器，不附加热泵等装置。在贮热温度达不到使用要求时，也可以辅助热泵等装置，与热泵联合运行。

季节性蓄能按贮能方式分为三类：

（1）显热蓄热：利用贮热材料自身的高热容和高热导率通过温度的升高来贮存能量。显热蓄存过程只发生温度的变化，蓄热方式简单，成本低。其工作原理也很简单。为提高显热蓄热能力，这就要求贮热介质具备较高的比热容和密度，普遍采用的显热蓄热材料为水、石块（一般用鹅卵石）和土壤等。鹅卵石的密度是水的 2.5～3.5 倍，而水的比热是鹅卵石的 4.8 倍。当然，在选择显热蓄能介质时，必须综合考虑黏度、腐蚀性、密度、经济性和热稳定性等很多问题。

（2）潜热蓄热：潜热技术利用相变材料（发生相变时的潜热进行能量的贮存与释放），所以也称为相变蓄能。相变蓄热具有贮热密度的大、蓄热/放热过程近似于恒温和贮热/放热可控等优点。欧美国家的研究经验表明相变蓄热是最具规模化应用前景的一种贮热技术。由于蓄热介质变为固体时无法用泵输送，因此潜热蓄热须结合蓄热设备与换热器，相比显热蓄热，其优势在于，蓄热容积能力大，大概比显热蓄热高一个数量级，因此在贮存同样的热量情况下，其蓄存容积要小得多。但这类蓄热介质的缺点是：不能持续溶解、热扩散系数小、蓄热和放热速度低、易老化、不能重复循环使用等。

（3）化学反应蓄热：化学反应热贮存技术实际上就是利用物质相接触时发生化学反应而将化学能转化为热能并加以存储利用的一种技术。与前两种蓄热技术相比，其最大的优点是蓄能密度高，且蓄能体系可通过催化剂或反应物与产物的分离实现热能的长期贮存，这样可以减少保温方面的投资，易于长距离运输，且正、逆反应可以在高温下进行，得到高品质的能量。

季节性蓄热对蓄能介质的要求如下：

（1）蓄热和取热的过程简单方便。例如，经常使用的贮热水箱的蓄热和取热过程实质上就是蓄热介质本身的输入和输出过程；又如，蓄热堆积床的贮热和取热过程实际上就是利用流体（主要是空气）通过堆积床时给床体加热和从床体提取热量来实现的，这些都比较简单方便。

（2）能反复使用、性能长期稳定不变。例如，水可以经过多次反复使用而性能不会发生改变；岩石在中、低温下也可经受得住多次反复使用而不会碎裂，但在高温下则经过多次反复使用后容易碎裂。至于像十水硫酸钠等无机水合盐在反复使用过程中常会出现的晶液分离现象，亟待克服与解决。

（3）蓄能密度大。即单位质量或单位体积的贮热量大。这就要求蓄热介质的比热容（或相变潜热）和密度都尽可能大，以便减小蓄热容器的体积并降低整个蓄热装置的成本。

（4）来源丰富、价格低廉。在显热储存中，一般多采用水和岩石；而在潜热储存中，则多采用无机水合盐和石蜡等有机盐。

（5）化学性质不活泼、无腐蚀性、无毒性、不易燃，安全性好。由于在一般情况下，腐蚀性随温度的升高而急速加剧，故通常在低温蓄热情况下，这个因素的重要性并不显著。但是在中温蓄热情况下就比较显著了，腐蚀现象不仅限制了蓄热容器的使用寿命，还因为需要采用相应的防腐蚀措施而使成本大为提高。至于在高温蓄热和极高温蓄热情况下，腐蚀现象的影响就更为严重，为了采取有效的防腐蚀措施，往往需要成倍地增加投资。因此，在选择蓄热材料时腐蚀性是一个相当重要的因素。

9.2.4.2　季节性蓄能技术形式及特点

季节性蓄能按储能技术包括地下水箱、地下沙水窖、地下含水层和地埋管四种形式，如图 9-1 所示。每种技术形式的特点如下：

（1）地下水箱：地下水箱的结构是由钢筋混凝土构成，有圆柱形和方形，通常埋在地下 5～15m，为减少热量损失，其顶部和周围设有保温层，由于水的热容量比较大，所以它是一个不错的蓄能方式。

（2）地下沙水窖：沙水窖在地下 5～15m，里面是沙石和水的混合物，顶面和周围都设有防水装置和绝热装置，能量的充放过程可以直接通过水或者铺设在沙水里面的盘管换热器来实现，由于沙水混合物的热容量小于纯水，所以储存相同的能量的话，沙水窖的容积要比水箱的容积大。

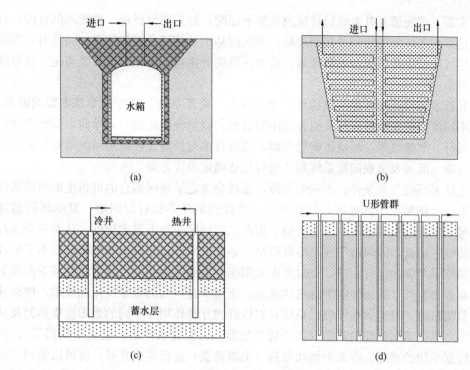

图 9-1 季节性蓄能形式
（a）地下水箱蓄能；（b）地下沙水窖蓄能；（c）地下含水层蓄能；（d）地埋管蓄能

（3）地下含水层：含水层蓄能是一种供冷供热工艺，相比传统来说，有着节能优势，其基本原理是利用地下岩层的隙溶、孔隙裂、洞穴等储水构造以及地下水温变化小和流速慢特点，用管井回灌的方法，夏季将大气环境中丰富的热或冬季不需要的冷，季节性地储存在地下含水层中。由于含水层中的热水或冷水有压力，就会推动原来的地下水而聚集在井周围含水层里。随着灌入地下含水层的水量增加，灌入的热水或冷水不断地向周围转移，最终形成了地下热水库以及地下冷水库。

（4）地埋管：在地埋管蓄能方式中，热能直接贮存在地下土壤中。许多 U 形管竖直插入到地下 30~200m，形成一个庞大的地下换热器。地下换热器周围一般是地下水，或者膨润土、石英砂、渣渗等。热量的存取过程通过 U 形管换热器的介质水来实现。周围被加热或冷却的土壤形成能量储存的容积。在储存容积上方通常设有一层绝热层来减少热量的损失。这种贮存方式的一个优势就是它可以实现模块化设计，它的模块的多少可以随着住宅的大小而变化。但是与地下水箱相比，贮存相同的能量，它的容积要比水箱容积大到 3~5 倍。由于热量的存取能力较低，所以在系统设计时通常结合缓冲存储器（例如，水箱）。

9.3 多能互补建筑供能系统设计

9.3.1 多能互补建筑供能系统设计原则

从长远的发展来看，降低可再生能源的开发成本，实现多种可再生能源间的集成互补将越来越重要。多能源互补系统设计应遵从如下原则：首先要分析每一种能源的特性，有针对性的选取与之匹配的能源及控制策略；其次应基于系统综合能效较高、品位对口的原则；第三尽可能减小化石能源的消耗量，减少污染物的排放；第四要使系统简化、投资降低、安全可靠。

多能互补系统设计应考虑气候特点、建筑特点、资源条件、经济性等基本影响因素，同时根据不同类型能源单独应用及组合应用的情形，以系统优化运行为导向，兼顾安全可靠、经济可行、节能效果、环境影响等方面，通过技术与经济比较确定系统形式与运行控制策略，与单一能源及常规能源系统形式进行比选确定最优方案。

所在地域不同的气象条件、不同的资源，必然会决定某地区适合的可再生能源的条件及其相互配合。例如在华南地区，气候炎热，地源热泵冬季运行时间短，夏季运行温度高，必然带来较低的系统效率和经济价值。而在东北地区，地下温度较低，从而冬季运行地源热泵的效率较低，同时由于夏季冷负荷小，冬夏之间存在着较大的取热排热不平衡现象，从而加剧了冬季的运行困难，此时考虑太阳能与地源热泵互补，夏季和过渡季向地下排热就存在着必要性。就每种能源的热性而言，土壤本身巨大的容量及保温效果，使得其易于作为蓄能系统，对间歇性较强的系统具有较好的互补作用。不同的太阳能集热器及其运行模式，可提供不同温度的热量（如平板集热器、真空管集热器、聚光集热器等），因此，可以根据不同的情况，将太阳能和地热（土壤蓄能）进行集成互补，就可以做到"提取"与"补充"的相对平衡，既会提高太阳能的综合利用效率，又会提升土壤的能量品位，此外，会大幅降低系统运行成本。太阳能＋地埋管＋季节性蓄能＋地源热泵系统是将太阳能和浅层地热能结合利用的一种系统形式，既利用了这两种清洁可再生能源，又能克服各自的缺点。生物质是目前可再生能源中唯一可运输和可燃烧的燃料，具有相对而言的灵活性，生物质资源较为丰富而且能流密度较高，而太阳能相对贫乏而且能流密度低，但二者的整合将彼此互补。尤其在北方地区农村，作物的秸秆及其他生物质资源较为丰富，冬季取暖将太阳能或生物质集成互补，可降低对煤炭的使用和取暖的运行成本。另外，建筑物使用功能也对其能源供给形式存在着较大的影响，例如商场、医院、学校等公共建筑，使用功能性质不同，冷热负荷使用时段都不同，必然对系统的经济性造成影响。

9.3.2　多能互补建筑供能系统效益评估

在保证系统安全可靠、稳定运行的满足用能需求的前提下，多能互补建筑供能系统效益评估指标应关注三个方面：节能效益指标、经济效益指标和环保效益指标。

9.3.2.1　节能效益指标

节能效益指标通常按供能系统采用可再生能源而发生的常规能源替代量 Q_s 表示，当有多种可再生能源互补利用则累加计算，常用可再生能源系统的常规能源替代量计算方法如下。

1. 太阳能热利用系统的常规能源替代量 Q_{tr} 应按下式计算：

$$Q_{tr} = \frac{Q_{nj}}{q\eta_t} \tag{9-2}$$

式中　Q_{tr}——太阳能热利用系统的常规能源替代量，kgce；

Q_{nj}——全年太阳能集热系统得热量，MJ；

q——标准煤热值，MJ/kgce，一般取值 29.307MJ/kgce；

η_t——以传统能源为热源时的运行效率，当无文件明确规定时，根据项目适用的常规能源，按表9-4确定。

以传统能源为热源时的运行效率 η_t　　　　　　　　　　表 9-4

常规能源类型	热水系统	供暖系统	热力制冷空调系统
电	0.31注	—	—
煤	—	0.70	0.70
天然气	0.84	0.80	0.80

注：综合考虑火电系统的煤的发电效率和电热水器的加热效率。

2. 太阳能光伏或风能发电系统的常规能源替代量 Q_d 下式计算：

$$Q_d = D \cdot E_n \tag{9-3}$$

式中　Q_d——太阳能光伏或风能发电系统的常规能源替代量，kgce；

　　　D——每度电折合所耗标准煤量，kgce/kWh，根据国家统计局最近两年内公布的火力发电标准耗煤水平确定，一般为 $300 \sim 350$gce/kWh；

　　　E_n——太阳能光伏或风能发电系统年发电量，kWh。

3. 地热能或空气能热泵系统的常规能源替代量 Q_p 应按下式计算：

$$Q_p = Q_t - Q_r \tag{9-4}$$

式中　Q_p——热泵系统常规能源替代量，kgce；

　　　Q_t——传统系统的总能耗，kgce；

　　　Q_r——热泵系统的总能耗，kgce。

(1) 对于供暖系统，传统系统的总能耗 Q_t 应按下式计算：

$$Q_t = \frac{Q_H}{\eta_t q} \tag{9-5}$$

式中　q——标准煤热值，MJ/kgce，本标准取 $q=29.307$MJ/kgce；

　　　Q_H——长期测试时为系统记录的总制热量，短期测试时，根据测试期间系统的实测制热量和室外气象参数，采用度日法计算供暖季累计热负荷，MJ；

　　　η_t——以传统能源为热源时的运行效率，当无文件规定时，根据项目适用的常规能源，其效率应按表9-4确定。

(2) 对于空调系统，传统系统的总能耗应按下式计算：

$$Q_t = \frac{DQ_C}{3.6EER_t} \tag{9-6}$$

式中　Q_C——长期测试时为系统记录的总制冷量，短期测试时，根据测试期间系统的实测制冷量和室外气象参数，采用温频法计算供冷季累计冷负荷，MJ；

　　　EER_t——传统制冷空调方式的系统能效比，当无文件明确规定时，以常规水冷冷水机组作为比较对象，其系统能效比按表9-5确定。

常规制冷空调系统能效比 EER_t　　　　　　　　　　表 9-5

机组容量（kW）	系统能效比 EER_t
<528	2.3
528~1163	2.6
>1163	2.8

（3）整个供暖季（制冷季）热泵系统的年耗能量应根据实测的系统能效比和建筑全年累计冷热负荷按下列公式计算：

$$Q_{rc} = \frac{DQ_C}{3.6EER_{sys}} \tag{9-7}$$

$$Q_{rh} = \frac{DQ_H}{3.6COP_{sys}} \tag{9-8}$$

式中　Q_{rc}——热泵系统年制冷总能耗，kgce；

$\quad\quad Q_{rh}$——热泵系统年制热总能耗，kgce；

$\quad\quad Q_H$——建筑全年累计热负荷，MJ；

$\quad\quad Q_C$——建筑全年累计冷负荷，MJ；

$\quad\quad EER_{sys}$——热泵系统的制冷能效比；

$\quad\quad COP_{sys}$——热泵系统的制热性能系数。

（4）当热泵系统既用于冬季供暖又用于夏季制冷时，常规能源替代量应为冬季和夏季替代量之和，即：

$$Q_r = Q_{rc} + Q_{rh} \tag{9-9}$$

因此，多能互补建筑供能系统的常规能源替代量 Q_s 根据可再生能源利用情况累积计算：

$$Q_s = \sum (Q_{tr} + Q_d + Q_p + \cdots) \tag{9-10}$$

9.3.2.2　经济效益指标

经济效益指标主要包括系统费效比、年节约费用、寿命期内总节约费用、静态回收期和动态回收期等。

1. 系统费效比 B

系统费效比是指可再生能源系统的增量投资与系统在正常使用寿命期内的总节能量的比值，表示利用可再生能源节省每千瓦小时常规能源的投资成本。

（1）太阳能热利用系统的费效比 B_r 按下式计算：

$$B_r = \frac{3.6 \times C_{zr}}{Q_{tr} \times q \times N} \tag{9-11}$$

式中　B_r——太阳能热利用系统的费效比，元/kWh；

$\quad\quad C_{zr}$——太阳能热利用系统的增量成本，元，增量成本依据项目单位提供的项目决

$\quad\quad\quad\quad$算书进行校核计算；

$\quad\quad N$——系统寿命期，根据项目立项文件等资料确定，当无明确规定，太阳能热利

$\quad\quad\quad\quad$用系统 N 取 15 年。

（2）太阳能光伏或风能发电系统的费效比 B_d 应按下式计算：

$$B_d = \frac{C_{zd}}{N \times E_n} \tag{9-12}$$

式中　B_d——太阳能光伏或风能发电系统的费效比，元/kWh；

$\quad\quad C_{zd}$——太阳能光伏或风能发电系统的增量成本，元，增量成本依据项目单位提供

$\quad\quad\quad\quad$的项目决算书进行核算计算；

$\quad\quad N$——系统寿命期，根据项目立项文件等资料确定，当无文件明确规定，太阳能

光伏或风能发电系统 N 取 20 年；

E_n——可再生能源发电系统年发电量，kWh。

从目前太阳能光伏系统实测情况看，光伏发电的费效比较高，这主要是光伏电池的成本太高，比常规火电、水电，甚至风电的发电成本高出很多造成的。当无文件明确规定是太阳能光伏系统的费效比可以按小于项目所在地当年商业用电价格的 3 倍进行评价。实践证明如果费效比过高会严重制约系统的推广，当前光伏系统的费效比控制在 2 元/kWh 以下是比较合理的，这个价格大致相当于我国大部分地区商业用电价格的 3 倍左右。

2. 年节约费用 C_s

(1) 太阳能热利用系统的年节约费用 C_{sr} 应按下式计算：

$$C_{sr} = P \frac{Q_{tr} \times q}{3.6} - M_r \tag{9-13}$$

式中　C_{sr}——太阳能热利用系统的年节约费用，元；

　　　M_r——太阳能热利用系统每年运行维护增加的费用，元；

　　　P——常规能源的价格，元/kWh。

常规能源的价格 P 应根据项目立项文件所对比的常规能源类型进行比较，当无明确规定时，由测评单位和项目建设单位根据当地实际用能状况确定常规能源类型，按如下规定选取：当常规能源为电时，对于太阳能热水系统 P 为当地家庭用电价格，供暖和空调系统不考虑常规能源为电的情况；当常规能源为天然气或煤时，P 按下式计算：

$$P = P_t / R \tag{9-14}$$

式中　P_t——当地天然气或煤的价格，元/Nm³ 或元/kg；

　　　R——天然气或煤的热值，通常天然气的 R 值取 11kWh/Nm³，煤的 R 取值 8.14kWh/kg。

(2) 地热能或空气能热泵系统的年节约费用应按下式计算：

$$C_{sp} = P \times \frac{Q_s \times q}{3.6} - M_p \tag{9-15}$$

式中　C_{sp}——热泵系统的年节约费用，元/年；

　　　Q_s——常规能源替代量，kgce；

　　　M_p——热泵系统每年运行维护增加费用，元。

3. 寿命期内总节约费用 SAV

$$SAV = PI \times C_s - C_z \tag{9-16}$$

式中　SAV——供能系统寿命期内总节约费用，元；

　　　C_z——供能系统相对于常规系统的增量成本，元，增量成本依据项目单位提供的项目决算书进行校核和计算；

　　　PI——折现系数。

$$PI = \frac{1}{d-e} \left[1 - \left(\frac{1+e}{1-e} \right)^n \right] \quad d \neq e$$

$$PI = \frac{n}{1+d} \quad d = e \tag{9-17}$$

式中　d——市场折现率；

　　　e——年燃料价格上涨率；

n——从系统开始运行算起，系统寿命或计算期。

4. 静态回收期 N_j

$$N_j = \frac{C_z}{C_s} \tag{9-18}$$

5. 动态回收期 N_d

动态回收期是当多能互补系统运行 N 年后，其节省的运行费用刚好能够抵消增加的初投资，则此时的总累计年份 N 定义为系统的动态回收期 N_d，即式（9-16）成立，$SAV=0$。

$$N_d = \frac{\ln\left[1 - PI(d-e)\right]}{\ln\left(\dfrac{1+e}{1+d}\right)} \qquad d \neq e$$

$$N_d = PI(1+d) \qquad d = e \tag{9-19}$$

式中　N_d——多能互补系统对基准系统的动态回收期，年；

　　　　PI——多能互补系统对常规系统的净现值为零时的折现率，$PI = C_z/C_s$。

9.3.2.3 环境指标

可再生能源多能互补建筑供能系统的环保效益体现在因节省常规能源而减少了污染物的排放，主要指标为二氧化碳、二氧化硫和粉尘的减排量。

二氧化碳减排量 Q_{CO_2} 按下式计算：

$$Q_{CO_2} = Q_s \times V_{CO_2} \tag{9-20}$$

式中　Q_{CO_2}——系统二氧化碳减排量，kg；

　　　　Q_s——常规能源替代量，kgce；

　　　　V_{CO_2}——标准煤的二氧化碳排放因子，kg/kgce，可取值 $V_{CO_2} = 2.47$kg/kgce。

二氧化硫减排量 Q_{SO_2} 应按下式计算：

$$Q_{SO_2} = Q_s \times V_{SO_2} \tag{9-21}$$

式中　Q_{SO_2}——太阳能热利用系统的二氧化硫减排量，kg；

　　　　V_{SO_2}——标准煤的二氧化硫排放因子，kg/kgce，可取 $V_{SO_2} = 0.02$kg/kgce。

粉尘减排量 Q_{fc} 按下式计算：

$$Q_{fc} = Q_s \times V_{fc} \tag{9-22}$$

式中　Q_{fc}——太阳能热利用系统的粉尘减排量，kg；

　　　　V_{fc}——标准煤的粉尘排放因子，kg/kgce，可取 $V_{fc} = 0.01$kg/kgce。

9.3.3 多能互补建筑供能系统形式

多能互补建筑供能系统将多个能量利用过程整合在一起，既提高系统的整体性，又优化系统单独构件的性能。多功能能源系统是指为实现建筑用能系统的多元需求，通过多种能源输入、多功能高效的末端装置、辅助装置及其控制系统等实现系统的高效与可持续性，通过对系统结构中各要素的用能品位匹配、时间特性协调等，得到系统的内在工作方式以及诸要素在一定环境条件下相互联系、相互作用的运行规则和原理。多能互补建筑供能系统是根据建筑需求与能源条件进行合理优化设计，其能源组合方式与系统形式可以千差万别。以下给出几种典型的多能互补建筑供能系统形式，并对系统组成、运行原理与控制策略进行简单介绍。

9.3.3.1 户用太阳能与空气能多能互补供能系统

1. 系统组成及特点

该系统利用太阳能作为供暖及生活热水热源，采用热泵机组提升空气热能作为互补热源，系统由太阳能集热循环、互补热源循环，供暖循环和生活热水系统组成，如图9-2所示。系统采用蓄热水箱蓄热且内设辅助电加热装置用于杀菌。该系统采用可再生能源供热，尤其适用于没有燃气供应、太阳能资源丰富（或很丰富）及太阳能资源稳定（或很稳定）的地区；系统既适合于单户住宅，也适用于城镇多层或高层住宅的分户独立供热系统（含供暖与供生活热水）。

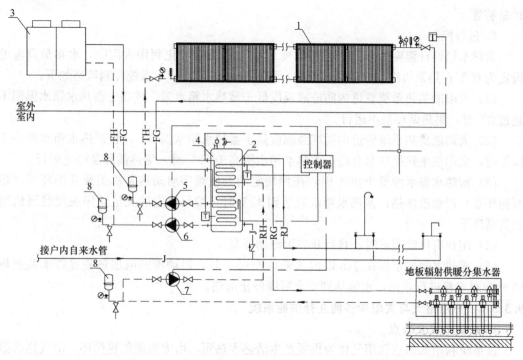

图9-2 单户式太阳能与空气热能互补供热系统原理图

1—太阳能集热器；2—蓄热水箱；3—空气源热泵机组（或热泵热水机）；4—辅助电加热；
5—集热循环泵组；6—热泵循环泵组；7—供暖循环泵组；8—定压膨胀罐

太阳能集热系统为强制循环、间接换热，集热系统设置集热循环泵、定压膨胀罐、自动排气装置及安全阀，并在蓄热水箱内设置换热盘管。集热系统内采用防冻液为热媒介质，可适应冬季室外温度低、有防冻要求地区的住宅。对于无防冻要求的住宅，集热系统可采用水作为热媒介质。

系统以热泵机组为互补热源，设置热泵循环泵和定压膨胀罐等设备，互补热源系统在蓄热水箱内通过换热盘管间接换热。热泵机组可采用空气源热泵机组（或热泵热水机）。采用空气源热泵机组时，对于有夏季空调冷负荷需求的住宅，应优先选用热回收型空气源热泵机组，并将设备同时用作住宅夏季空调冷源；对于无空调冷负荷需求的住宅，宜选用单热型的空气源热泵机组。设计时应对设备容量进行校核。

系统蓄热水箱采用闭式承压保温水箱，水箱压力由自来水补水系统保证。生活热水出水点设于水箱上部，进水点设于水箱底部，辅助电加热装置设置在水箱中下部。系统配置智能控制器，控制系统管道上的集热循环泵、互补热源及其循环泵（热泵循环泵）、末端供暖循环泵等，保证系统优先利用太阳能，并实现系统自动启停。智能控制器长期监控水箱内水温，条件满足时智能控制器可启动辅助电加热装置对蓄热水箱进行杀菌。蓄热水箱设计温度为 60℃，运行中用户可根据实际情况设定蓄热水箱水温。空气源热泵机组（或热泵热水机）则通过主机设定出水温度。

供热末端宜采用低温热水系统，本系统采用低温热水地板辐射供暖或强制对流换热的风机盘管形式，末端供暖供水设计温度为 43℃。用户采用散热器时，应根据末端负荷及水箱供水温度仔细校核计算散热片数量。可根据实际情况在需要水电计量的部分设置水电计量装置。

2. 运行控制

蓄热水箱设计温度为 60℃，最低温度为 40℃；为最大化利用太阳能，水箱最高温度设定为 80℃；热泵机组（或热泵热水机）设定出水温度为 47℃系统控制策略如下：

（1）太阳能集热系统管道内防冻液温度低于蓄热水箱水温，或高于蓄热水箱水温但不超过 2℃时，集热循环泵不运行。

（2）太阳能集热系统管道内防冻液温度高于蓄热水箱水温 2℃，且蓄热水箱水温小于 80℃时，太阳能集热循环泵开启；蓄热水箱水温高于 80℃时，集热循环泵停止运行。

（3）蓄热水箱水温低于 40℃时，按照规定的开机顺序启动热泵机组及其循环泵（热泵循环泵）对水箱加热；蓄热水箱水温达到 45℃时，按照规定的关机顺序关闭热泵机组及其循环泵。

（4）用户有供暖需求时，自行开启供暖循环泵。

（5）蓄热水箱的水温在 24h 以内从未高于 60℃时，启动辅助电加热装置将水温加热到 60℃对水箱进行杀菌，水温达到要求后即停止加热。

9.3.3.2　户用沼气与太阳能多能互补供能系统

1. 系统组成及特点

该系统利用太阳能和沼气作为供暖及生活热水热源，由太阳能集热循环、沼气热水循环系统、供暖循环和生活热水系统组成，采用蓄热水箱蓄热，蓄热水箱内设置辅助电加热装置，如图 9-3 所示。该系统适用于太阳能资源丰富、有充足沼气的农村住宅。太阳能集热系统为强制循环、间接换热，集热系统设置集热循环泵、定压膨胀罐、自动排气装置及安全阀，并在蓄热水箱内设置换热盘管。集热系统内采用防冻液为热媒介质，可适应冬季室外温度低、有防冻要求地区的住宅。对于无防冻要求的住宅，集热系统可采用水作为热媒介质。本系统以沼气热水器为互补热源。系统采用的沼气专用热水器应有自动点火、防干烧自动熄火保护及过热保护功能，要求对沼气气压不稳定性适应性强，能够低水压启动并持续工作。本系统蓄热水箱采用闭式承压保温水箱，水箱压力由自来水补水系统保证。生活热水出水点设于水箱上部，进水点设于水箱底部，水箱内的辅助电加热装置设置于其中下部。供暖系统设置供暖循环泵和定压膨胀罐。系统配置智能控制器，控制沼气热水循环泵、集热循环泵、辅助电加热装置及末端供暖循环泵，并实现系统自动启停。智能控制器长期监控水箱内水温，条件满足时启动辅助电加热装置对蓄热水箱进行杀菌。蓄蒸水箱

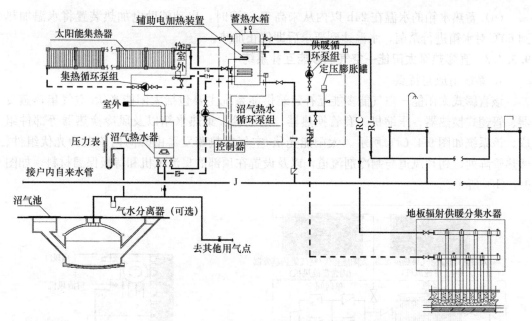

图 9-3　单户式沼气与太阳能互补供热系统原理图

1—沼气池；2—沼气热水器；3—蓄热水箱；4—太阳能集热器；5—沼气热水循环泵组；
6—集热循环泵组；7—供暖循环泵组；8—定压膨胀罐；9—辅助电加热装置

设计温度为50℃、沼气热水器设计出水温度为50℃。实际运行中沼气热水器出水温度可由用户确定，蓄热水箱最低温度、最高温度则通过智能控制器设置。供热末端宜采用低温热水系统，本系统采用低温热水地板辐射供暖或强制对流换热的风机盘管形式，末端供暖供水设计温度为45℃。用户采用散热器时，应根据末端负荷及水箱温度仔细校核计算散热片数量。

2. 系统控制

蓄热水箱最低温度设定为40℃，最高温度为80℃，沼气热水器出水温度设定出50℃供暖供水温度为45℃。为充分利用太阳能和沼气，减少辅助电加热装置运行时间，系统采取如下控制策略：

(1) 太阳能集热系统管道内防冻液温度低于蓄热水箱水温，或高于蓄热水箱水温但不超过2℃时，集热循环泵不运行。

(2) 太阳能集热系统管道内防冻液温度高于蓄热水箱水温2℃，且蓄热水箱水温小于80℃时，太阳能集热循环泵开启；蓄热水箱水温高于80℃时，集热循环泵停止运行。

(3) 蓄热水箱水温低于45℃，且沼气充沛（沼气压力达到热水器额定值）时，启动沼气热水循环泵。沼气热水器在压力开关作用下点火，产生的热水储存于蓄热水箱内，水温达到50℃即关闭沼气热水循环泵。

(4) 蓄热水箱水温低于40℃，且沼气压力不足（沼气压力低于热水器额定值）时，开启辅助电加热装置；辅助电加热装置加热过程中，水箱水温高于45℃时，辅助电加热装置停止运行。

(5) 用户有供暖需求时，自行开启供暖循环泵。

（6）蓄热水箱的水温在 24h 以内从未高于 60℃时，启动辅助电加热装置将水温加热到 60℃对水箱进行杀菌，水温达到要求后即停止加热。

9.3.3.3　直膨热泵太阳能—空气能多能互补系统

1. 系统组成与特点

该直膨式太阳能—空气能多能互补建筑供能系统主要包括太阳能光伏/空气集热蒸发器、管翅式换热器、压缩机、套管换热器、毛细管、集热水箱以及风冷换热器等部件组成。该系统如图 9-4（a）所示。太阳能光伏/空气集热蒸发器由外向内依次为光伏组件、微热管阵列、翅片风道与制冷剂流道，以及设置在顶部的贯流风机和背板保温材料，如图 9-3（b）所示。

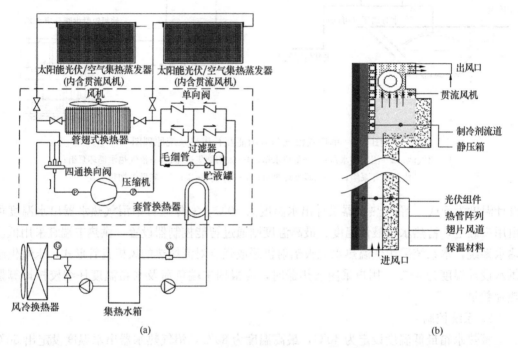

（a）　　　　　　　　　　　　　　　　　（b）

图 9-4　直膨热泵太阳能-空气能多能互补建筑供能系统

（a）系统示意图；（b）太阳能光伏/空气集热蒸发器结构图

光伏/空气集热蒸发器依靠布置具有高传热特性的平板微热管阵列与贯流风机，使得其可以实现太阳能与空气能同时利用缓解太阳能受天气影响的弊端以及为光伏组件降温提高发电性能两项功能。此外管翅式换热器的引入使得系统可以单独从空气中取热或者放热。因此该多能互补建筑供能系统可以实现冬季供热、夏季供冷、全年供热水以及全年光伏发电的功能，适合于户用供能系统。

太阳能光伏/空气集热蒸发器工作原理为光伏组件在太阳辐射下发电过程中产生的废热，通过微热管阵列传递至制冷剂流道中的制冷剂，使之吸热蒸发。也可以在贯流风机作用下通过光伏组件背板的翅片风道从空气取热。此外，光伏组件在贯流风机风冷或制冷剂的冷却作用下，可大幅降低光伏组件的温度，从而提高组件发电性能，实现全年光伏高效发电。

该多能互补建筑供能系统可以实现制热与制冷两种工况。在制热工况下，系统可分别以太阳能光伏/空气集热蒸发器或管翅式换热器为蒸发器，以套管换热器为冷凝器，从太阳能和空气侧取热实现制热，制热原理如图 9-5 (a) 所示。在制冷工况下，系统可以管翅式换热器为冷凝器，以套管换热器为蒸发器，将热量释放到空气中实现制冷，制冷原理如图 9-5 (b) 所示。

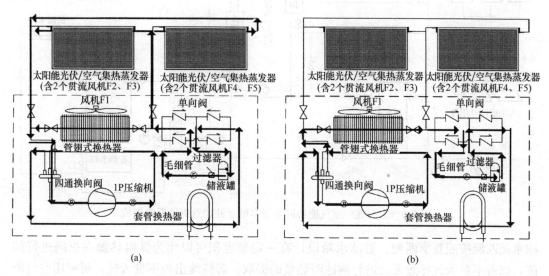

图 9-5 直膨热泵太阳能-空气能多能互补建筑供能系统工作原理图
(a) 制热工况；(b) 制冷工况

2. 运行控制

该多能互补建筑供能系统具有三种运行模式，分别为：太阳能模式 (S)、空气能模式 (A) 以及太阳能/空气能联合运行模式 (SA)。在 S 模式时，太阳能光伏/空气集热蒸发器接入热泵管路而管翅式换热器与管路断开，集热蒸发器中贯流风机关闭，制冷剂仅从太阳能取热；在 SA 模式时，在 S 模式运行基础上，贯流风机开启，制冷剂可从太阳能与空气侧同时取热；在 A 模式时，管翅式换热器接入热泵管路而集热蒸发器与管路断开，制冷剂仅从空气取热或向空气散热。

在低太阳辐射条件下，系统可通过 SA 模式进行制热；在较高太阳辐射条件下，系统可通过 S 模式进行制热；在夜间或太阳辐照度很低时，系统可通过 A 模式进行制热。在夏季系统可通过 A 模式进行制冷，同时日间可开启贯流风机为光伏组件进行风冷散热。

9.3.3.4 太阳能—空气能协同蓄能多能互补建筑供能系统

1. 系统组成与特点

太阳能—空气能协同蓄能多能互补建筑供能系统由低温水源热泵、载冷剂—空气换热器、蓄冰箱、板式换热器、太阳能 PV/T 组件、蓄热水箱、循环水泵及监控系统构成。系统可通过阀门的切换实现多种运行工况，达到冬季蓄热供暖（蓄冰取热）、夏季蓄冰供冷的目的，系统原理图如图 9-6 所示。

太阳能—空气能协同蓄能多能互补建筑供能系统在冬季夜间利用蓄冰水箱中水结成冰的过程中释放的相变热作为低温热源进行贮热，冬季白天利用谷电时间贮蓄的热量供暖，同时使用太阳能和空气能进行融冰，并进行光伏发电。由于夏季蓄冰储冷工况要向蓄冰水箱中贮存满足建筑供冷所需的冷量，而冬季从蓄冰水箱中提取的能量远小于夏季，所以蓄

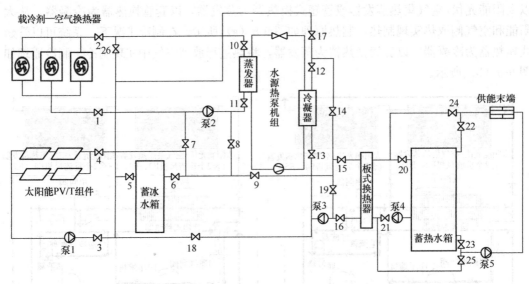

图 9-6 太阳能—空气能协同蓄能多能互补建筑供能系统组成

冰水箱匹配按照夏季匹配。蓄冰水箱设计有一定量容积可以作为低温热源在夜间进行储能，以备不良天气导致无法进行融冰时热量的提取。若持续出现不良天气，可利用空气能直接作为低温热源进行储热或供能，实现在供暖期中无间断供暖的要求。夏季夜晚利用低温水源热泵为蓄冰水箱制冰蓄冷，白天融冰供冷。

该系统有效利用了太阳能与空气能，实现了多能互补克服了可再生能源在时间上不连续的问题，满足稳定高效的建筑供能需求。以水结冰过程中释放的相变热作为低温热源，系统性能不受外界环境剧烈变化的影响，系统运行稳定高效且无结霜风险，无需从室内提取热量进行融霜。利用夜间的低谷电进行蓄能，可大幅降低系统的运行费用，实现削峰填谷，降低高峰用电时期的电网负荷，解决"煤改电"推广面临的部分地区的配电电网薄弱，改造成本极高，能源供应存在短板的问题。该多能互补储能供能系统主要适用于公共建筑。

2. 系统工况与运行控制

在系统运行中，夏季工况无需选择工况。而在冬季工况中，蓄冰蓄热工况性能稳定，基本不受外界环境干扰；而空气能贮热受外界环境温度影响大。运行空气能蓄热工况且室外环境温度较低时，热泵机组的蒸发温度也会随之降低以满足取热需求。当空气能蓄热工况蒸发温度小于蓄冰蓄热工况时，空气能蓄热的热泵机组性能会劣于蓄冰蓄热。但是，蓄冰工况还需进行融冰过程，在峰电时间运行水泵、空气散热器等用电设备，应该对运行费用进行综合评价以确定合适的运行策略。对于融冰工况的选择，应考虑在不同太阳辐照度和环境温度下，太阳能和空气能的融冰效果及运行费用，选择合适的工况，见表 9-6 所示。

系统工作原理与运行模式 表 9-6

运行工况	阀门控制		运行水泵	运行时间
	开启的阀门	关闭的阀门		
太阳能融冰工况	3、4、5、6	7、8、9、17、18、26	1	9：00~17：00

续表

运行工况	阀门控制		运行水泵	运行时间
	开启的阀门	关闭的阀门		
空气能融冰工况	1、2、5、6、8、26	3、4、7、9、10、11、17、18	2	9：00～17：00
蓄冰蓄热工况	5、6、7、10、11、12、13、14、15、16、20、21、26	1、2、3、4、8、9、17、18、19、22、23、24、25	2、3、4	23：00～7：00
空气能蓄热工况	1、2、10、11、12、13、14、15、16、20、21	7、8、22、23、24、25、26	2、3、4	23：00～7：00

协同蓄能多能互补供能系统根据所在地环境气象条件进行控制优化及经济性分析，该系统运行稳定性好，削峰填谷能力强，可有效降低电网尖峰负荷，系统运行费用较市政供暖系统、常规空气源热泵供暖系统及电锅炉供暖系统分别下降70.2％、60.3％和82.9％，为寒冷地区的供能系统提供了新的技术方案。

9.3.3.5 互补热源与太阳能结合的多能互补系统

1. 系统组成及特点

本系统由太阳能集热系统（包括集热循环、蓄热循环及散热循环）、互补热源系统、用户侧供暖系统组成，如图9-7所示。太阳能集热系统产生的热水经过板式换热器换热后将热量贮存于蓄热水箱，用户侧供暖系统从蓄热水箱获取供暖所需热负荷。本系统主要适

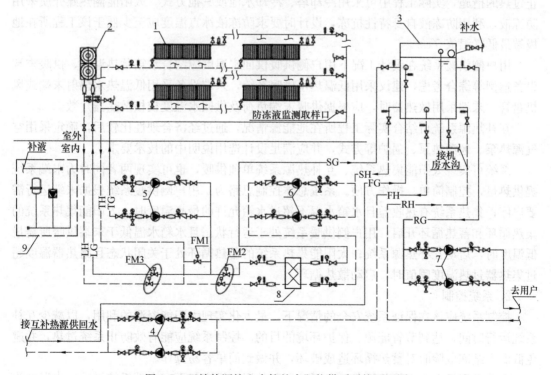

图 9-7　互补热源接入水箱的太阳能供暖系统原理图

1—太阳能集热器；2—空气冷却器 SR；3—开式蓄热水箱；4—互补热源循环泵 B4；
5—防冻液循环泵 B3；6—蓄热循环泵 B2；7—供暖循环泵 B1；8—板式换热器；9—膨胀定压装置

用于公共建筑的多能互补建筑供能。

太阳能集热系统包括集热循环、蓄热循环和散热循环，本系统采用空气冷却器 SR 散热，蓄热水箱位于系统最高点，具有补水、定压和膨胀功能。各循环系统包含的设备如下：

集热循环：太阳能集热器、电动阀 FM1 及 FM2，防冻液循环泵 B3；

蓄热循环：板式换热器、蓄热循环泵 B2、开式蓄热水箱；

散热循环：电动阀 FM3、空气冷却器 SR。

用户侧供暖系统主要设备为：供暖循环泵 B1、末端供暖设备；

互补热源系统主要设备为：互补热源、互补热源循环泵 B4。

太阳能集热循环采用了闭式循环系统，集热系统与用户侧供暖系统介质完全分开，太阳能集热循环采用防冻液，可适用于室外气温较低，有可能结冻的地区（如严寒、寒冷地区）。对于无需防冻的地区，则可取消换热装置，太阳能集热循环直接与蓄热水箱连接，减少蓄热循环带来的换热温差和换热损失。鉴于板式换热器具有传热系数高、换热损失小的特点，本系统太阳能蓄热循环采用了板式换热器。对于较小规模项目，在保证换热量和换热效率的情况下，可采用盘管换热，将盘管直接设于蓄热水箱内，可减少一组循环泵。该系统蓄热水箱设于系统最高处，同时对太阳能集热系统二次侧、互补热源水系统及用户侧水系统补水，膨胀及定压。长期不使用时宜采用高反射低透光型遮阳装置对太阳能集热器进行遮光。集热系统可根据需要设置防过热的散热设备。系统中设置空气冷却器作为防止过热的措施，实际工程中可采用冷却塔、冷却水池或其他方式。太阳能侧热媒介质采用防冻液，利用防冻液自身特性抗冻，设计时要求防冻液冰点温度应至少低于该工程所在地极端最低气温值 5℃。

用户侧供暖系统在设计工况下用户侧供暖供回水温度应结合水箱蓄热温度、供暖末端设备选型等综合考虑，建议采用低温热水供暖系统，末端设备采用低温热水辐射末端或风机盘管。末端采用散热器时，应根据供暖末端负荷及供回水温度校核散热器片数。

互补热源系统可结合实际工程所在地能源情况，通过经济合理性比较后，确定采用空气源热泵、地源热泵、锅炉等方式，并应满足设计选用说明中的技术要求。

系统可实现太阳能集热系统、互补热源系统单独供暖，也可实现两者同时为末端系统提供热量，控制简单、操作方便。系统总体控制思路为：用户侧供暖系统根据末端运行需要启停；集热系统有热收益且水箱水温不超过水箱允许的最高温度时，太阳能集热系统的集热循环和蓄热循环开启；用户侧供暖系统处于运行状态且水箱水温低于末端供暖所需最低温度时，启动互补热源系统；太阳能集热系统的蓄热循环处于关闭状态且集热器温度超过集热器过热温度阈值时，启动散热循环。

2. 系统控制

控制系统应该在保证系统安全的情况下，最大化实现太阳能资源的利用，以减少互补系统运行时间，达到节省能源、保护环境的目的。控制系统应能有效防止系统过热，并避免低温有结冻危险时对蓄热循环造成破坏，并做到简单容易操作。

系统采用低温末端换热设备，各循环回路的温度设定如下：末端系统设计供水温度为45℃；蓄热水箱最低水温为 40℃，最高允许水温设定为 80℃；集热系统（集热器内）防冻液正常温度应低于 100℃，系统过热临界点温度设定为 105℃；互补热源循环系统设计供水温度为 45℃。系统初始状态：互补热源：关闭；冷却器 SR：关闭；循环水泵：B1 关闭、B2 关闭、B3 关闭、B4 关闭；电动二通阀：FM1 开，FM2 关，FM3 关。

用户侧供暖系统根据末端供暖需求启停：用户侧需要供暖时，启动用户供暖循环泵 B1；用户侧无供暖需求时，关闭用户侧供暖循环泵 B1。由于太阳能资源的不稳定性，实际运行中蓄热水箱温度有相应变化，末端供暖设备应设置温控装置。用户侧循环泵宜采用变频控制。

互补热源系统运行控制需要根据监测运行情况确定。用户侧供暖循环处于运行状态且 $T4<40℃$ 时，表明蓄热水箱供热能力不足，应按照互补热源开机顺序要求启动互补热源循环泵 B4 和互补热源。互补热源系统处于运行状态且 $T4>45℃$ 时，表明热源侧提供的热量已大于末端用户侧供暖需求，应按照互补热源关机顺序要求关闭互补热源和互补热源循环泵 B4。

太阳能集热系统运行控制策略共有集热蓄热模式和过热模式两种状态。

(1) 集热蓄热模式运行控制策略

太阳能集热系统有热收益（太阳能集热器内防冻液温度高于蓄热水箱进水温度且集热水箱水温低于集热水箱最高允许温度）时，集热系统投入运行。为防止防冻液泵 B3 和蓄热循环泵 B2 频繁启动、减少水泵能耗，实际工程要求 $T6-T3>2℃$ 才能响应。即：$T6-T3>2℃$ 且 $T<80℃$ 时，设备（阀门）的动作（状态）如下：电动二通阀（组）：FM1，FM3（保持）关闭，FM2（保持）开启；循环水泵：B2，B3（保持）开启；冷却器 SR：（保持）关闭。

太阳能集热系统运行中，防冻液温度低于水箱温度或水箱温度高于其允许的最高温度时，表明集热系统已无热收益，应关闭集热循环和蓄热循环。即：$T6-T3<2℃$ 或 $T2>80℃$ 时，设备（阀门）的动作（状态）如下：设电动二通阀（组）：FM2，FM3（保持）关闭，FM1（保持）开启；循环水泵：B2，B3（保持）开启；冷却器 SR：（保持）关闭。

(2) 过热模式

集热系统（集热器内）防冻液温度 $T>105℃$ 或 $P1$ 大于过热临界温度点集热系统内的介质压力时，表明集热系统处于过热状态，应开启空气冷却器及防冻液循环泵 B3 进行散热。即：$T1>105℃$ 时，设备（阀门）的动作（状态）如下：电动二通阀（组）：FM1，FM2（保持）关闭，FM3（保持）开启；循环水泵：B3（保持）开启；冷却器 SR：（保持）开启。

集热系统处于散热过程中时，若集热系统（集热器内）防冻液温度 $T<100℃$，表明集热系统已处于安全状态，可关闭散热系统。即：$T<100℃$ 时，设备（阀门）的动作（状态）如下：电动二通阀（组）：FM2，FM3（保持）关闭，FM1（保持）开启；循环水泵：B3（保持）关闭；冷却器 SR（保持）关闭。有条件的情况下，太阳能侧循环泵宜采用变流量控制。

9.4 多能互补建筑供能系统应用案例

近年来，随着经济生活水平的提高，消费者对建筑供热和制冷的要求越来越高，然而供热和制冷的费用却居高不下，供热和制冷对环境产生的能源供给和污染问题也日趋严重。为了更好地解决建筑供热和制冷过程中的环境问题，满足节能减排需求，一种新的用能方式：多能互补渐成趋势。以太阳能为例，太阳能作为清洁可再生能源，在给建筑供热和制冷过程中能更好地满足节能减排需求，但也存在其缺陷：太阳能受地域、天气等的影响较大，不能很好地满足用能需求。因此，要更好的满足消费者24h用热需求，太阳能与其他能源互补利用满足建筑用能需求更是必不可少。充分利用可再生能源、余热能源，积极促进多能互补的冷热联供系统在建筑中的开发和利用，可以降低建筑制冷和供暖系统的能源消耗，对于建筑节能有重要意义。基于多能互补能源系统在我国能源低碳转型过程中所起的重要作用，所以非常有必要对多能互补系统在我国不同地区的适宜性以及经济性进一步深入研究与推广应用。本节着重介绍多能互补能源应用案例及多能互补系统协同运行原理。

9.4.1 太阳能—风能互补系统

9.4.1.1 风光互补简介

风能、太阳能都是"取之不尽、用之不竭"的可再生能源，但它们又都是不稳定的、不连续的能源，受气象参数影响较大，单独用于无电网地区，需要配备相当大的储能设备，或者采取多能互补的方法，以保证稳定的供电。我国处于季风气候区，风能与太阳能的结合有着天然优势，一般白天风小夜晚风大、晴天风小雨天风大、冬季及夏季风大。而太阳能辐射量恰好是在晴天、白天，且夏季比冬季辐照度高，即风能和太阳能在时间和季节上正好存在着如此吻合的互补性。因此，风、光互补结合后的能量应用系统具有能量供应的连续性，使得互补系统的可靠性更高，实用性更强。

风光互补发电系统，主要由风力发电机组、太阳能电池组件、充电控制器、逆变器、负载组成，是风力发电机和太阳电池方阵两种发电设备共同向负载供电，如图9-8所示。风光互补发电比单独风力发电或光伏发电相比，具有如下特点：利用风能、太阳能的互补特性可以获得比较稳定的总输出，系统有较高的稳定性和可靠性；在保证同样供电的情况下，可大大减少储能蓄电池的容量；通过合理的设计与匹配，可以基本上由风光互补发电系统供电，可获得较好的经济社会效益。所以，综合开发利用风能、太阳能，发展风光互补发电系统有广阔的应用前景和发展前景。

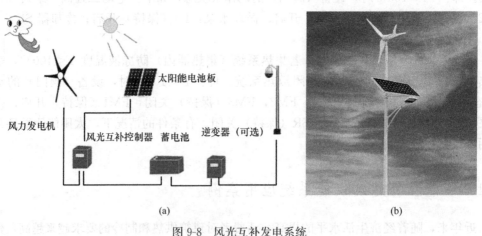

(a)　　　　　　　　　　　　　　　　(b)

图9-8　风光互补发电系统

（a）系统示意图；（b）风光互补路灯

9.4.1.2 风光互补型路灯设计

1. 项目概况

位于北京市昌平区的某双向两车道（单侧宽 3.75m）需要设计太阳能、风能互补的路灯，蓄电池要求实现 2 天夜间照明用电需求。北京市昌平区太阳能与风能资源情况如下：

(1) 太阳能资源：北京市位于太阳能资源的较富区，日照时间≥6h 的天数为 250～275 天，水平面和当地纬度倾斜面（39°56′）的月平均日太阳辐射值见表 9-7。

北京地区全年各月的月平均日太阳辐射值 [MJ/（m² · d）] 表 9-7

月份	1	2	3	4	5	6	7	8	9	10	11	12
水平面	9.14	12.19	16.13	18.79	22.30	22.05	18.70	17.37	16.54	12.73	9.21	7.89
倾斜面	18.08	17.14	19.16	18.71	20.18	18.67	16.22	16.43	18.69	17.51	15.11	13.71

(2) 风能资源：北京地区西北部和西部山区风能资源最丰富，特别是山区隘口如官厅水库库区和山顶如灵山风速较大，具有一定的风能资源开发潜力。其中官厅水库位于燕山余脉的山涧之间，呈西南东北走向，各季当强大的西北气流自蒙古高原经坝上南下时，受地形影响，顺着洋河河谷吹向官厅水库，由于"狭管效应"，使得库区周边的风速明显增大，且风向稳定。

2. 系统设计

风光互补型路灯结构由太阳能电池组件、风力机、LED 灯具、风光互补控制系统、蓄电池等部件组成，还包括太阳能电池组件支架、风机附件，灯杆，预埋件，蓄电池、地埋箱等配件。

(1) 灯源的选择：采用单边设置，路宽 $W = 3.75 \times 2 = 7.5$m，$S = 22.5$m，光源照度 15lx。

光通量按下式计算：

$$\Phi_0 = \frac{E_{av} \times W \times S}{C_u \times K \times n} = \frac{15 \times 7.5 \times 22.5}{0.95 \times 0.9 \times 1} = 2961 \text{lm} \qquad (9-23)$$

式中　E_{av}——路面平均照度值，lx，本设计取 15lx；

　　　W——机动车道路宽度，m，本设计取 7.5m；

　　　S——灯具安装间距，m，本设计取 22.5m；

　　　C_u——车行道灯具利用系数，本设计取 0.95；

　　　K——维护系数，本设计取 0.95；

　　　n——灯具个数，对称布置方式 $n=2$，其他布置方式 $n=1$，本设计取 1。

灯具功率按下式计算：

$$P = \frac{\Phi_0}{\eta_L} = \frac{2961}{75} = 39.47 \text{W} \qquad (9-24)$$

式中　P——灯具输入电功率，W；

　　　η_L——灯具初始光效，lm/W，本设计中 LED 发光效率 75lm/w。

因此，灯源功率取 40W。

(2) 蓄电池选型：按每天工作 12h，电池充满后能满足两天供电计算。蓄电池容量 C 由下式计算：$C = \frac{40\text{W} \times 12\text{h} \times 2 \times 1.2}{24\text{V}} = 96\text{Ah}$，可得 $C = 96$Ah，取电池容量为 100Ah。本

设计中采用12V、100Ah蓄电池两块串联。

（3）风力机选型：根据北京市昌平区的风力资源状况及灯源的用电功率，选择额定功率300W的风力发电机组，具体参数详见表9-8。

风力机参数

表9-8

型号	FD2.2-0.3/8	工作风速（m/s）	3～20
额定功率（W）	300	环境温度（℃）	−25～+45
风轮直径（m）	2.2	外壳材质	铝合金
启动风速（m/s）	2	风轮材质	玻璃钢

（4）光伏电池选型：根据北京市太阳能资源及灯源的用电功率，选用两块40W的太阳能电池，具体参数详见表9-9。

光伏电池参数

表9-9

型号	DJG40	重量（kg）	4.5
类型	单晶硅	工作电压（V）	17.2
转换效率	19%	工作电流（A）	2.32
输出功率（W）	40±3%	开路电压（V）	21.6
品质等级	A级	开路电流（A）	2.57
外形尺寸（mm）	450×660×30		

（5）风光互补控制器选型：集风能、太阳能控制于一体的智能控制器，适用于风光互补路灯系统和风光互补监控系统，能同时控制风力发电机和太阳能光伏电池对蓄电池进行安全高效的智能充电。具体参数详见表9-10。

风光互补控制器参数

表9-10

风力机额定功率（W）	300
光伏功率（W）	150
最大充电电流（A）	25
每路最大负载电流（A）	DC5
每路最大输出功率（W）	120
缺省过充保护电压（V）	28.2±0.2
缺省浮冲电压（V）	27.4±0.2
缺省过放保护电压（V）	22.2±0.2
缺省过放恢复电压（V）	24.8±0.2
温度补偿（mV/℃）	5
空载损耗（mA）	≤20
环境温度（℃）	−10～+40
防护等级	IP22
外形尺寸（mm）	250（长）×161（宽）×75（高）

9.4.2 太阳能—地热能多能互补系统

1. 项目概况

大连青云社区，建筑面积 1288m²，12 个办公室及几个 200～300m² 的大厅或训练厅，该建筑采用太阳能地热能互补建筑供能系统形式，如图 9-9 所示。系统由 PVT 组件、地源热泵机组、储热水箱、风盘末端（空调末端）、地盘管（供暖末端）、水泵等组成，如图 9-10 所示。多晶 PV/T 组件 154 块，总装机容量为 45kWp，每个组件峰值发电功率为 295W，尺寸为 1970mm×990mm×50mm，17 串 9 并（153 块），另外一块作为空白对比组件。组件安装角 39°，方位角为南偏西 18°。集热储热水箱容积 8.5t。

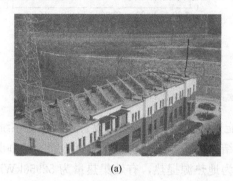
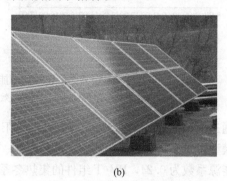

(a)　　　　　　　　　　　　　　　　　　(b)

图 9-9　大连某办公建筑太阳能—地热能建筑供能系统

(a) 室外太阳能系统；(b) PV/T 组件

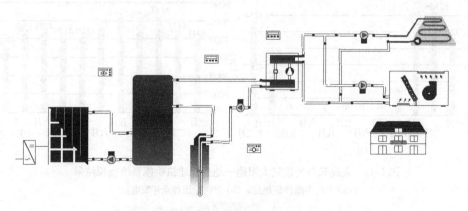

图 9-10　太阳能—地热能建筑供能系统示意图

太阳能—地热能多能互补系统供能系统在冬天满足 1288m² 的建筑供热需求。地源热泵的额定制热量 78kW（7 口 100m 深井），热泵冷水出口进地井，温度增高后进水箱被光伏光热补热，再经水泵进入热泵蒸发器被冷却，水箱中辅助电加热 36kW。夏天满足 300m² 制冷面积，光伏光热在白天循环储热在蓄热水箱，夜间向地埋管循环散热，以解决冬夏地热不平衡问题。

2. 系统性能

通过系统运行数据可以看出，光伏光热与地源型泵联合运行 PV/T 组件可维持 9～17℃ 循环冷却温度，发电效率为 7%～16%，集热效率为 10%～40%，如图 9-11 所示。另外，经过水冷的新型光伏光热集热器与没有经过水冷的集热器对照组相比，光伏背板最高温度在当天降低了 26%，冷却效果明显。产电效率也因此上升了 22.2%。

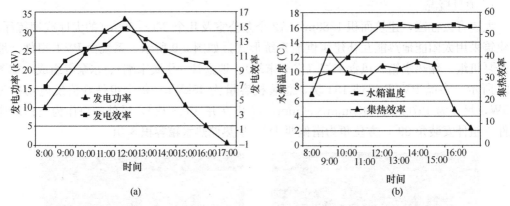

图 9-11　大连某办公建筑太阳能—地热能建筑供能系统运行性能

（a）PV/T 组件发电功率与发电效率；（b）集热效率和集热水箱水温

通过 Polysun 软件建立大连青云社区太阳能光伏光热—地源热泵复合建筑供能系统模拟仿真模型，对系统冬夏季运行情况进行模拟。结果表明，该系统全年总耗电量 215000kWh，一次能源系数为 0.24，PV/T 组件的集热冬季为地热源提热，有效集热量为 52956kWh；光伏发电较为平稳，全年发电量为 52395kWh，年节能量 54 万 MJ，如图 9-12 和图 9-13 所示。PV/T 组件和地源热泵总 CO_2 减排量 160t/a，系统节能减排效果显著。

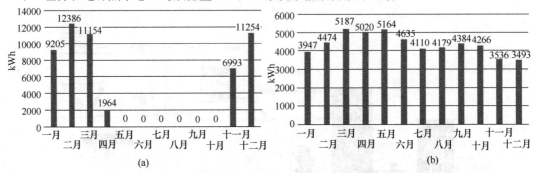

图 9-12　大连某办公建筑太阳能—地热能建筑供能系统模拟结果

（a）PV/T 组件集热量；（b）PV/T 组件全年发电量

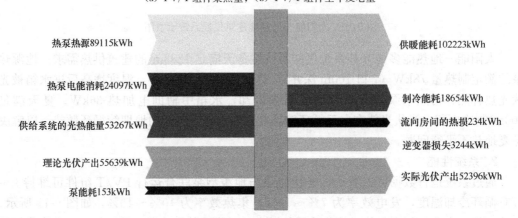

图 9-13　系统能流图

实验与模拟数据分析结果表明，新型太阳能光伏光热—地源热泵复合建筑供能系统具有较好的投资经济性，且在节能、环保方面与主流的供暖供冷系统相比有着很大的优势，有很好的发展应用前景。

9.4.3 太阳能—空气能梯级利用协同蓄能多能互补系统

1. 项目概况

太阳能—空气能梯级利用协同蓄能多能互补系统是将太阳能热电联供组件与超低温无霜空气源热泵、水源热泵以及新型高效的协同蓄能（蓄冷、蓄热）技术有效结合，通过能源管控平台实现智慧多能互补供能体系。该系统夏季蓄冷，低温送风，冬季梯级接力模式对热能分阶段提升蓄热，保证机组以最优效能工作；由分层水箱实现热/冷能量的品级优质利用，实现夜间蓄能白天供能，做到"移峰填谷"，并实现太阳能光伏废热的充分利用，提高热泵机组运行性能。基于能源大数据平台智能化控制，对供能系统进行分析与优化，实现能源系统的低碳、节能与节钱的多重功效。

将该多能互补协同蓄能供能系统应用于山东某研究院（建筑面积 4500m^2），为办公楼、地下室和实验室供能，系统设备机房和屋顶光伏光热组件如图 9-14 所示。太阳能光伏光热组件采用单晶硅光伏电池板 310 块，每块尺寸 1650mm×992mm，峰值发电功率285W。系统有空气源热泵机组两台，每台电功率 45kW。水源热泵机组一台，电功率60kW。蓄能水箱采用具有自主知识产权的温度分层梯级蓄能水箱，高温水箱容量 120t，以满足冬季蓄热需求；低温水箱 36t，主要功能是作为冬季空气源热泵与水源热泵串联运行的缓冲水箱。

(a)　　　　　　　　　　　　　(b)

图 9-14　山东某研究院多能互补协同蓄能建筑供能系统

(a) 系统设备机房；(b) 屋顶太阳能 PV/T 组件

2. 系统性能

多能互补协同蓄能建筑供能系统示意如图 9-15 所示。该系统设置 16 个电动调节阀，通过控制阀门启闭，实现冬季 5 个工况与夏季 3 个工况的运行模式。空气源热泵结合水源热泵通过高低温水箱谷电进行梯级蓄能，白天供能的形式。通过不同的阀门启闭来实现多种运行模式，从而实现空气能、太阳能与热泵技术的优势互补，满足夏季制冷与冬季供暖。冬季夜间通过室外环境温度的数值设定运行模式从而控制系统蓄能时间，若室外条件较好则只运行空气源热泵为高温水箱蓄热；反之空气源热泵和水源热泵联合蓄热，先由空气源热泵将高温储能水箱加热至一定温度，再由水源热泵从低温水箱中取热，将高温水箱

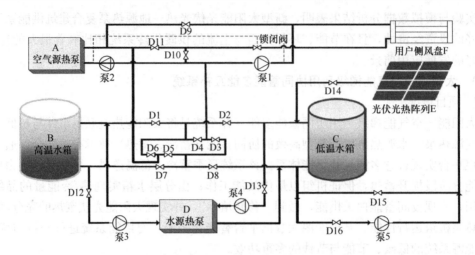

图 9-15 多能互补协同蓄能建筑供能系统示意图

二次加热到 57℃。实现热量梯级利用，使机组在大多数时间处于高能效运行。白天通过蓄热水箱供暖；同时，太阳能热电联组件可为低温水箱蓄热，进一步提高了系统的节能性。夏季夜间通过空气源热泵为高、低温水箱蓄冷；白天峰电时段高、低温水箱同时供冷，若平电价时水箱温度偏高则通过空气源热泵直供末端。系统冬夏季主要运行工况见表 9-11 所示。

系统工作原理与运行模式 表 9-11

	运行模式	开启的阀门及设备	运行时间	运行条件
冬季	空气源热泵蓄热	A,B,泵 2,阀 1,3,6,7	23:00—7:00	1. $T_o>0$ ℃；2. $T_t<55$ ℃
	空气源热泵耦合水源热泵蓄热	A,B,C,D,泵 2,3,4,阀 2,3,6,8,12,13	23:00—7:00	1. $T_o\leqslant0$ ℃；2. $T_t<58$ ℃
	太阳能蓄热	C,E,泵 5,阀 14,16	9:00—16:00	1. $E>300\text{W/m}^2$；2. $T_{pv}>25$ ℃
	蓄能水箱供热	B,F,锁闭阀,泵 1,阀 1,4,5,7,11	7:00—20:00	$T_t>38$ ℃
夏季	空气源热泵蓄冷	A,B,C,泵 2,V-1,2,4,5,7,8	23:00—7:00	$T_t>5$℃
	蓄能水箱和缓冲水箱供冷	B,C,F,泵 1,锁闭阀,阀 1,2,3,6,7,8,11	7:00—20:00	1 $T_t<15$℃,2 空气源热泵停机
	空气源热泵供冷	A,F,泵 2,锁闭阀,阀 9,10	11:30—16:00	$T_t>12$℃

备注：1. 高温水箱温度 T_t；室外环境温度 T_o；太阳辐照强度 E；太阳能背板温度 T_{pv}。
2. 夏季 11:30—16:00 时段若水箱温度高于 12℃ 优先空气源热泵供冷。
3. 不满足运行条件之一则关闭循环。

为了更好地对本系统进行优化控制与管理，建立了基于协同蓄能的智慧能源大数据监测平台自控系统。该系统可进行数据采集、优化控制、智能调度、实现生产与消费的优化平衡，低碳节能与各方的收益优化，并通过互联网实现用户全方位运行管理。本系统主要测量参数包括温度、流量、电功率和用电量，具体测量参数如下：水源热泵机组测量参数包括蒸发、冷凝侧进出水温度和流量，机组电功率等；空气源热泵机组测量参数包括进出水温度和流量，环境温度和机组电功率等；蓄能水箱测量参数有水箱内部不同高度的温度和进出水温度；太阳能光伏光热组件测量内容包括太阳能背板温度，进出口水温温度与流量，太阳能电池发电量；用户侧测量参数主要有风盘供回水温度和流量。

可再生能源多能互补协同蓄能的建筑供能系统在满足用户需求的同时，充分利用可再生能源，协同蓄能，达到较高的系统供能系数。本文分别对冬夏季典型日工况进行了运行数据分析并对太阳能热电联产进行了节能降耗分析，系统主要性能如下：

（1）当系统冬季夜间以空气源热泵耦合水源热泵梯级制热工况运行，系统平均制热量和 COP 分别为 267kW 和 2.16，耦合热泵机组 COP 最高为 2.6。系统运行稳定，性能较好。

（2）系统在夏季夜间蓄能模式下，系统平均制冷量和机组 COP 分别为 164kW 和 2.7，热泵机组 COP 最高为 2.9。白天水箱蓄的冷量可以满足用户在峰电时段的需求，平电时段需用空气源热泵直供末端，热泵机组平均 COP 为 2.3。

（3）与常规空调系统相比，可再生能源多能互补协同蓄能的建筑供能系统在供暖季可减少 70% 的运行费用，空调季可减少 60% 的运行费用。

通过 Polysun 软件建立该多能互补协同蓄能建筑供能系统模拟仿真模型，对系统冬夏季运行情况进行模拟，图 9-16 所示。模拟结果表明该系统全年总耗电量 97455kWh，与 2018 年系统实际运行数据相比误差较小，模拟结果相对可信。该系统一次能源系数为 0.36，由上图可以看出 PVT 组件的集热量主要用于冬季为低温水箱储热，冬季有效利用集热量为 55396kWh，全年光伏发电量 88913kWh，年节能量 52 万 MJ，如图 9-17 和图 9-18 所示。CO_2 减排量 100t/a，系统节能减排效果显著。

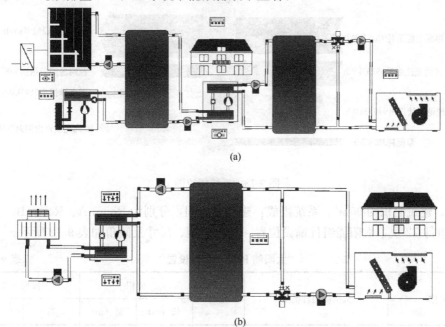

(a)

(b)

图 9-16　多能互补协同蓄能建筑供能系统模拟模型

（a）系统冬季模拟模型；（b）系统夏季模拟模型

9.4.4　多能互补超低能耗建筑

1. 项目概况

太阳能光伏光热建筑一体化（BIPV/T）系统具有较好光热光电收益和明显的节能效果，是推动可再生能源利用及可持续发展的重要措施之一，在山东省淄博市博山区经济开发区建设多能互补超低能耗 BIPV/T 示范建筑，如图 9-20 所示，建筑占地面积为

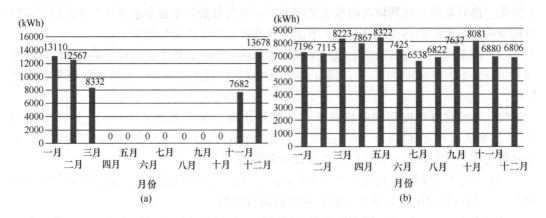

图 9-17 多能互补协同蓄能建筑供能系统模拟结果

(a) PVT 组件集热量；(b) PVT 组件全年发电量

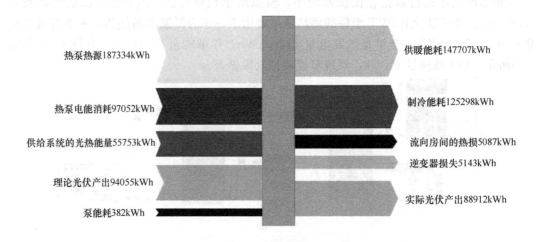

图 9-18 系统能流图

73.1m²，建筑面积约 90m²。系统组成：建筑两房间，分别为 Room A、Room B，共铺设太阳能组件 72 块，太阳能组件铺设位置、组件类型、尺寸及倾角如表 9-12 所示。

太阳能 BIPVT 组件设置　　　　　　　　　　　　　表 9-12

名称		太阳能组件类型	角度	面积		排列方式	
				长（m）	宽（m）	行	列
Room A	南墙	水冷式碲化镉 BIPV/T	90°	1.2	0.6	4	4
	屋顶	水冷式单晶硅 BAPV/T	17°	2.0	1.0	2	2
	东墙	碲化镉 BIPV	90°	1.2	0.6	4	4
Room B	南墙	空冷式碲化镉 BIPV/T	90°	1.2	0.6	3	4
	屋顶	空冷式单晶硅 BAPV/T	10°	2.0	1.0	2	4
	东墙	碲化镉 BIPV	90°	1.2	0.6	4	4

图 9-19 BIPV/T 超低能耗建筑

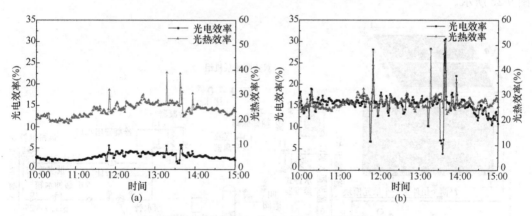

图 9-20 水冷式组件光电效率与光热效率
(a) 碲化镉 BIPV/T 组件;(b) 单晶硅 BAPV/T 组件

2. 系统性能

建筑一体化光伏光热组件性能较好。某典型日实验工况的水平太阳辐照度平均值为 807W/m², 屋顶太阳辐照度平均值为 865W/m², 南墙太阳辐照度平均值为 321W/m², 室外环境平均温度为 35.31℃, 平均风速为 3.41m/s。墙体水冷式碲化镉 BIPV/T 组件典型日总发电量为 0.58kWh, 总集热量为 16.15MJ, 日均太阳能光电利用效率为 3.13%, 日均太阳能光热利用效率为 24.18%;屋顶水冷式单晶硅 BAPV/T 组件典型日总发电量为 5.11kWh, 总集热量为 32.48MJ, 日均太阳能光电利用效率为 15.30%, 日均太阳能光热利用效率为 26.86%, 如图 9-21 所示。墙体风冷式碲化镉 BIPV/T 组件典型日总发电量为 0.61kWh, 总集热量为 14.86MJ, 日均太阳能光电利用效率为 4.36%, 日均太阳能光热利用效率为 29.68%。屋顶单晶硅风冷 BAPV/T 组件典型日总发电量为 8.33kWh, 总集热量为 93.31MJ,日均太阳能光电利用效率为 12.48%,日均太阳能光热利用效率为 38.63%,如图 9-21 所示。

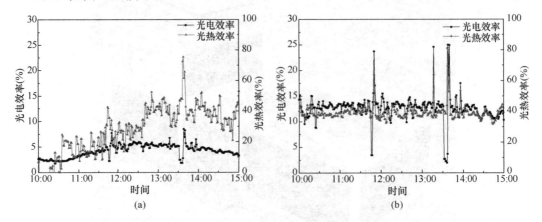

图 9-21　空冷式组件光电效率与光热效率
(a) 碲化镉 BIPV/T 组件;(b) 单晶硅 BAPV/T 组件

两房间分别匹配双热源热泵、空气源热泵供能系统,系统组成及原理图如图 9-22、图 9-23 所示。

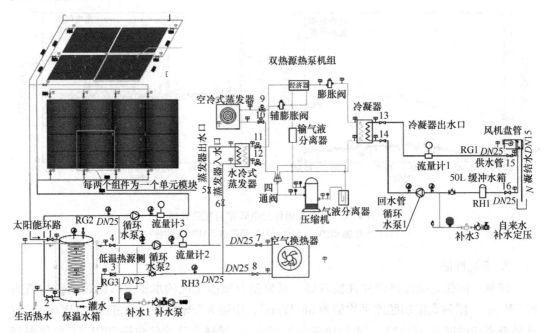

图 9-22　Room A 双热源热泵系统组成及原理图

该供能系统通过被动式与主动式技术相结合的手段,充分利用可再生能源,最大幅度减少建筑能耗需求;应用 BIPV/T 组件解决建筑一体化光伏组件散热与隔热的矛盾,有效提高建筑热稳定性,降低组件对建筑热性能的影响,同时提高组件发电效率与系统运行稳定性;将新型幕墙 BIPV/T 与自主研发双热源热泵技术相结合,组成一种新型太阳能与空气能复合热泵的热电冷三联供技术,提高供能系统稳定性与可靠性,同时有效利用光

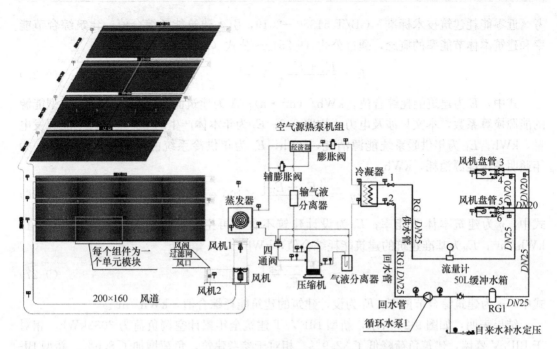

图 9-23　Room B 空气源热泵系统组成及原理图

伏废热，提升可再生能源利用效率，实现多能互补利用，进而实现建筑节能。低能耗建筑供能系统的运行控制主要在建筑内部及供能系统内部布置测试探点与装置，对建筑产能及其能耗进行在线监测，并可实现远程能源匹配与优化运行控制管理。

　　Room A 双热源热泵系统在冬季白天太阳能充足的情况下，将太阳能循环产生的热水通过循环水泵储存于蓄热水箱中，水箱中通过盘管换热的热水进入双热源热泵的水冷式蒸发器中，作为低温热源，使热泵机组为室内供暖，同时多余热量可供室内生活热水使用；冬季夜间或光照不足的情况下，可开启风冷式蒸发器，利用室外空气作为热泵的低温热源，为室内进行供暖。夏季，双热源热泵采用风冷式冷凝器为室内供冷，太阳能集热可为室内提供生活热水，同时提高太阳能组件光电效率。

　　Room B 空气源热泵系统在冬季太阳能充足的条件下，将冷却太阳能背板的空气利用风机引到空气源热泵的风冷式蒸发器侧，作为低温热源使热泵为室内供暖；夜间或太阳能光照不足时，关闭出口风阀，利用室外环境低温空气作为低温热源进行供暖。夏季供冷时，利用空气源热泵进行制冷，并利用风机将太阳能冷却风管的高温空气直接引到室外大气环境中来降低建筑能耗。

　　3. 新型 BIPV/T 近零能耗建筑节能特性

　　为了研究 BIPV/T 建筑能耗特性，通过 TRNSYS 瞬时模拟软件对 BIPV/T 建筑模型与系统模型进行建模，来模拟新型 BIPV/T 建筑的负荷与能耗特性，同时将其与 BIPV 幕墙建筑、参考建筑进行对比，BIPV/T 与 BIPV 幕墙建筑除南墙围护结构不同，其他围护结构都相同。BIPV 幕墙结构包括光伏玻璃、EVA、光伏电池和 TPT 背板。参考建筑墙体包括欧松板、石膏板、酚醛板、保温板和岩棉这几层主要结构，总厚度与 BIPV/T 组件保温层厚度相同，总传热系数为 0.279 W/(m² · K)，满足公共建筑节能设计标准。参考《近零能耗建筑技术标准》GB/T 51350—2019，引入建筑能耗综合值、建筑综合节能率和建筑本体节能率的概念，通过公式（9-25）～公式（9-27）计算。

$$E = \frac{E_h + E_c + E_l - E_r}{A} \times f_i \qquad (9\text{-}25)$$

式中，E 为建筑能耗综合值，kWh/（m² · a）；A 为建筑面积，m²；f_i 为 i 类型能源的能源换算系数，本文只涉及电力，均取 2.6；E_r 为年本体产生的 i 类型可再生能源发电量，kWh；E_h 为年供暖系统能源消耗，kWh；E_c 为年供冷系统能源消耗，kWh；E_l 为年照明系统能源消耗，kWh。

$$\eta_e = \frac{|E_E - E_R|}{E_R} \times 100\% \qquad (9\text{-}26)$$

式中，η_e 为建筑本体节能率；E_E 为设计建筑不含可再生能源发电的建筑能耗综合值，kWh/ m²；E_R 为基准建筑的建筑能耗综合值，kWh。

$$\eta_P = \frac{|E_D - E_R|}{E_R} \times 100\% \qquad (9\text{-}27)$$

式中，η_P 为建筑综合节能率；E_D 为设计建筑的建筑能耗综合值，kWh/ m²。

结果表明，如图 9-24 所示，新型 BIPV/T 建筑全年累计空调负荷为 3033kWh，相对于 BIP/V 幕墙，建筑负荷降低了 32.9%。相对于参考建筑，负荷增加了 8.6%。新型 BI-PV/T 建筑能耗综合值为 70.22kWh/（m² · a），建筑综合节能率分别为 76.7%，建筑本体节能率为 32.5%。满足近零能耗公共建筑能效指标中建筑综合节能率≥60% 和建筑本体节能率≥30% 的要求。

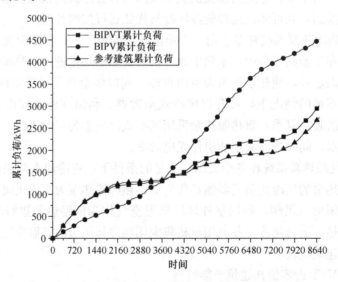

图 9-24　三种不同墙体结构全年累计负荷随时间变化对比

9.4.5　季节蓄热太阳能集中供热系统

1. 项目概况

项目地点：河北石家庄某大学。季候时长：地区的太阳辐射的季节性变化显著，地面的高低气压活动频繁，四季分明，寒暑悬殊，夏冬季长，春秋季短，春季长约 55 天，夏季长约 105 天，秋季长约 60 天，冬季长约 145 天；夏季经常达到 34℃。雨量集中于夏秋季节，总降水量为 401.1～752.0mm。冬季降雪量偏多，总雪量为 10.0～19.2mm。春夏日照充足，秋冬日照偏少；年总日照时数：1916.4～2571.2h。

2. 系统设计

根据《太阳能供热采暖工程技术标准》GB 50495—2019，太阳能供热采暖系统的供暖热负荷为供暖季室外平均温度下的建筑物耗热量，建筑物全天供暖需热量简化估算如下：

$$Q_1 = A \times Q \times H = 1.45 \times 10^6 \text{MJ}$$

式中　A——供暖面积，480000m^2；

　　　Q——供暖每平方米建筑物耗热量，取为 35W/m^2；

　　　H——供暖时间，24h 即 86400s。

太阳能供热供暖系统的热水供应负荷为建筑物的日平均用热水量。日平均用热水量应按下式计算全校师生约 30000 人，按全年全校每天用水人数 2667 人洗浴，用水量按 80t 考虑，生活热水定额参照《建筑给水排水设计标准》GB 50015—2019 规定，选取为 30L/（人·次）。则日均生活用水的设计负荷为：

$$Q_w = mq_r c_w (T_{\text{end}} - T_l) = 15.55 \times 10^6 \text{kJ}$$

式中　Q_w——日平均用热量，kJ；

　　　m——用水计算单位数，2667 人；

　　　q_r——热水用水定额，根据《建筑给水排水设计规范》GB 50015—2019 规定，按热水最高日用水定额的下限取值，35L/（人·d）。

3. 系统原理图（图 9-25）

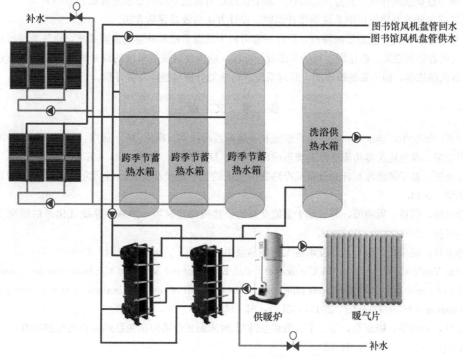

图 9-25　河北某大学季节蓄热太阳能集中供热系统示意图

4. 系统效益分析

太阳能季节性蓄热供暖及热水综合利用项目总投资 7000 余万元，采用横双排全玻璃真空管集热器 1380 组，共使用真空管 69000 支，总计集热面积为 1.16 万 m^2；总蓄热容量达 2 万余吨（蓄热方式为 228 个 89t 碳钢板水箱），供暖末端采用翅片式散热器。

在节能减排方面，以系统运行寿命 15 年计算，扣除非供暖季的热能消耗，该项目可减少 2.7 万余吨 CO_2 排放（年减排 1800 余吨 CO_2），节电 7006 万度，节约标准煤近 1 万 t。该项目能满足大学近 3 万师生供暖及热水需求。

优缺点及经济性：由于太阳能集热效率随热水温度的提高会大幅下降，当达到一定温度后热损失和集热量达到一个平衡，热水温度不再上升。尤其在供暖季来临之前，气温已相对较低，此时储存的热水温度与太阳能集热平衡温度很难超过 65℃，则整个跨季节段太阳能热水的温升（也就是可利用温差）只有大约 30℃（太阳能集热平衡温度—供暖回水温度），因此，相对于太阳能集热能力需要配置极大的热水蓄能池才能有效利用非供暖季的太阳能，否则大部分太阳能就浪费了。所以，只有非供暖季很短的地域（不超过 3 个月），或者储能成本极低的特殊条件下，季节蓄热太阳能供暖才有经济价值。

思 考 题 与 习 题

1. 多能互补建筑供能系统及其作用是什么？简述多能互补建筑供能系统发展趋势与近年来的应用情况。

2. 储能系统在多能互补供能系统中的作用和功能是什么？简述蓄能方式与各自特点。

3. 多能互补建筑供能系统的系统形式有哪些？对其在我国不同地区应用的适宜性以及综合性能进行评估分析。

4. 季节性储能的作用及其分类有哪些？季节性储热对储能介质的要求是什么？

5. 简述多能互补建筑供能系统的设计原则、设计方法与效益评估方法。

6. 根据家乡可再生能源资源特点，设计一套可再生能源多能互补建筑供能系统。建筑类型可以选择居住建筑或者公共建筑，根据所在地的节能设计标准，给出建筑供能系统的设计方法、设计计算过程及主要设备选择依据，画出系统原理图，并对系统进行性能分析与经济环保评价。

参 考 文 献

[1] 卢军，邹秋生，李永财，等. 建筑多能互补能源系统技术及应用[M]. 北京：科技出版社，2018.
[2] 尹宝泉. 绿色建筑多功能能源系统集成机理研究[D]. 天津：天津大学，2013.
[3] 江栩铄. 基于多能源互补的分布式冷热联供系统的数学建模及优化运行研究[B]. 广州：华南理工大学，2014.
[4] 李可伟，蒋洁，周瑞霞，等. 基于多能互补的公共机构建筑物冷热联供系统优化评估研究[J]. 绿色科技，2016，(6)：131-133.
[5] 孙志林，屈宗长. 相变储热技术在太阳能热泵中的应用[J]. 制冷与空调，2006，6(6)：44—48.
[6] Diao Yanhua, Wang Sun, Li Chengzhan, etal. Experimental study on the heat transfer characteristics of a new type flat micro heat pipe heat exchanger with latent heat thermal energy storage[J]. Experimental Heat Transfer, 2017，30(2)：91-111.
[7] 梁林，刁彦华，康亚盟，等. 平板微热管阵列-泡沫铜复合结构相变蓄热装置蓄放热特性[J]. 化工学报，2018，69(S1)：34-42.
[8] 中华人民共和国住房和城乡建设部. GB/T 50801—2013 可再生能源建筑应用工程评价标准[S].